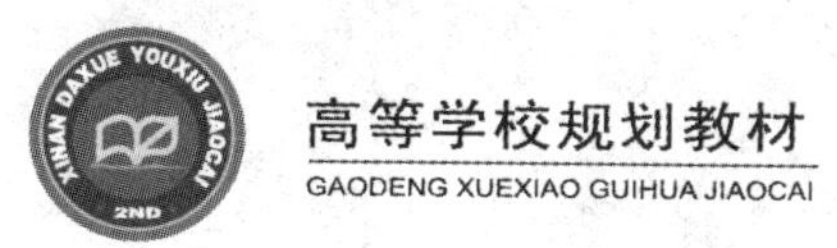

农产品
贮藏与加工

NONGCHANPIN ZHUCANG
YU JIAGONG

董全 闵燕萍 曾凯芳　　主编

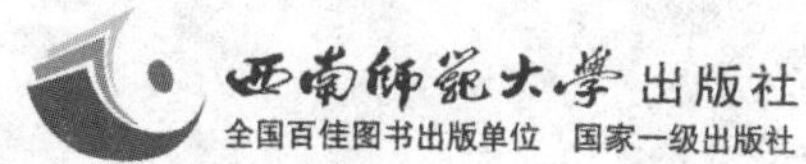

编 委 会

主　编　董　全（西南大学）

闵燕萍（西南大学）

曾凯芳（西南大学）

副主编　张宇昊（西南大学）

高金燕（南昌大学）

王永霞（河北工程技术大学）

参编人员　（按姓氏笔画排序）

邓雨艳（上海出入境检验检疫局）

任晓峰（江苏大学）

罗　璠（西南民族大学）

侯大军（西南大学）

高瑞昌（江苏大学）

袁　丽（江苏大学）

黄桂东（河南科技大学）

审　稿　曾凡坤

前言 QIAN YAN

农产品贮藏与加工是食品科学技术与食品工业发展的重要组成部分和基础，也是农业科技领域不可分割的重要组成部分，它的发展状况标志着一个国家经济文化发达程度和水平，不但对当前国家经济发展十分重要，而且直接影响未来。特别是在我国主要农产品产量不断提高、供应充足的情况下，农产品贮藏加工和转化对促进农业发展、提高农产品的附加值、振兴农业经济、繁荣市场和提高人民生活水平具有重要意义。全国高等农业院校已陆续开设农产品贮藏与加工或农产品加工学课程。虽然有关粮油、果蔬贮藏加工的书籍很多，但有关农产品贮藏与加工的书籍却很少，而适合高等院校非食品专业的有关农产品贮藏与加工的书籍几乎没有。因此，为了填补该空白，完善教材体系，我们组织具有丰富教学科研和实践经验的专业教师和技术人员共同编写了这本《农产品贮藏与加工》教材。

本书共分十章，主编由董全、闵燕萍和曾凯芳担任，副主编由张宇昊、高金燕和王永霞担任。参加编写的人员分工如下：由董全编写绪论和第九章第一节、第四节至第八节；由闵燕萍编写第五章、第六章；由曾凯芳编写第一章第一节和第四章第二节；由张宇昊编写第三章、第十章；由高金燕编写第七章；由王永霞编写第二章；由黄桂东编写第八章；由罗璠编写第一章第二节；由侯大军编写第一章第三节；由高瑞昌、袁丽编写第九章第二节；由任晓峰编写第九章第三节；由邓雨艳编写第四章第一节。全书由董全、闵燕萍和曾凯芳负责统稿工作。承蒙西南大学食品科学学院曾凡坤教授担任本书审稿，在此表示衷心感谢。

在编写过程中，得到了西南师范大学出版社、西南大学教务处、西南大学食品科学学院以及有关食品生产、科研单位的支持与帮助，西南大学食品科学学院研究生黄艳、杜小粉、杨家蕾参与了本书部分资料的收集和整理，数学与统计学院张耿、杨宏霞二位同学参与了本书的部分校对工作，在此一并表示衷心的感谢。

本教材由全国多所院校和单位的作者共同编写完成，是集体智慧的结晶。但是，由于编者水平所限，书中难免有一些不足和疏漏之处，敬请广大读者批评指正，以便我们今后修订、补充和完善。

编者

2010 年 5 月

目录 MU LU

绪　论

一、农产品贮藏加工的作用与意义

农产品贮藏与加工是农产品生产与销售、消费之间一个极为重要的环节。水稻、小麦只有经过制米工业和面粉工业的加工处理，才能供食用或工业用，油料不经加工是不能供消费或其他方面用的。所以，农产品加工企业运用现代高新技术将农产品原料加工成各式各样产品，投放市场满足消费者需要，发挥其使用价值，提高其经济效益。

发展农产品贮藏与加工是建设现代农业的重要内容，对于落实中央提出的推进社会主义新农村建设的战略部署，解放和发展农村生产力，促进农村生产发展和农民生活富裕具有重要意义。在繁荣地方经济，促进农民增收和转移农村剩余劳动力等方面的作用日益显现。农产品贮藏与加工在地方经济发展中的地位和作用日益增强，逐步成为地区经济发展的重要力量，并在增加农民收入，转移农村剩余劳动力等方面发挥了重要作用。

农产品贮藏与加工始终是一个战略问题，是保障我国食品安全的现实需要。首先，农产品贮藏与加工和人民生活息息相关。人类活着要吃饭，“民以食为天”。人类食物除少部分由矿物质提供，绝大部分都是由农业的发展而得以丰衣足食、安居乐业、经济繁荣。古今中外任何国家都把食品问题看作国家兴衰存亡的头等大事，都把发展食品工业作为富国强民的决策和部署。随着社会的发展，人们对食品的要求，不仅要吃饱，而且要求吃好，要求食物安全卫生、营养、方便以及多样化，一日三餐，不可缺一。初级的农产品是不能完全满足人们需要的，必须通过加工才能解决，所以农产品贮藏与加工是“永恒的工业”。它既能调节季节性、区域性与单一性，又能提高商品性与适用性。

其次，农产品贮藏与加工是直接关系能否实现高产优质高效农业的主要保证。刚收获的农产品是初级产品，经济价值低，又是易腐性产品，容易腐败变质，失去使用价值。通过贮藏与加工，既能把资源优势变为商品优势，增值再增值，是农产品“收获后的再收获”；又能长期保存，保证做到“丰产丰收，丰收丰食”。

第三，农产品贮藏与加工投资少，见效快。由于农产品原料基地在广大的农村，农产品加工业属于劳动力密集型企业，特别适合农村中小型企业，是农村脱贫致富奔小康的有效途径。世界上发达国家都把农产品初加工安排在农村产地，就地取材，就地加工。能获得新鲜原料，减少原料长途运输，其制品品质好，加工后的废弃物可以进行综合利用，如作饲料或肥料，促进农业良性循环，把农业、工业、商业有机结合起来，形成循环经济。

二、我国农产品贮藏加工的现状与发展

近年来，通过农产品贮藏与保鲜技术的推广应用，我国主要果蔬的贮藏与供应期明显延长，如苹果贮藏期可达6～8个月，柑橘的常规性防腐保鲜问题基本解决，芒果贮藏期可达38d，荔枝冷藏期达34d，常温贮藏期达6～7d。我国的贮粮技术也有了较大的发展，如低温贮粮、气调贮粮和虫害治理技术在生产中得到了广泛的应用，取得了良好的效果。

农产品加工向深度、精度及专用化方向发展。在“农产品深加工技术与设备研究开发”等重大科技专项等科技计划带动和示范下，突破了一大批前瞻性、战略性、方向性和前沿性的重大产业共性技术，如膜超滤技术、定向吸附和分子修饰技术等苹果汁加工关键技术。全面提升了行业的国内外市场竞争能力和企业的自主研发能力，构筑了技术创新平台，构建并完善了主要农产品深加工的标准与全程质量控制体系，在农产品快速检测技术与设备研究开发和农产品加工业技术创新支撑体系建设等研究领域也取得了突破性进展，为全面提升我国农产品加工产业的技术水平和科技创新能力提供了科技支撑。随着农产品直接消费需求的下降，加工制品的比重上升，农产品加工业的产品结构开始向多样化的方向发展，产品附加值不断提高，主要农产品深加工或二次以上加工的比例达到30%以上。开发出各种等级的专用面粉、变性淀粉、各种专用油、系列植物蛋白，研制成功具有高附加值的低酚棉籽蛋白发泡粉和乳化剂。挤压膨化技术、超微粉碎技术、微胶囊技术、微波技术、速冻技术、真空压力技术、膜分离技术、生物工程、超高温杀菌、冷冻速冻、分子蒸馏等一大批高新技术在农产品加工业中逐步得到应用。

近年来，党中央、国务院非常重视农产品加工业的发展，自2004年以来的6个中央1号文件，十七大报告、十七届三中全会决定，都把农产品加工业作为建设新农村、发展现代农业、提高农业综合生产能力和增加农民收入的重要措施来抓。在国家一系列政策的支持下，农产品加工业迅速发展。“十五”以来，我国农产品加工业产值以年均15%的速度递增，到2008年底，全国规模以上农产品加工企业增加值已达3.13万亿元，有5 000万农民在农产品加工企业就业。目前，农产品加工业已成为我国国民经济中发展速度最快、与“三农”关联度最高、对“三农”带动最大的行业。

尽管我国农产品加工业在技术应用上取得了巨大的成绩，但与经济发达国家相比，我国农产品加工业总体水平还有较大的差距。农产品资源有效利用率低，农产品产后损耗严重。我国果蔬产量虽然很高，但主要是以鲜销为主，加工只占很小份额，鲜销又受到贮藏能力、技术水平限制，损耗很大，一般达25%～30%，发达国家损耗为5%，我国粮食产后损耗也高达10%以上，发达国家损耗率为2%。农产品出现贮藏期间损耗大，是由于我国贮藏能力不高、贮藏技术水平低所造成，其根源在于农产品加工业技术水平不高。

农产品初加工产品多、深加工产品少，农副产品综合利用差。我国粮食、水果、蔬菜等主要农产品产量已位居世界首位，但是在加工总量和加工水平方面，与世界先进水平还存在较大差距。农产品的加工程度决定着农产品的增值程度，越是精深加工增值程度越大，土豆加工成淀粉，可增值30%，加工成粉条，可增值80%，加工成法式炸薯条，可增

值 15 倍。目前,发达国家农产品加工率在 90%左右,而我国只有 45%左右(初加工以上);发达国家农产品深加工(二次以上加工)占 80%,我国只有 30%左右;发达国家农产品加工产值与农业产值之比为 2～4∶1,我国仅为 1.1∶1。大多农产品加工产品只经过简单的加工就投入市场,进行进一步深层次加工的数量所占比重较小,多层次开发更多的产品为数就更少了。如我国专用面粉目前仅 10 余种,而日本有 60 多种,美国达 100 多种。如美国玉米深加工产品达到 4 000 多个品种,而我国只有 100 多个品种;日本食用油脂达 400 多种,我国仅为 20 种左右;世界上利用淀粉已深加工出 2 000 多种产品,而我国仅有 50 多种产品。

农产品加工设备技术水平不能满足农产品加工业发展的需要。先进的加工工艺,必须有先进的技术装备来保证,只有如此,才会生产出高质量、低成本、强竞争力、高附加值的产品,我国农产品加工企业也引进了一些先进的加工设备,但整体水平与国外相比仍存在较大差距。目前我国农产品加工企业的技术装备 80%处于 20 世纪 70～80 年代的世界平均水平,15%左右处于 20 世纪 90 年代水平,只有 5%左右达到国际先进水平。我国的农产品加工机械单件多,成套流水线少。通用机型多,对特殊要求、特殊物料加工和包装缺口多。结构简单、技术含量低的产品多,高技术附加值、高生产率的产品少。主机多、辅机少。发达国家无论简单技术还是高技术附加值的产品门类较为齐全,产品系列依市场需求而生,成型配套。

农产品加工企业规模小、带动能力较差。我国农产品加工企业数量之多,居世界各国之首,绝大部分是中小型企业,加工企业规模过小,无法大规模投入技术改造资金,落后的加工工艺和落后的加工装备,很难生产高质量的产品。农产品资源利用率低,耗水、耗能高,造成加工成本居高不下,无法与国外的大企业竞争。企业管理落后,没有建立现代化的企业管理制度,国内农产品加工企业达到国家二级企业标准的只占全部企业数的 0.3%,在质量管理方面,行业通过 ISO9000 质量认证的企业为数很少,这也是差距形成的重要原因。

目前,我国大多数农产品加工企业规模趋小,技术水平偏低,工艺设备陈旧,创新能力不足,生产的产品品味不高,市场覆盖面窄,处于低水平循环。由于目前农业产业化龙头企业规模偏小、辐射范围小,无法带领更大范围农业和更多的农民进入国际国内市场,无法带动农业产业化经营向纵深发展。

原料基地建设不强。建立农产品基地是发展优质农产品原料的先决条件,实行农产品产地贮藏、保鲜和适度加工是保证农产品以最低的产后损耗和优良的品质进入市场的主要手段。不少农产品加工企业产品销路很好,但原料供应不足,直接影响企业发展。主要原因:一是基地建设跟不上;二是本地原料品质不佳,难以达到加工企业的产品质量要求。例如,我国马铃薯年产量约 5 000 万吨,在 100 余个品种中能够加工法式炸薯条的几乎没有。

我国农产品加工标准和质量控制体系尚不完善。普遍存在标准陈旧,体系不健全,不适应行业发展与国际接轨的需要。

三、学习农产品贮藏加工的要求与方法

农产品贮藏与加工是以农产品为研究对象，以生物学和工程学为基础，研究农产品贮藏、加工及加工中副产品的综合利用等工程技术问题，同时提高农产品品质和利用效率并使之增值的重要学科。

农产品贮藏与加工学是一门应用学科，它以植物学、植物生理学、生物化学、微生物学、农产品原料学、农产品化学等作为学科的广泛基础，以多种机械操作和化工单元操作为手段，如：原料粉碎、清选分级、干燥脱水、蒸发浓缩、物料输送、萃取、发酵等，对农产品进行处理和加工。近年来，随着基础科学和综合应用技术的发展，农产品加工的理论和技术发展迅猛，现代高新技术如酶技术、膜分离技术、超临界流体萃取技术等已广泛应用于农产品贮藏加工中，其发展趋势表明，现代先进加工技术的应用、新食品资源的开发利用、食品中功能成分的开发利用、生物工程技术在食品加工中的应用将成为农产品贮藏加工学科发展的巨大推动力和重要组成部分。

农产品贮藏加工研究的范围很广，包括粮食加工及贮藏、焙烤食品加工、植物油脂加工精炼、淀粉的制取与加工以及水果蔬菜的加工和贮藏。

要学好本课程，必须具备相关学科的基本知识，重视最新研究动态和成果的应用，理论联系实际，学会充分利用所学的知识，融会贯通，提高分析和解决实际问题的能力，为农产品贮藏和加工的学习夯实牢固的基础。

第一章　农产品贮藏加工基础知识

第一节　农产品贮藏生理

一、呼吸生理

水果和蔬菜、粮食等农产品采收以后，同化作用基本停止，但仍然是活体，其主要代谢过程是呼吸作用。呼吸作用消耗底物为农产品生命代谢提供能量，与农产品采后品质变化有密切的联系。

(一)呼吸的基本概念

呼吸作用：呼吸底物在一系列酶参与的生物氧化下，经过许多中间环节，将生物体内的复杂有机物分解为简单物质，并释放出化学键能的过程，称作呼吸作用。采后农产品根据呼吸过程是否有氧气的参与，可以将呼吸作用分为有氧呼吸和无氧呼吸两种类型。

有氧呼吸是指细胞在氧的参与下，通过酶的催化作用，把糖类等有机物彻底氧化分解，产生出二氧化碳和水，同时释放出大量能量的过程。有氧呼吸是呼吸作用的主要形式，因此，通常所说的呼吸作用就是指有氧呼吸。细胞进行有氧呼吸的主要场所是线粒体。一般说来，葡萄糖是细胞进行有氧呼吸时最常利用的物质。在生物体内，1mol 的葡萄糖在彻底氧化分解以后，共释放出 2 870kJ 的能量，其中有 1 161kJ 左右的能量储存在 ATP 中，其余的能量都以热能的形式散失了。

无氧呼吸一般是指细胞在无氧条件下，通过酶的催化作用，把葡萄糖等有机物质分解成为不彻底的氧化产物，同时释放出少量能量的过程。无氧呼吸可以产生酒精，也可以产生乳酸。如果用于微生物(如乳酸菌、酵母菌)，则习惯上称为发酵。细胞进行无氧呼吸的场所是细胞质基质。农产品在水淹的情况下，可以进行短时间的无氧呼吸，将葡萄糖分解为酒精和二氧化碳，并且释放出少量的能量，以适应缺氧的环境条件。此外，还有一些农产品的某些器官在进行无氧呼吸时也可以产生乳酸，如马铃薯块茎、甜菜块根等。在无氧呼吸中，葡萄糖氧化分解时所释放出的能量比有氧呼吸释放出的要少得多。例如，1mol 的葡萄糖在分解成乳酸以后，共放出 196.65kJ 的能量，其中有 61.08kJ 的能量储存在 ATP 中，其余的能量都以热能的形式散失了。

(二)呼吸强度及呼吸商

呼吸强度是衡量呼吸作用强弱的一个指标，在一定的温度下，用单位时间内单位重量产品吸收的 O_2 或放出的 CO_2 的量表示，常用单位为 CO_2 或 O_2 mg(mL)/kg·h，以 CO_2 或 O_2 的容积(mL)计时，可称为呼吸速率。呼吸强度是表示组织新陈代谢的一个重要指标，是我们估计产品贮藏潜力的依据，呼吸强度越大说明呼吸作用越旺盛，营养物质消耗得越快，加速产品衰老，缩短贮藏寿命。

呼吸商：又称呼吸系数。在呼吸作用中，释放的二氧化碳与吸入的氧气的容量之比称为呼吸商，通常表示为 RQ(Respiratory Quotient)。通常，碳水化合物是主要的呼吸底物，脂肪、蛋白质以及有机酸等也可作为呼吸底物。底物种类不同，呼吸商也不同。如以葡萄糖作为呼吸底物，且完全氧化时，呼吸商是 1。以富含氢的物质如脂肪、蛋白质或其他高度还原的化合物为呼吸底物，则在氧化过程中脱下的氢相对较多，形成水时消耗的氧气多，呼吸商就小，如以棕榈酸作为呼吸底物，并彻底氧化时，其呼吸商小于 1。相反，以含氧比碳水化合物多的有机酸作为呼吸底物时，呼吸商则大于 1，如柠檬酸的呼吸商为 1.33。可见呼吸商的大小和呼吸底物的性质关系密切，故可根据呼吸商的大小大致推测呼吸作用的底物及其性质的改变。当然，氧气供应状况对呼吸商影响也很大，在无氧条件下发生酒精发酵，只有二氧化碳释放，无氧气的吸收，则 RQ=∞。然而，呼吸是一个很复杂的过程，它可以同时有几种氧化程度不同的底物参与反应，并且可以同时进行几种不同方式的氧化代谢，因而测得的呼吸强度和呼吸商只能综合反映出呼吸的总趋势，不可能准确表明呼吸的底物种类或无氧呼吸的程度。

(三)呼吸温度系数和呼吸高峰

呼吸温度系数：在生理温度范围内，温度升高 10℃时呼吸速率与原来温度下呼吸速率的比值即温度系数，通常表示为 Q_{10}；它能反映呼吸速率随温度而变化的程度，该值越高，说明产品呼吸受温度影响越大。农产品因不同种类、品种，其 Q_{10} 的差异较大，同一农产品，在不同的温度范围内 Q_{10} 也有变化，通常是在较低的温度范围内的 Q_{10} 值大于较高温度范围内的 Q_{10} 值。

呼吸高峰：在果实发育过程中，呼吸作用的强弱不是始终如一的，根据呼吸曲线的变化模式不同，可以将果实分为两类，一类叫做跃变型果实，其幼嫩果实的呼吸旺盛，随着果实细胞的膨大，呼吸强度逐渐下降，开始成熟时呼吸强度突然上升，果实成熟时达到呼吸高峰，此时果实的风味品质最佳，然后呼吸强度下降，果实衰老死亡。呼吸跃变型果实主要有苹果、杏、猕猴桃、芒果、番茄、西洋梨、西瓜、香蕉、桃、李、柿子等。另一类叫做非跃变型果实，无呼吸速度突然上升的现象，生长及发育的过程较长，且只能在树上或植株上成熟。非呼吸跃变型果实主要有：葡萄、柑橘、草莓、菠萝、樱桃、黄瓜等。

(四)呼吸基质及呼吸热

呼吸基质：呼吸基质是指呼吸作用消耗的底物，包括糖、蛋白质、脂肪和有机酸，农产品的呼吸基质大部分是糖。呼吸基质的消耗是农产品在贮藏中发生失重(自然损耗)和变味的重要原因之一。

呼吸热：采后农产品在进行呼吸作用过程中，消耗呼吸基质，产生能量。产生的能量一部分用于合成能量供组织维持代谢活动，另一部分以热量的形式释放出来，这部分热量称呼吸热(Respiratory Heat)。呼吸热的积累是农产品贮运环境温度升高的原因所在。

(五)影响果蔬呼吸强度的因素及其调控

1. 内部因素对呼吸强度的影响

不同的农产品种类和品种、同一器官的不同部位、不同的发育阶段与成熟度，组织含水量等对呼吸强度的影响各有所不同。

在相同的温度条件下，不同种类、品种的农产品呼吸强度差异很大，这是由它们本身的特性所决定的。一般来说，晚熟品种的呼吸强度大于早熟品种，南方的比北方的大，夏季成熟的比秋季成熟的大，浆果类的呼吸强度最大，其次是柑橘类，苹果、梨的呼吸强度最小。蔬菜中叶菜类呼吸强度最大，花菜类呼吸强度也很大，叶球类较之散叶类小，直根类更小，一些具有休眠的鳞茎、块茎蔬菜及老熟瓜果的呼吸强度就更小了。

同一农产品的不同器官或组织，呼吸强度也有明显的差异。例如，生殖器官的呼吸较营养器官强；同一花内又以雌蕊最高，雄蕊次之，花萼最低；生长旺盛的、幼嫩的器官的呼吸，较生长缓慢的、年老的器官为强；茎顶端的呼吸比基部强；种子内胚的呼吸比胚乳强。这些差异主要是不同部位组织内原生质含量、线粒体数目、酶的活性等情况不同造成的。

在农产品的个体发育和器官发育过程中，随着年龄的增长，呼吸强度逐渐下降。跃变型果实的幼果呼吸旺盛，随果实的增大，呼吸强度下降，果实成熟时呼吸强度增大，高峰过后呼吸强度又下降。不同采收成熟度的农产品，呼吸强度也有较大差异。在生长期采收的蔬菜，呼吸强度很高，此时生长旺盛，是很不耐贮的。而老熟瓜果，在充分成熟时采收，代谢活动大大下降，呼吸强度很低，表面又形成良好的保护结构，为贮藏创造了极为有利的条件。水果情况不同，在生长期采收的果实，一般风味较差，同时呼吸强度很高，无论鲜食还是贮藏都是很不适宜的，所以掌握适当的采收期很重要，既保证果实风味最佳，果实又比较耐贮。

农产品组织的含水量与呼吸作用有密切的关系。在一定范围内，呼吸速率随组织含水量的增加而升高。干燥种子的呼吸作用很微弱，当种子吸水后，呼吸速率迅速增加。因此，种子含水量是制约种子呼吸作用强弱的重要因素。对于整体农产品来说，接近萎蔫时，呼吸速率有所增加，如萎蔫时间较长，细胞含水量则成为呼吸作用的限制因素。

2.外界条件对呼吸强度的影响

(1)温度对呼吸强度的影响是非常重要的。在一定范围内，温度升高，酶活性增强，呼吸强度因之增大。通常在5℃～35℃之间，温度每上升10℃，呼吸强度增大1～1.5倍。呼吸强度达到最高值后，继续增高温度，呼吸强度反而下降。在贮藏中，过高过低的温度都会给农产品带来伤害。如温度超过正常的范围继续上升，可引起农产品组织中酶活的丧失，从而降低呼吸强度，甚至急剧下降直至零。适宜的低温可降低呼吸作用，并推迟呼吸跃变型农产品的呼吸高峰的出现，甚至不表现跃变。但是，不是温度越低越好，不适宜的低温会造成农产品低温伤害或冷害，冷害反而会刺激呼吸强度的反常上升。

(2)贮藏环境的空气湿度也会影响农产品的呼吸强度。虽然就目前来看，湿度对呼吸的影响还缺乏系统深入的研究，但这种影响在贮藏实例中确有反应。大白菜、菠菜、甜橙、红橘等农产品采收后进行预贮，蒸发掉一小部分水分，有利于降低呼吸强度，增强贮藏性。洋葱贮藏要求低湿，可抑制呼吸，保持休眠状态，有利于贮藏。薯类蔬菜要求高湿，干燥反而会促进呼吸，产生生理病害。

(3)空气中氧气和二氧化碳的含量影响呼吸作用。氧是进行有氧呼吸的必要条件，当氧浓度下降到20%以下时，农产品呼吸速率便开始下降；氧浓度低于10%时，有氧呼吸迅速下降，但氧浓度过低时，会发生无氧呼吸增强现象，从而过多消耗体内养料，甚至产生酒精中毒，原生质蛋白变性而导致农产品受伤死亡。过高的氧浓度(70%～100%)

对农产品有毒，这可能与活性氧代谢形成自由基有关。然而，目前也有研究发现，超大气高氧处理反而会降低果实的呼吸作用，如80%和100%的氧处理能够降低绿熟番茄的呼吸作用。

二氧化碳是呼吸作用的最终产物，当外界环境中二氧化碳浓度增高时，脱羧反应减慢，呼吸作用受到抑制。实验证明，二氧化碳浓度高于5%时，有明显抑制呼吸作用的效应，这可在果蔬、种子贮藏中加以利用。

适当地降低氧气浓度，升高二氧化碳浓度，既可以抑制呼吸，又不会干扰正常代谢，这就是当今气调贮藏的理论依据。氧气的浓度调节原则是不可导致缺氧呼吸，二氧化碳的浓度一般不超过2%～4%为宜。

乙烯是一种成熟衰老的植物激素，它可以增强呼吸强度。农产品采后，由于自身代谢可释放乙烯并积累，对于乙烯敏感型农产品的呼吸作用有较大的影响。

(4)其他因素。影响呼吸作用的外界因素除了温度、湿度、气体成分、组织水分之外，机械损伤、一些物质(如矿质元素、青鲜素、矮壮素、赤霉素、一氧化碳等)对呼吸也有显著影响。任何机械伤都会导致农产品采后呼吸强度不同程度的增加。一般认为，伤口和创面破坏了细胞结构，加速了气体的扩散，也增加了酶与底物接触的机会，必然会加强呼吸作用。机械伤对农产品呼吸强度的影响因品种、种类以及受损伤的程度而不同。在农产品采收后商品化及贮藏运输过程中，使用一些涂膜产品，对美化产品，抑制呼吸，保持营养成分，降低腐烂率，延长贮藏期均有一定效果。

二、农产品的蒸腾生理

新鲜农产品组织一般含有很高的水分(60%～95%)，由于细胞汁液充足，细胞膨压大，从而使组织器官呈现坚挺、饱满状态，脆嫩的质地，具有光泽和弹性，表现出新鲜健壮的优良品质。采收后，果蔬等农产品失去了母体和土壤供给的水分和营养，而且还不断地蒸腾失水，逐渐失去新鲜度，并产生一系列不良反应，因而采后的蒸腾作用是果蔬等农产品采后生理的一大特征。

蒸腾作用：是水分从活的植物体(采后果实、蔬菜和花卉)表面以水蒸气状态散失到大气中的过程，与物理学的蒸发过程不同，蒸腾作用不仅受外界环境条件的影响，而且还受植物本身的调节和控制，因此它是一种复杂的生理过程。植物幼小时，暴露在空气中的全部表面都能蒸腾。

(一)蒸腾失水对农产品品质和贮藏效果的影响

1.失重和萎蔫

失重又称自然损耗，是指贮藏过程器官的蒸腾失水和干物质损耗所造成重量的减少，称为失重。采后农产品的蒸腾失水，在重量上造成失重，在品质上造成失鲜。一般农产品失水达5%时，即表现出疲软、皱缩、萎蔫、光泽消褪等品质劣变现象。苹果失重失鲜时，果肉变沙，失去脆度。柑橘果实贮藏期间的失重有四分之三是由于蒸腾失重所致。萝卜等根茎类蔬菜失鲜会老化糠心，长根长芽，降低食用价值。

2.影响正常的代谢机能

水是生物体内最重要的物质之一，它在代谢过程中发挥着特殊的生理作用。失水后，细胞膨压降低，气孔关闭，因而对正常的代谢产生不利影响。如造成原生质脱水，会促使水解酶活性的加强，加快水解进程，高分子物质的降解反过来又会促进呼吸作用，由于养分消耗过快，代谢失调，使农产品迅速衰老变质。另一方面，当细胞失水达一定程度时，细胞液浓度增加，使 H^+、NH_4^+ 和其他一些物质积累到有害程度而使细胞中毒。水分状况异常还会改变农产品体内的激素平衡，使脱落酸和乙烯等与成熟衰老有关的激素增加，促进衰老。

3. 降低耐贮性和抗病性

蒸腾失水引起正常的代谢被破坏，水解过程加强，由于细胞膨压降低造成的结构改变都会影响到农产品的耐贮性和抗病性。

4. 发汗和帐壁凝水

果蔬发汗是指在果蔬等农产品贮藏时表面出现水珠凝结的现象，特别是用塑料薄膜帐或袋贮藏产品时，帐或袋壁上的结露现象更严重。这种情况是因为当空气温度下降到露点以下，过多的水汽从空气中析出，并在农产品表面上凝成水滴所致。堆藏的农产品，由于呼吸的进行，在通风散热情况不好时，堆内湿度和温度高于堆外，因此当堆内湿空气转移到堆外时，与冷空气接触，温度下降，部分水汽就凝结成水珠，出现发汗现象。贮藏库内温度波动也可造成凝水现象。这种凝结水本身是微酸性的，附着或滴落到果蔬等农产品表面时，有利于病原菌孢子的传播、萌芽和浸染，导致腐烂，所以在贮藏中应尽量避免凝结水的出现，通常可以采用通风散热或开窗散气等方法，以排除湿热气体。

(二)影响蒸腾失水的因素及其调控

1. 影响蒸腾作用的内部因素

(1)表面组织结构

蒸腾是指植物体内的水分通过植物体表面的气孔、皮孔或角质层而散失到大气中的过程，所以蒸腾与植物的表面结构有密切关系。气孔是植物蒸腾的主要通道，气孔多分布在叶面上，主要由周围的保卫细胞和薄壁细胞的含水程度来调节其开闭，许多因素如水、温度、光和二氧化碳等，影响气孔开闭，从而决定蒸腾作用的强弱。气孔直径较大，内部阻力小，蒸腾快。气孔下腔容积大，叶内外蒸气压差大，蒸腾快。气孔开度大，蒸腾快；反之，则慢。当温度过低或者二氧化碳增多时，气孔不易开张，光刺激气孔的开放，缺水导致气孔关闭，减少蒸腾，起保水作用。皮孔多分布在根茎上，不能自由开闭，而经常处于开放状态。皮孔把较内层组织的胞间隙与外界直接相通，从而能加速水分和气体交换，但是皮孔的蒸腾量很小。一般角质层不易透过水，但由于其上夹杂有裂缝及吸水物质，因而植物体内的水分可通过角质层散失到大气中。不同蔬菜表面组织结构不同，蒸腾作用差异很大，通常是叶菜类蒸腾最强，果菜类次之，根菜类最弱。

(2)细胞持水力

一般原生质内亲水性胶体含量高，可溶性固形物含量高，细胞就具有较高的渗透压，因此有利于细胞保水，阻止水分蒸腾。另外，细胞间隙的大小可影响水分移动的速度，细胞间隙大，水分移动阻力小，移动速度快，有利于细胞失水。

(3)比表面积

比表面积是指单位重量的器官所具有的表面积(cm^2/g)。农产品的蒸腾作用是在表面进行的，所以比表面积大，相同重量的农产品所具有的蒸腾面积就大，因而失水也较多。

2. 影响蒸腾作用的外部因素

(1)空气湿度

影响农产品采后蒸腾作用的关键性环境因素是空气相对湿度，相对湿度是指空气中实际所含的水蒸气量（绝对湿度）与当时温度下空气所含饱和水蒸气量（饱和湿度）之比。在一定的温度下，空气的饱和蒸气压大于实际蒸气压时（即存在饱和差时），水分便开始蒸发，因此空气从含水物体中吸取水分的能力决定于饱和差的大小。农产品组织中充满水，蒸气压一般是接近饱和的，只要组织中蒸气压高于周围空气的蒸气压，组织内的水分便外溢，其快慢程度与两者之差成正比。

(2)温度

温度增高可加速水蒸气分子的运动，减低细胞胶体的黏性，从而促进蒸腾作用。当气温过高时，叶片过度失水，气孔关闭，蒸腾减弱。

(3)空气流速

空气流速也会改变空气的绝对湿度，从而影响蒸腾作用。风速较大，可将叶面气孔外水蒸气扩散层吹散，而代之以相对湿度较低的空气，既减少了扩散阻力，又增加了叶内外蒸气压差，可以加速蒸腾。强风可能会引起气孔关闭，内部阻力增大，蒸腾减弱。

(4)其他因素

蒸腾速率取决于叶内外蒸气压差和扩散阻力的大小。所以凡是影响叶内外蒸气压差和扩散阻力的外部因素，都会影响蒸腾速率。在采用真空冷却、真空干燥、真空浓缩等技术时都需要改变气压，气压越低，沸点就越低，越易蒸发，所以气压也是影响蒸腾的因素之一。另外光照也对蒸腾作用有一定影响。光对蒸腾作用的影响首先是引起气孔的开放，减少气孔阻力，从而增强蒸腾作用。其次，光可以提高大气与叶子的温度，增加叶内外蒸气压差，加快蒸腾速率。

三、农产品的休眠生理

(一)休眠的基本概念

1. 休眠的定义

植物在生长发育过程中遇到与自身不适宜的环境条件时，为了适应环境，有的器官会产生暂时停止生长的现象，称作“休眠”(Dormancy)。一些块茎、球茎、鳞茎、根茎类蔬菜、花卉，木本植物的芽、种子，坚果类果实（如板栗）都有休眠现象。

2. 休眠的分类和阶段

根据引起休眠的原因，将休眠分为两种类型。一种是器官内在因素引起的，即农产品在环境条件适合生长的情况也不会发芽，这种休眠称为“自发”休眠(Rest Period)，也称为生理休眠；另一种是由于外界环境条件中的不适因素所造成的，如低温、干燥所引起的，一旦遇到适宜的条件即可发芽，称为“被动”休眠(Dormancy)或他发性休眠。

通常，农产品的休眠可分为以下三个生理阶段：(1)休眠前期，也可以叫作准备阶段。此阶段是从生长向休眠的过渡阶段，产品刚刚收获，代谢旺盛，呼吸强度大，体内的物质由小分子向大分子转化，同时伴随着伤口的愈合，木栓层形成，表皮和角质层加厚，或形成膜质鳞片，使水分蒸发减少。在此期间，如果条件适宜可诱发芽子生长，延迟休眠。(2)生理休眠期，也可称深休眠或真休眠，在此阶段产品新陈代谢下降到最低水平，产品

外层保护组织完全形成，水分蒸发减少，在这一时期即使有适宜的条件也不会发芽，深休眠期的长短与种类和品种有关。(3)复苏阶段，也可以称为强迫休眠阶段，此时产品由休眠向生长过渡，体内的大分子物质开始向小分子转化，可以利用的营养物质增加，为发芽、伸长、生长提供了物质基础。此阶段我们可以利用低温强迫产品休眠，延长贮藏寿命。

(二)休眠期间的生理生化变化

在农产品的休眠期，会观察到原生质和细胞壁分离，胞间连丝中断，原生质不能吸水膨胀。原生质膜上的类脂物质如脂肪、类酯类疏水胶体增多，对水的亲合能力下降。组织发生木栓化，使得保护组织加强，对气体的通透性下降。休眠期过后，原生质重新贴紧细胞壁，胞间连丝恢复，原生质中疏水胶体减少，亲水胶体增加，使细胞内外的物质交换变得方便，对水和氧的通透性加强。

植物体内各种激素，对植物的休眠现象起重要的调节作用，现有的研究表明：休眠一方面是由于器官缺乏促进生长的物质，另一方面是器官积累了抑制生长的物质。如体内有高浓度脱落酸(ABA)和低浓度外源赤霉素(GA)时，可以抑制 mRNA 合成，可诱导休眠；反之，低浓度的 ABA 和高浓度的 GA 可以打破休眠，促进各种水解酶、呼吸酶的合成和活化，促进 RNA 合成，并且使各种代谢活动活跃起来，GA 能促进 γ一淀粉酶的活性，为发芽作物质准备。GA 和 ABA 都是由异戊间二烯单位构成的，它们由 3,5－二羟基－3－甲基戊酸在代谢中衍生而成，而且通过同样的代谢途径形成，因此这两种物质在生理上有相互作用。

(三)休眠的调控

农产品在休眠期一过就会萌芽，从而使产品的重量减轻，品质下降。如马铃薯的休眠期过后发芽，不仅表面皱缩，而且产生龙葵素(茄碱苷)，食用时对人体有害；洋葱、大蒜和生姜发芽后肉质会变空、变干，失去食用价值。在生产实践中，为了保持农产品的品质必须抑制发芽、抽苔，延长贮藏期，这就需要让产品保持休眠。

1. 温度、相对湿度和气体成分对休眠的调控

低温、低氧、低湿和适当地提高 CO_2 浓度等改变环境条件抑制呼吸的措施都能延长休眠，抑制萌发。一般地，高温干燥对马铃薯、大蒜和洋葱的休眠有利，低温对板栗的休眠有利；但是，用 0℃～5℃的低温处理也可以使洋葱、玫瑰种子等解除深休眠。气调贮藏对抑制洋葱发芽和蒜薹薹苞膨大都有显著的效果。浓度为 5%的 O_2 和浓度为 10%的 CO_2 对抑制洋葱发芽和蒜薹薹苞膨大有一定的作用。与此相反，适当的高温、高氧、高湿都能加速休眠的解除，促进萌发。生产上催芽一般要进行加温。

2. 化学药剂处理

萘乙酸甲酯(MENA)对马铃薯发芽有明显的抑制效果，采前或采后使用。生产上使用时可先将 MENA 喷到作为填充用的碎纸上，然后与马铃薯混在一块；或者把 MENA 药液与滑石粉或细土拌匀，然后撒到薯块上，当然也可将药液直接喷到薯块上。

青鲜素(MH)是目前国内外广泛采用 MH 处理采前洋葱、大蒜、土豆、胡萝卜等蔬菜，抑芽效果明显，并且能防止根菜糠心变质。一般是在采前两周喷洒，药液可以从叶片表面渗透到组织中，喷药过晚叶子干枯，没有吸收与运转 MH 的功能，过早鳞茎还处于迅速生长过程中，MH对鳞茎的膨大有抑制作用，会影响产量。

氯苯胺灵（CIPC）是一种在采后使用的马铃薯抑芽剂，使用量为1.4g/kg，使用方法为将CIPC粉剂分层喷在马铃薯中，密封覆盖24～48h，CIPC汽化后，打开覆盖物。要注意的是，CIPC应该在薯块愈伤后再使用，因为它会干扰愈伤；CIPC和MENA都不能在种薯上应用，使用时应与种薯分开。

3. 辐射处理

马铃薯、洋葱、大蒜、生姜及番薯等根茎类作物在贮藏期间，其根或茎易发芽、腐烂，损失严重。辐射处理对抑制马铃薯、洋葱、大蒜和生姜发芽都有效，并在贮藏中保持农产品良好品质。可根据种类及品种的不同，选择适合的辐射处理的剂量，一般辐射处理的最适剂量为0.05～15kGy。辐射以后在适宜条件下贮存，可保藏半年到一年。采用辐射处理块茎、鳞茎类蔬菜，防止贮藏中发芽，已在世界范围获得公认和推广，目前已有19个国家批准了经辐射处理的马铃薯出售。日本自1973年开始在商业上应用辐射处理抑制马铃薯发芽，建立了每年可处理3万t的辐照工厂。抑制洋葱发芽的γ射线辐射剂量为40～100Gy，在马铃薯γ的应用辐射剂量为80～100Gy。

四、农产品的成熟衰老生理

（一）成熟衰老的概念

农产品离开母体后，可以单独维持很久的生命，色、香、味等方面完全表现出固有的特性时，称为生理成熟（Physiological Maturity）。根据食用组织器官的不同，以及鲜食或加工目的的不同，而采用不同的成熟标准，这种成熟称为园艺成熟（Horticultural Maturity）。多数情况下，生理成熟和园艺成熟是一致的，但由于作为商品的要求不同，有时也有差别。

1. 成熟

成熟（Maturation）有的称为“绿熟”或“初熟”，是指果实在开花受精后的发育过程中，完成了细胞、组织、器官分化发育的最后阶段，达到充分长成之时。习惯上把成熟定为果实达到可以采摘的程度，而不是食用品质最好的时候。

2. 完熟

完熟（Ripening）是指农产品成熟以后的阶段，果实停止生长后还要进行一系列生物化学变化，逐渐形成本产品固有的色、香、味和质地特征，然后达到最佳的食用阶段。所以，成熟和完熟的概念很难准确划分，但二者在成熟的程度上有实质的区别。成熟大多数在植株上完成，完熟是成熟的终了，即完熟是成熟的继续。完熟既可以发生在植株上也可能在采后发生。有些果实，例如巴梨、京白梨、猕猴桃等果实虽然已完成发育达到成熟，但果实很硬、风味不佳，并没有达到最佳食用阶段。在采后必须经过一段时间贮藏或处理才能达到完熟。完熟时果肉变软、色香味达到最佳食用品质，才能食用。这种经过贮藏或处理才能完熟的过程在栽培上称为“后熟”（After Ripening）。成熟的果实在采后可以自然后熟，达到可食用品质，而幼嫩果实则不能后熟。如绿熟期番茄采后可达到完熟以供食用。若采收过早，果实未达到绿熟，则不能后熟着色而达到可食用状态。果实完熟的主要特征是表现出本品的典型衰老风味、质地和芳香气味等特征。

3. 衰老

衰老(Senescence)是植物的器官或整体生命的最后阶段。果实的衰老标志着个体发育结束,开始发生一系列不可逆的变化,最终导致细胞崩溃及整个器官死亡的过程。农产品的衰老可以发生在采收前,但多数在采收后发生。

总之,农产品的成熟、完熟、衰老三者是不容易划分出严格界限的。虽然概念上有区别,但三者又相互联系,成熟从广义上说包括了完熟,而完熟可以说是成熟的最后阶段。果实中最佳食用阶段以后的品质劣变或组织崩溃阶段称为衰老。成熟是衰老的开始,两个过程是连续的,二者不易分割。果实的成熟衰老是不可逆的变化过程,一旦被触发,便不可停止,直至变质、解体和腐烂。因此,为了有效地延长果蔬的贮藏寿命,应在贮藏保鲜技术上采取措施,延缓果蔬成熟衰老的进程。

(二)农产品成熟衰老过程中物质的主要变化

1. 物质的合成与水解、转移和再分配

(1)物质的合成与水解

果蔬在贮藏过程中,各类物质的合成—水解的动态平衡是不断变化的。就绝大多数果蔬来说,它们在贮藏中主要都是合成过程逐渐减弱,水解过程不断加强,结果是组织内各类物质的复/简比值减小,积累简单的水解产物。简单物质的积累,特别是单糖的积累,会刺激呼吸作用,又有利于微生物的侵染。果胶物质的转化使原来硬实的组织软化,从而降低果蔬的抗机械力性能。这些都说明,水解作用的加强对贮藏是不利的。

(2)物质的转移和再分配

果蔬收获后,其中所含的许多物质会在组织之间或器官之间转移和再分配,这对果蔬的品质变化也有极大的影响。如黄瓜在贮藏中出现梗端果肉组织萎缩发糠,花端部分发育膨大。内部终于成熟老化,原来两端均匀的瓜条变成了棒槌形,食用和商品品质大为降低;大白菜在贮藏中裂球抽苔而外帮脱落;蒜薹的薹梗老化糠心而薹苞发育成气生鳞茎;萝卜、胡萝卜发芽抽薹而肉质根变糠。所有这些都是物质转移的结果,其共同的特点是果蔬在贮藏中的物质转移,几乎都是从作为食用部分的营养贮藏器官移向非食用部分的生长点。

2. 物质变化对品质的影响

(1)外观品质

产品外观最明显的变化是色泽,常作为成熟指标的主要依据之一。果实未成熟时叶绿素含量高,外观呈现绿色,成熟期间叶绿素含量下降,果实底色显现,同时花青素和胡萝卜素积累,呈现本产品固有的特色。成熟期间果实产生一些挥发性的芳香物质,使产品出现特有的香味。茎、叶菜衰老时与果实一样,叶绿素分解,色泽变黄并萎蔫,花则出现花瓣脱落和萎蔫现象。

(2)质地

果肉硬度下降是许多果实成熟时的明显特征。有关的酶类在果实的软化中起重要的作用,伴随着果实成熟,一些能水解果胶物质和纤维素的酶类活性增加,水解作用使中胶层溶解,纤维分解,细胞壁发生明显变化,结构松散失去粘结性,果胶结构发生很大的变化,造成果肉软化。引起这些变化的酶主要是果胶甲酯酶(Pectin Methylesterase, PME,PE)、多聚半乳糖醛酸酶(Polygalacturonase,PG)和纤维素酶(Endo β—1,4—D—

glucanase)。PE能从酯化的半乳糖醛酸多聚物中除去甲基，PG催化果胶水解，使半乳糖醛苷连接键破裂，生成低聚的半乳糖醛酸。对果实软化起重要作用的还有纤维素酶即β－1,4－D－葡萄糖酶，其活性水平在果实完熟期间显著提高。

(3)香气

不同果实具有特殊的香气，这是由于它们成熟衰老过程中产生一些挥发性物质的缘故。不同果实所产生挥发性物质的成分和数量不同，其香气也有差别。果蔬产生的挥发性成分中含有多种化合物，包括酯类、醇类、酸类、醛类、酮类、酚类、杂环族、萜类等，约有200种以上。成熟度对芳香物质的产生有很大的影响。例如，桃在未成熟时极少甚至不产生芳香物质；香蕉挥发物质的产生高峰大约在呼吸跃变后10d出现。有些果实如菠萝，甚至可以用香气的明显释放作为完熟开始的标志。一般产生挥发性物质多的品种耐贮性较差，如耐贮的小国光苹果在土窖中贮藏210d，乙醇含量仅为0.89mg/100g；检测不出乙酸乙酯，同期红元帅苹果乙醇含量达14.5mg/100g，乙酸乙酯4.6mg/100g。

(4)口感风味

随着果实的成熟，果实的甜度逐渐增加，酸度减少。采收时不含淀粉或含淀粉较少的果蔬，如番茄和甜瓜等，随贮藏时间的延长，含糖量逐渐减少；采收时淀粉含量较高的果蔬，如绿色香蕉果肉淀粉含量高达20%～25%，采后淀粉水解，碳水化合物成分发生变化，含糖量暂时增加，果实变甜，达到最佳食用阶段后，含糖量因呼吸消耗而下降。通常果实发育完成后，含酸量最高，随着成熟或贮藏期的延长逐渐下降，因为果蔬贮藏更多利用有机酸为呼吸底物，消耗比可溶性糖更快，贮藏后的果蔬糖酸比增加，风味变淡。未成熟的柿、梨、苹果等果实细胞内含有可溶性单宁物质，使果实有涩味，成熟过程中被氧化或凝结成不溶性单宁物质，涩味消失。

(三)乙烯的生物合成及其调控

果实的生命从座果开始到衰老结束，是果实生命的全过程，该过程被许多植物激素所控制。乙烯是一种最重要的成熟衰老激素，由于适当浓度乙烯的作用，果实呼吸作用随之提高，某些酶的活性增强，从而导致果实成熟、完熟、衰老等一系列生理生化的变化，果实也同时表现出不同成熟阶段的特征。

1.乙烯的生物合成

乙烯的生物合成的研究经历了很长的历史时期，直到现在仍然是采后生理研究的热点。大量的研究表明，乙烯生物合成主要途径是：蛋氨酸(Met)→S－腺苷蛋氨酸(SAM)→1－氨基环丙烷－1－羧酸(ACC)→乙烯(见图1-1)。

(1)乙烯来源于蛋氨酸分子中的C_2和C_3，Met与ATP通过腺苷基转移酶催化形成SAM，体内SAM一直维持着一定水平。

(2)SAM→ACC是乙烯合成的限速步骤，ACC合成酶(ACS)是乙烯合成的关键酶，目前对ACS的研究已经非常深入。ACS专一以SAM为底物，辅基是磷酸吡哆醛，强烈受到磷酸吡哆醛酶类抑制剂氨基乙氧基乙烯基氨酸(AVG)和氨基氧乙酸(AOA)的抑制。另外，外界环境对ACC的合成影响很大，多种逆境都会刺激乙烯的产生，如机械伤、冷害、缺氧、干旱、淹涝、高温和化学毒害等。逆境造成乙烯合成量增加是因为逆境刺激ACC合成酶活性增强，导致ACC合成量增加的缘故。

(3)最后一步是ACC在ACC氧化酶(ACO)的作用下，这是个需氧过程，而且多胺、解偶联剂(如氧化磷酸化解偶联剂二硝基苯酚 DNP)、自由基清除剂和某些金属离子(特别是 Co^{2+})等都能抑制乙烯的生成。ACO 是乙烯生物合成的关键酶,但该步骤不是乙烯生物合成的限速步骤。ACO 是膜依赖的。其活性不仅需要膜的完整性,且需组织的完整性,组织细胞结构破坏(匀浆时)时合成停止。因此,跃变后的过熟果实细胞内虽然 ACC 大量积累,但由于组织结构瓦解,乙烯的生成降低了。

(4)ACC 除了氧化生成乙烯外,另一个代谢途径是在丙二酰基转移酶的作用下与丙二酰基结合,生成无活性的末端产物丙二酰基—ACC(MACC)。此反应是在细胞质中进行的,MACC 生成后,转移并贮藏在液泡中。果实遭受胁迫时,因 ACC 增高而形成的 MACC 在胁迫消失后仍然积累在细胞中,成为一个反映胁迫程度和进程的指标。果实成熟过程中也有类似的 MACC 积累,成为成熟的指标。

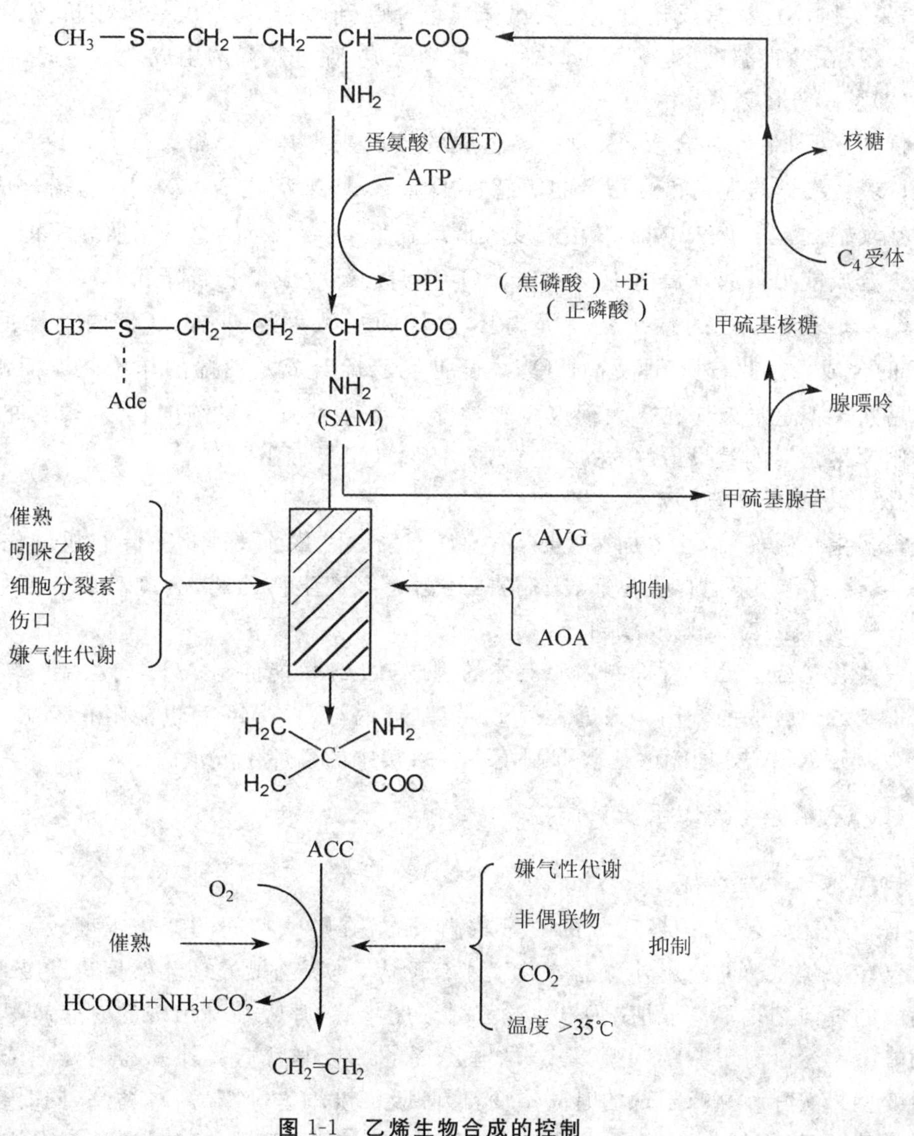

图 1-1 乙烯生物合成的控制

(Yang 和 Hoffman,1984)

2.贮藏环境条件对乙烯合成的调控

(1)贮藏温度

许多果实乙烯合成在20℃～25℃时最快。高温对乙烯的生成也有影响,如苹果合成乙烯的最适温度为30℃,高于30℃时乙烯生成会下降,40℃时乙烯停止生成,且对外源乙烯也不反应。在贮藏实践中发现,用35℃～38℃热处理苹果、番茄、杏等果实,能显著抑制乙烯的合成和果实后熟衰老。

一定范围内的低温贮藏也能够大大降低乙烯合成。一般在0℃左右乙烯生成很弱,后熟得到抑制,随温度上升,乙烯合成加速,如荔枝在5℃下,乙烯合成只有常温下的10%左右。因此,采用低温贮藏是控制乙烯的有效方式,但冷敏感果实于临界温度下贮藏时间较长时,如果受到不可逆伤害,细胞膜结构遭到破坏,ACO活性不能恢复,乙烯产量少,果实则不能正常成熟,使口感、风味或色泽受到影响,甚至失去食用价值。另外,研究也发现,在冷害温度下,反而会诱导ACC的合成,促进乙烯的生成。

(2)贮藏气体条件

低O_2可抑制乙烯合成,因为乙烯生成的最后一步是一个需氧过程。一般低于8% O_2中,果实乙烯的生成和对乙烯的敏感性下降,一些果蔬在3%O_2中,乙烯合成能降到正常空气中的5%左右。如果O_2浓度太低或在低O_2中放置太久,果实就不能合成乙烯或丧失合成能力。如香蕉在10%～30%O_2中时乙烯生成量开始降低。

CO_2是乙烯作用的拮抗物。提高环境中CO_2浓度能抑制ACC向乙烯的转化和ACC的合成。因此,适宜地提高CO_2浓度抑制乙烯合成及乙烯的作用两方面都可推迟果实后熟。但这种效应在很大程度上取决于果实种类和CO_2浓度,3%～6%的CO_2浓度抑制苹果乙烯的效果最好,浓度在6%～12%效果反而下降。

(3)机械伤及化学药剂

很多果蔬受伤后,乙烯加速生成,称为伤乙烯。贮藏前要严格去除有机械伤、病虫害的果实,这类产品不但呼吸旺盛、染病害,还由于其产生伤乙烯,会刺激成熟度低且完好果实很快成熟衰老,缩短贮藏期。

一些化学药剂处理可抑制内源乙烯的生成,如Co^{2+}能抑制ACC向乙烯的转化,多胺具有抑制乙烯合成的作用。最近发现1－甲基环丙烯(1－MCP)也能阻止乙烯与其受体结合,水杨酸(SA)处理能够显著抑制苹果等果实中的乙烯生成量。

(四)乙烯的生理作用及其调控

1.呼吸高峰与乙烯

对于跃变型果实,内源乙烯的产量较高,而且在贮藏期间的变化幅度较大。跃变型果实仅在果实完熟前应用外源乙烯处理才有反应,外源乙烯处理能够促进跃变型果实呼吸高峰的提前到来。一般情况下,外源乙烯浓度越高,呼吸高峰出现的时间越早,呼吸高峰的峰值不变。对于非跃变型果实,内源乙烯的产量非常低。外源乙烯处理浓度越高,非跃变型果实呼吸高峰出现的时间不变,但呼吸强度增大,呼吸高峰增高,同时也能促进叶绿素破坏、组织软化、多糖水解等。所以,乙烯对非跃变型果实同样具有促进成熟、衰老的作用。此外,跃变型果实经外源乙烯处理后内源乙烯有自动催化增加的作用,而非跃变型果实无此作用。

2. 乙烯与成熟

目前已有足够证据说明乙烯是致熟因素，可诱导和促进跃变型果实成熟，如：乙烯生成量增加与呼吸强度上升时间进程一致，通常出现在果实的完熟期间；外源乙烯处理可诱导和加速果实成熟；通过抑制乙烯的生物合成（如使用乙烯合成抑制剂 AVG，AOA）或除去贮藏环境中的乙烯（如减压抽气、乙烯吸收剂等），能有效地延缓果蔬的成熟衰老；使用乙烯作用的拮抗物（如 Ag^+，CO_2，1－MCP）可以抑制果蔬的成熟。

3. 其他生理作用

（1）促进叶绿素的降解，使水果和蔬菜转黄，如 0.2mg/kg 乙烯就使黄瓜变黄。

（2）促进植物器官的脱落，如 1mg/kg 乙烯使白菜和甘蓝脱帮、加速腐烂，0.15mg/kg 乙烯使石竹花瓣脱落，0.3mg/kg 乙烯使康乃馨 3d 败落，缩短花卉的保鲜期。

（3）引起水果蔬菜质地的变化，降低果实的硬度，如 0.02mg/kg 乙烯就能使猕猴桃冷藏期间的硬度大幅度降低。

（五）其他激素对成熟的作用

如上所述，乙烯对促进农产品采后成熟衰老起重要作用。除乙烯以外，其他主要植物激素包括脱落酸、生长素、赤霉素和细胞分裂素，对果实成熟与衰老也有一定的调节作用。

1. 脱落酸（ABA）

脱落酸除了影响果实脱落外，对促进果实成熟也有一定的影响。许多跃变型果实如番茄和非跃变果实在后熟中 ABA 含量剧增，且外源 ABA 促进其成熟，而乙烯则无效。一些能促进或延缓完熟的处理，同时也促进或延缓了 ABA 水平的变化。例如，用冷处理刺激梨完熟或用乙烯刺激葡萄完熟时，果实的 ABA 水平也提高了；反之，用气调法抑制梨的成熟或用苯并噻唑氧乙酸处理葡萄，可以推迟 ABA 水平的上升。因此，ABA 水平与完熟的开始有密切关系，并能刺激完熟过程。相对乙烯来说，ABA 对果蔬后熟过程的调控作用更为重要。

2. 生长素（Auxin）

研究表明，内源吲哚乙酸（IAA）可延缓跃变型果实的后熟进程，IAA 的失活是果实成熟启动的必要条件。另外，外源生长素对跃变型果实促进成熟的效应与施用方法和浓度有关。用 IAA 和 2，4－D 真空渗入绿色香蕉切片，发现生长素能使乙烯生成和呼吸作用增加，但延缓呼吸跃变出现，同时也延缓成熟；用 2，4－D 溶液浸整个香蕉果实，则促进乙烯生成，果肉也迅速成熟，但果皮却保持绿色。这是由于生长素对香蕉果皮和果肉的作用不同，在处理切片时，生长素均匀分布于果皮和果肉，它抑制成熟的作用胜过刺激乙烯生成的作用，因而延缓成熟。但用生长素处理整个果实时，生长素大部分停留在果皮内，促进果皮生成乙烯，因而加速成熟。

3. 赤霉素（GA）

赤霉素有时能促进果实内源乙烯的生成，但有时又能抑制乙烯的生成。例如有研究报道用 GA_3 处理苹果和橙子，能促进乙烯生成。但用 GA_3 处理采收后的鳄梨和香蕉切片则降低乙烯的生成。幼小的果实中赤霉素含量高，种子是其合成的主要场所，果实成熟期间水平下降。采后浸入外源赤霉素明显抑制一些果实的呼吸强度和乙烯的释放，这在甜柿、番茄、香蕉、杏等果实上都有应用。

4. 细胞分裂素(CTK)

细胞分裂素处理的保绿效果明显。用6-BA或激动素(KT)处理香蕉果皮、番茄和绿色的橙子,均能延缓叶绿素的消失和类胡萝卜素的变化。施用细胞分裂素亦能使绿色油橄榄的花色素苷显著增加,但对呼吸、乙烯的生成和果实变软无影响,甚至在高浓度的乙烯中也可延缓果蔬的变色。用激素渗入香蕉切片,然后放在足以启动成熟的乙烯浓度下,虽然出现呼吸跃变、淀粉水解等成熟现象,但果皮的叶绿素消失显著延迟,形成了绿色成熟果。

总之,许多研究结果表明果实成熟是几种激素平衡的结果。果实采后,GA、CTK、IAA含量都高,组织抗性大,虽有ABA和乙烯,却不能诱发后熟,随着GA、CTK、IAA逐渐降低,ABA和乙烯逐渐积累,组织抗性逐渐减小,ABA或乙烯达到后熟的阈值,果实后熟启动。

第二节　农产品的化学组成与贮藏加工特性

农产品的化学组成一般分为水和干物质两大部分,干物质又可分为水溶性物质和非水溶性物质两大类。水溶性物质如糖、果胶、有机酸、多元醇、单宁、部分含氮物质、一些能溶于水的矿物质、色素、维生素、酶和大部分无机盐类等,这类物质组成了农产品的汁液部分。非水溶性物质是组成农产品固体部分的物质,包括有纤维素、半纤维素、原果胶、淀粉、脂肪以及部分维生素、色素、含氮物质、矿物质和有机盐类等。

农产品中化学物质的质和量决定了农产品的外观和内在品质,即颜色、风味、质地、营养、耐贮性和加工适应性等。在加工贮藏过程中,这些化学成分常常发生各种不同的变化,从而影响新鲜农产品及其制品的食用品质和营养价值。农产品加工贮藏的主要目的在于防止腐败变质并保存其营养价值,实质上是控制农产品化学成分的变化,使其符合食用的要求。因此,农产品的化学特性与其品质密切相关,认识农产品化学组分的含量和变化规律,是控制农产品品质劣变,搞好贮藏和加工的基础。

一、水分

水分是农产品中的主要成分。可分为两类:一类为游离水,或叫自由水,主要存在于液泡和细胞间隙,其含量最多,占总含水量的70%~80%,具有水的一般特性,在农产品加工过程中极易失掉。在游离水总量中,与结合水相毗邻的部分,其性质与普通游离水不同,是以自由氢键结合的水。这部分水不能完全运动,但加热时仍较易除去,占水分总量的7%~17%。另一种为结合水,是植物细胞里胶体微粒周围结合的一层薄薄的水膜,它与蛋白质、多糖类、胶体等结合在一起,不能溶解溶质,不能自由移动,不能被微生物所利用,冰点降至-40℃以下。游离水和结合水的比例可以用水分活度(A_w)表示,水分活度可以看作是食品表面的蒸气压与同温度下纯水的蒸气压之比。纯水的A_w为1.0,A_w越小,游离水所占的比例越小,结合水所占比例越大。

水分给农产品的贮藏带来不利影响,为微生物和酶的活动提供了有利条件,使农产品容易腐败变质。水分含量直接影响农产品的加工和贮藏。农产品水分含量过高,特别是A_w高,细菌、霉菌繁殖加剧,容易引起农产品的腐败变质。目前,生产实践中使用的许多方法都是降低农产品的 A_w 值来抑制微生物的正常生长繁殖，以达到长期贮藏的目的，如干燥法、腌渍法等。而在果蔬贮藏保鲜的真空预冷工艺中，则要求尽量保留水分，使其新鲜饱满。

二、糖

糖类又称为碳水化合物，主要有单糖、低聚糖和多糖。糖类在加工中往往会发生种种变化，含糖量多少是农产品的腌制、酿造加工工艺的重要影响因素。

（一）单糖和低聚糖

单糖是构成各种糖分子的基本单位，主要是葡萄糖、果糖、少量的核糖、木糖和阿拉伯糖等。

低聚糖又称寡糖，由2～10个分子单糖通过糖苷键连接形成直链或支链的低度聚合糖。低聚糖中由两分子结合形成糖称为双糖，主要是蔗糖。

农产品种类不同，总含糖量不同。蔬菜的含糖量一般比水果低，仅在一些果菜、根菜和球根中含量较高。农产品中葡萄糖、果糖和蔗糖的含量差别也很大。番茄主要含葡萄糖，果糖次之，蔗糖很少。胡萝卜则主要为蔗糖，西瓜为果糖，甘蓝为葡萄糖。仁果类中以果糖为主，葡萄糖和蔗糖次之，苹果中果糖含量可达11.8%；核果类中，杏、桃、李以蔗糖为主，可达10%～16%，较仁果类高，所含的葡萄糖高于果糖；浆果类主要含葡萄糖和果糖，二者的含量比较接近，而蔗糖的含量很低，小于1%。

糖具有吸湿性，其中果糖的吸湿性为最大，葡萄糖次之，蔗糖最小。当蔗糖含杂质较多时，也会出现明显的吸湿性。糖的吸湿性，使农产品干制品和糖制品易吸收空气中的水分而降低其保藏性。但糖制品常利用此特性以防止蔗糖的晶析或返砂。

葡萄糖和果糖是农产品贮藏时的重要呼吸基质，又是微生物的营养物质，在酵母或其他细菌（如乳酸菌）的作用下可以产生酒精、乳酸及其他产物，增强农产品的耐贮性。泡菜和腌菜就是利用这种特性加工而成的。

蔗糖在低pH值、高温下会生成羟甲基糠醛、焦糖等物质，导致制品的变色，影响产品质量。蔗糖在转化酶或弱酸的作用下，水解转化为果糖和葡萄糖，水解产物称为转化糖。同一品种的变色程度与还原糖的含量呈正比。

（二）多糖

多糖由多分子单糖或衍生物组成，水解后生成原来的单糖或其衍生物。多糖分子量都很大，分为同聚糖和杂聚糖，同聚糖为相同的单糖组成，如淀粉、纤维素；杂聚糖则由若干不同的单糖和糖的衍生物缩和而成，如半纤维素。

1. 淀粉

淀粉是绿色植物光合作用的产物。淀粉及其加工制品是人类主要营养及热量来源之一。在食品工业中，淀粉不仅是各类烘烤食品的主要成分，还是冷冻食品、汤料、调味料等产品的添加剂，起增稠、胶凝、乳化、稳定等作用，经特殊处理的变性淀粉还可以作为脂肪的替代品。

淀粉是谷物籽实、块根、块茎中储藏最多的一种营养物质，占干物质重的60%～80%。

蔬菜含淀粉量较多，如马铃薯（14%～25%）、藕（12.77%）、荸荠、芋头、山药、豌豆

(6%)等，与老熟程度成正比。凡是以淀粉形态作为贮存物质的种类，均能保持休眠状态而利于贮藏。对于青豌豆、菜豆、甜玉米等，这些以幼嫩的豆荚或籽粒供鲜食的蔬菜，淀粉含量的增加意味着品质的下降，又如加工用马铃薯则不希望淀粉过多转化，否则转化糖多会引起马铃薯制品的色变。

水果含淀粉量较少，但未成熟果实多含有淀粉，而糖分较少，经过贮藏淀粉转化为糖，甜味增加，这种现象在香蕉及晚熟苹果中更为显著。但核果类、浆果类果实在成熟时已不再含有淀粉，故含糖量也不再增高。

富含淀粉的农产品，是酿造、干制和生产饴糖的原料。淀粉无甜味，不溶于冷水，比重在1.5～1.6之间，在冷水中沉淀。可用机械的方法将淀粉从植物细胞中分离出来。淀粉在热水中剧烈吸水膨胀，生成胶体溶液，称为糊化。糊化温度大致为55℃～68℃，并视淀粉种类不同而异，例如马铃薯淀粉的糊化温度为56℃～62℃，比小麦和玉米淀粉低。糊化是淀粉糖化的中间步骤，直接影响糖化结果。因此，含淀粉高的谷物酿酒时应注意首先将原料蒸煮，然后再糖化，这样可以增加出酒率。

2. 纤维素和半纤维素

纤维素和半纤维素是由葡萄糖组成的多糖类，是构成植物细胞壁的主要成分，不能被人体消化吸收。

纤维素是由葡萄糖分子通过β－1，4糖苷键连接而成的长链分子，主要存在于植物细胞壁中，具有保持细胞形状，维持组织形态的作用，并具有支持功能。

纤维素是世界上最丰富的天然有机物，占植物界碳含量的50%以上。棉花的纤维素含量接近100%，为天然的最纯纤维素来源。此外，麻、麦秆、稻草、甘蔗渣等都含有丰富的纤维素。食物中的纤维素(即膳食纤维)对人体的健康也有着重要的作用。纤维素在植物体内一旦形成，就很少再参与代谢，但是对于某些果实，如番茄、荔枝、菠萝、香蕉、鳄梨等在其成熟过程中，需要有纤维素酶与果胶酶及多聚半乳糖醛酸酶等共同作用才能软化。

半纤维素是由木糖、阿拉伯糖、甘露糖、葡萄糖等多种五碳糖和六碳糖组成的大分子物质，不是很稳定，在植物体内可分解为单体。半纤维素既具有纤维素的支持功能，又具有淀粉的贮藏功能。

纤维素和半纤维素较稳定，不易被酸、碱水解，不能被人体消化吸收，构成了所谓的粗纤维和膳食纤维的大部分，可刺激肠壁蠕动，有利于消化。纤维素常与木质、栓质、角质和果胶等结合，主要含于蔬菜和谷类的表皮细胞中，可以保护植物，减轻机械损伤，抑制微生物的侵袭，减少贮藏和运输中的损失。

无论谷类、薯类还是豆类，一般来说，加工得越精细，纤维素含量越少。从果蔬加工品质而言，含纤维素多则质粗多渣，品质较差。如梨果中的石细胞多的品质较差。但有些梨品种含有石细胞虽多，但经过一段时期的贮藏后，可使石细胞纤维中的木质还原，质地又变软，反而提高了品质，如巴梨。

3. 果胶物质

果胶物质是植物组织中普遍存在的多糖类物质，主要存在于果实、块茎、块根等植物器官中，以原果胶、果胶、果胶酸等三种不同的形态存在。果蔬的果实中多含有果胶物质，如山楂(可高达6.4%)、苹果、柑橘、南瓜、胡萝卜等。

原果胶多存在于未成熟果蔬的细胞壁间的中胶层中，不溶于水，常和纤维素结合使细胞粘结，所以未成熟的果实显得脆硬。因此，原料中含原果胶较多或者尚未完全成熟时，可在制品中加入少许氯化钙，可以保持果蔬的脆性。例如在生产整果装番茄罐头时，加入少量氯化钙。在腌制黄瓜时，先在石灰水中浸泡一下，可使产品肉质致密爽脆。

随着果蔬的成熟，原果胶在原果胶酶的作用下，分解为果胶，果胶溶于水，与纤维素分离，转渗入细胞内，使细胞间的结合力松弛，具粘性，使果实质地变软。成熟的果蔬向过熟期变化时，果胶在果胶酶的作用下转变为果胶酸，果胶酸无粘性，不溶于水，因此果蔬呈软烂状态。了解果胶性质的变化规律，对于果蔬贮藏与加工时选择合适的采收成熟度非常重要。

果胶与糖酸配合成一定比例时形成凝胶，果冻、果酱的加工就是根据这种特性。

果胶能溶于水，不溶于酒精。这一特性，在提取果实中的果胶时常被利用。制造澄清的果汁时，由于果胶的存在，致使果汁混浊，故应设法除去果胶。

三、有机酸

农产品中的有机酸主要是柠檬酸、苹果酸、酒石酸。此外，还有少量的琥珀酸、α—酮戊二酸、绿原酸、咖啡酸、阿魏酸、草酸、水杨酸和醋酸等。这些有机酸以游离或酸式盐的状态存在。

不同品种的农作物，有机酸种类和含量不同。水果含有丰富的有机酸，苹果为0.2%～1.6%，梨为0.1%～0.5%，葡萄为0.3%～2.1%。每种果实一般有其含量最多的一种有机酸，可作为分析该种果实含酸量的计算标准。如仁果类、核果类以苹果酸表示，葡萄以酒石酸表示，柑橘类以柠檬酸表示。

蔬菜中虽然含酸种类丰富，但含量很少，除番茄等少数蔬菜有酸味外，大多数因有机酸含量低而感觉不到酸味。蔬菜所含的有机酸，往往多种同时存在，例如番茄中含有苹果酸和柠檬酸，以及微量的草酸、酒石酸和琥珀酸。菠菜中除草酸外，还含有苹果酸、柠檬酸、琥珀酸和水杨酸。芹菜中含有醋酸和少量丁酸。有些蔬菜如菠菜、茭白、苋菜、竹笋含有较多的草酸，由于草酸会刺激腐蚀人体消化道内的黏膜蛋白，还可与人体内的钙盐结合形成不溶性的草酸钙，降低人体对钙的吸收利用，故不宜多食。

蛋白质，氨基酸能阻止有机酸过多地离解，限制氢离子的形成。果蔬加热处理后，蛋白质凝固，失去缓冲能力，氢离子增加，pH值下降，酸味增加。这就是果蔬加热后经常出现酸味增强的原因所在。

新鲜果蔬及其制品的风味，主要决定于糖和酸的种类、含量及其比例。含酸量对微生物的活动也有着重要的影响。含酸高的果实，可以降低微生物对热的抵抗力，所以在加工中对pH值在4.5以下的原料，即可在100℃以下就可获得良好的杀菌效果，否则杀菌温度需要更高。

此外，在原料加热时，有机酸能促进蔗糖、果胶物质等水解，降低果胶的凝胶度。加工处理时，有机酸能与铁、锡等金属反应，促进设备和容器的腐蚀作用，影响制品的色泽和风味。有机酸还与果蔬中的色素物质的变化和抗坏血酸的保存性有关系，例如在番茄酱和番茄饮料的制作过程中，番茄中的维生素C，由于有机酸的保护，煮熟时会损失较少。果蔬加工时，应掌握这些特性。

四、含氮物质

农产品的含氮物质主要是蛋白质、氨基酸、少量的酰胺、肽、铵盐及亚硝酸盐等。蛋白质是人体中最重要的营养物质，是细胞组成的主要成分，同时也是新陈代谢作用中各种酶的组成部分。

果蔬中含氮物质含量较少。但从味觉上讲，却是形成“浓味、鲜味”的重要成分。豆类蛋白质含量为1.9%～13.6%，瓜类为0.3%～1.5%，根茎类为0.6%～2.2%，葱蒜类为1.0%～4.4%，叶菜类1.0%～2.4%。水果中含氮物质一般含量为0.2%～1.2%。其中以核果类、柑橘类含量较多，仁果类和浆果类含量较少。

果蔬虽不是供给人体蛋白质的主要食品，但有助于其他食物蛋白在人体中的吸收，在加工工艺上亦常有重要影响，其中关系最大影响最多的就是氨基酸。氨基酸对食品的风味起着重要作用。果蔬加工中蛋白质分解产生的氨基酸及其本身所含氨基酸具有鲜味、甜味，如谷氨酸、天门冬氨酸等都呈特有的鲜味，甘氨酸具特有的甜味。氨基酸与醇类反应生成酯，也是食品香味来源之一。

农产品中所含的氨基酸与成品的色泽有关。氨基酸与还原糖发生美拉德反应，使制品产生褐变。酪氨酸在酪氨酸酶的作用下，氧化产生黑色素(如马铃薯切片后变色)。含硫氨基酸及蛋白质，在罐头高温杀菌时受热降解形成硫化物，引起罐壁及内容物变色。农产品中所含有的硝酸盐，对金属罐装制品有加速腐蚀的作用。

由于蛋白质的存在，在加工果蔬汁中常产生泡沫、凝固、沉淀现象，影响产品质量。但生产中也利用蛋白质的凝固作用澄清果汁。蛋白质与单宁结合，则发生聚合作用，能使汁液中的悬浮物质随同沉淀，这一特性在果汁、果酒的澄清处理中常被采用。

五、单宁

单宁又称鞣质，属多酚类物质，广泛存在于作物类(如谷、豆、大麦、高粱、绿豆、茶叶等)和果蔬类(如洋葱、葡萄等)中。

单宁为高分子聚合物，组成它的单体主要有：邻苯二酚、邻苯三酚。根据单体间的连接方式与其化学性质的不同，可将单宁物质分为两大类，水解型单宁与缩合型单宁。

水解型单宁，也称为焦性没食子酸类单宁或可溶性单宁，组成单体间通过酯键连接，在稀酸、酶、煮沸等温和条件下水解为单体。缩合型单宁，又称为儿茶酚类单宁或不溶性单宁，通过单体芳香环上C—C键连接而形成的高分子聚合物，与稀酸共热时，进一步缩和成高分子无定型物质。食物中所含单宁主要是缩合单宁。

单宁与蛋白质相结合，形成不溶性大分子聚合物，有助于汁液的澄清。在澄清果汁、果酒生产中，常利用这一特性来澄清果汁、果酒。

单宁与糖和酸比例适当时，能表现出良好的风味，对农产品制品的风味起着重要的作用，如果酒、果汁中均含有少量的单宁。单宁的多少可以决定酒的风味、结构与质地。缺乏单宁的红酒质地轻薄，没有厚实的感觉，单宁丰富的红酒可以存放经年，并且逐渐酝酿出香醇细致的陈年风味。

单宁的含量与植物的成熟度密切相关，未熟的果实含量较高，往往是成熟果的5倍，果皮通常比果肉高3～5倍。单宁在果实中可以水溶态或不溶态两种方式存在，果实含有1%～2%的可溶性单宁时就会产生强烈的涩味，含量在0.25%(涩柿)及以上时可尝出明显涩味，一般水果可食部分含0.03%～0.10%，具清凉口感。单宁分子可溶于水或乙醇，不溶于乙醚、氯仿等极性小的溶剂。用温水、CO_2、乙醇等处理，诱发果实无氧呼吸，产生不完全氧化产物乙醛，与水溶性单宁结合生成不溶性单宁，可使果实脱涩。

单宁在空气中易被氧化成黑褐色醌类聚合物，使去皮或切开后的果蔬在空气中变色。要防止切开的果蔬在加工过程中变色，就应从单宁含量、氧化酶和过氧化酶活性以及氧气的供应量三方面考虑，如能有效地控制三者之一，就能抑制变色。

单宁与金属铁作用能生成黑色化合物，与锡长时间共热呈玫瑰色，遇碱则变蓝色。因此在果蔬加工中要避免使用铁制工具。

六、色素物质

色素物质为表现农产品色彩物质的总称，果蔬中含有丰富的色素物质。果蔬的色泽是品质评价的重要指标，在一定程度上反映了果蔬的新鲜度、成熟度和品质变化等。果蔬的颜色由多种色素混合而成，成熟度不同或者环境的改变，颜色亦有变化，在加工过程中应尽量防止变色，让天然原色能够很好地保存。

(一)叶绿素

叶绿素是一切植物绿色的来源，叶绿素是由叶绿素 a($C_{55}H_{72}O_5N_4Mg$)和叶绿素 b($C_{55}H_{70}O_6NMg$)组成的混合物。叶绿素 a 呈青绿色，叶绿素 b 呈黄绿色，两者大约成3∶1的比例。叶绿素在植物细胞中与蛋白质结合为叶绿体。

叶绿素不溶于水，易溶于有机溶剂。在酸性介质中叶绿素分子中镁易被氢取代，形成脱镁叶绿素，呈褐色；在碱性条件下，叶绿素可水解为叶绿酸、叶绿醇和甲醇，叶绿酸仍为绿色。叶绿酸与碱反应，生成叶绿酸盐，其绿色更为稳定。这是果蔬加工中保绿的重要理论依据。

叶绿素分子中的镁可为铜、锌等所取代。铜叶绿素色泽亮绿，较稳定，食品工业中作为着色剂。叶绿素不耐热也不耐光。绿色果蔬短时间放于沸水中，则绿色转深，这是由于细胞壁中的空气被排除，致使细胞壁更为透明，色泽也就转深。

在正常生长发育的果蔬中，叶绿素的合成作用大于分解作用，外表看不出绿色的变化。当果蔬进入成熟期后和采收以后，合成作用逐渐停止，叶绿素在酶的作用下水解生成叶绿醇和叶绿酸盐等溶于水的物质，加上光氧化破坏继续进行，原有的叶绿素减少或消失，表现出绿色消褪，显出其他颜色。这种颜色变化常被用来作为成熟度和新鲜度变化的指标。

(二)类胡萝卜素

类胡萝卜素是普遍存在于高等植物、真菌、藻类和细菌中的黄色、橙红色或红色的色素，主要是β—胡萝卜素和γ—胡萝卜素。不溶于水，溶于脂肪和脂肪溶剂。

类胡萝卜素可分为两类：一类是碳氢型，只由 C、H 组成，称为胡萝卜素；另一类是氧化型，由 C、H、O 组成，称为叶黄素。β—胡萝卜素(即维生素 A 原)是胡萝卜素的代表；黄体素和虾青素是叶黄素的主要代表。

果蔬中的类胡萝卜素常与叶绿素共同存在于植物组织中。现已发现 300 种以上，主要有胡萝卜素、番茄红素、番茄黄素、叶黄素等。

类胡萝卜素在色素物质中是性质比较稳定的一类色素，色彩诱人，又是食物中的正常成分，在加工中不像叶绿素、花青素那样易发生变化。类胡萝卜素耐 pH 值变化，但在碱性溶液中比酸性溶液中更稳定。它耐高温，在锌、铜、锡、铁、铝等金属存在下也不易被破坏，只有在 O_2 或强氧化剂存在时才被破坏褪色，故干制中由于高温及通风易使类胡萝

卜素破坏。从农产品中提取的类胡萝卜素系列的天然食用色素，现已广泛用于食品着色。类胡萝卜素在植物细胞中与蛋白质成结合态时是稳定的，而提取后对光、热、O_2 均较敏感。

1. 胡萝卜素

胡萝卜素（$C_{40}H_{56}$）呈黄色，在黄绿蔬菜、蛋类、黄色水果、鱼肝油、动物肝脏、乳制品和奶油中含量丰富。胡萝卜素本身不具有生理活性，在人和动物肝脏及肠壁中能转化成具生物活性的维生素 A。它有 α、β、γ 三种异构体，其中以 β－胡萝卜素的含量最高（占全部胡萝卜素的 85％），功效最大。

胡萝卜素，不溶于水，而溶于脂肪，一般情况下对热烫、高温、碱性、冷冻等处理均相当稳定，在无氧条件下，加热至 120℃ 经 12h 也不损失，但在有氧情况下，于同样温度下经 4h，即可全部失去生物活性。

2. 番茄红素

番茄红素是胡萝卜素的同分异构体。在红色番茄中，番茄红素与胡萝卜素共同存在，平均含量为 4.0％～7.8％，是胡萝卜素平均含量（0.40％～0.75％）的 10 倍。

3. 番茄黄素和叶黄素

番茄黄素（$C_{40}H_{56}O_4$）和叶黄素（$C_{40}H_{56}O_6$）亦呈黄色，是胡萝卜素或番茄红素的加氧衍生物，易溶于甲醇和乙醇，难溶于乙醚，利用这一性质可将其与胡萝卜素分开。番茄黄素是黄色辣椒与番茄中的主要色素。苹果成熟时的底色主要是叶黄素的颜色。

（三）花青素

花青素（Anthocyanin）又称为花色苷，通常以花青苷的形式存在于植物果实、花和其他器官中，是果蔬呈现红、紫等绚丽色彩的主要色素。主要有：飞燕草素（Delchindin）、矢车菊素（Cyanidin）、牵牛花色素（Petunidin）、芍药花色素（Peonidin），这些色素对萝卜、茄子、苹果、葡萄、桃、李、樱桃、草莓、石榴等果蔬的外观质量影响很大。花青素是水溶性色素，在果蔬加工时（如水洗、预煮）会大量流失，例如茄子和萝卜煮后会变色，因此操作中注意避免揉捻和长时间与水接触处理。

花青素极不稳定，在不同 pH 值下因结构发生变化，显色种类产生差别。与酸作用时呈红色，与碱作用生成盐类而呈蓝色，在中性介质中则形成钠盐又呈紫色。此外，花青素还易受氧化剂、抗坏血酸、温度和光的影响而变色，可与 SO_2 形成加成物而褪色，但若除去 SO_2 加热或用 SO_2 吸收剂，则可恢复原色。果蔬加工时，对含有花青素的原料，为保持其固有的色泽，应注意有关特性。

花青素能与金属离子反应生成盐类。大多数花青素金属盐为灰紫色，因此含花青素多的水果罐藏时宜用涂料罐，果蔬加工宜用不锈钢器具。

（四）花黄素

花黄素广泛存在于植物的花、果、茎、叶中，为水溶性色素。已知的花黄素类色素约 400 种之多，常见的主要有：槲皮素（Guercetin，存在于苹果、柑橘、洋葱、玉米、芦笋、菜叶中）、圣草素（芸香科果实中含量最多）、橙皮素（大量存在于柑橘皮中）等。花黄素具有增加血管渗透性的作用，是维生素 P 的组成部分，可以提取此类色素作为食用色素。

在 pH 值等于 11～12 条件下，花黄素生成苯基苯乙烯酮（即查耳酮）颜色呈黄色、橙色至褐色。因此，当含花黄素的果蔬（如洋葱、荸荠、马铃薯等）在碱性水中预煮时往往发生黄变现象，影响产品质量，生产中可用加入少量酒石酸氢钾调节 pH 值来克服。因为在酸性条件下，查耳酮又可恢复到原来的结构，颜色消失。

总之，农产品的色泽从外观上影响产品的质量，具有感官影响的作用。根据色泽的变化规律可以使农产品具备应有的美好色泽，增进外观。在农产品加工贮藏中，要尽量保持原有的色泽，防止变色。

七、维生素

维生素（Vitamin）对人体生理机能有着极其重要的作用，人体内一系列的生理代谢活动都离不开酶的参与。酶要产生活性，必须有辅酶参加，而有些维生素本身就是辅酶或辅酶的一部分。大多数维生素必需在植物体内合成。维生素种类很多，目前已知的有30多种，其中近20种与人体健康和发育有关。通常按溶解性把维生素分为脂溶性维生素和水溶性维生素两大类。脂溶性维生素包括维生素 A、维生素 D、维生素 E、维生素 K；水溶性维生素包括 B 族维生素（维生素 B_1、维生素 B_2、尼克酸、泛酸、维生素 B_6、叶酸、维生素 B_{12}、生物素、胆碱）和维生素 C。

一般来说，食品加工中的整理、烫漂、冷冻、脱水、加热、灭菌、辐射、碾磨等都可使食品中的维生素有所损失，其损失程度取决于各种维生素对工序条件的敏感性。导致维生素损失的主要因素有氧化、加热、金属离子、pH 值、酶、水分以及上述因素的综合作用。食品加工的另一特点是可使某些食品的维生素利用率增高。如玉米中的尼克酸多为结合型，不易被肌体利用，若向玉米粉中添加一定量的碳酸氢钠，便可使结合型的尼克酸变成可利用的游离型尼克酸，起到防止维生素缺乏症发生的作用；又如豆类发芽可以使维生素 C 和维生素 B_1 有所增加。

（一）维生素 C

又称抗坏血酸，属水溶性维生素，天然存在的是 L－抗坏血酸。具有代谢快，需要量大的特点。蔬菜和水果中均含有极丰富的维生素 C，是人类摄取维生素 C 最重要的来源。

维生素 C 具有较强的还原性，在食品上广泛用作抗氧化剂。维生素 C 在酸性溶液或浓度较大的糖液中比在碱性溶液中稳定。在有空气及其他氧化剂存在时，维生素 C 非常不稳定，其分解速度受温度、pH 值、金属离子和紫外光等的影响。高温和碱性环境促进氧化，紫外光照、铜、铁等金属离子可大大增加维生素 C 的氧化速度。农产品加工中需注意这些特征，特别是要避免长时间暴露于空气中。

（二）维生素 B_1

维生素 B_1 又名硫胺素，是最易破坏的维生素之一。在酸性条件下稳定，耐热。在碱性条件下极易受到破坏。pH＝3 时很稳定，pH＝5 时则分解速度加快。氧气、氧化剂、紫外线、γ－射线和金属离子均可加速破坏。主要存在于植物种子外皮及胚芽中，在米糠、麦麸、黄豆等食物中含量最丰富。维生素 B_1 易溶于水，在食物清洗过程中可随水大量流失。如菜类加工过细、烹调不当或制成罐头食品，维生素 B_1 会大量丢失或破坏。

维生素 B_2 又名核黄素，大量存在于谷物、蔬菜等食品中。

此外，农产品中的维生素还有尼克酸、泛酸、生物素、叶酸、维生素 E、维生素 K、维生素 P 等。

八、矿物质

矿物质是人体结构的重要组分，又是维持体液渗透压和 pH 值不可缺少的物质，同时还直接或间接地参与体内的生化反应。人体缺乏某些矿物质时，就会产生营养缺乏症。

谷物类和薯类含有多种矿物质，如米、面中含有丰富的磷、钙；土豆、大米含有较多的铁；小米、大麦、小麦、燕麦等中含有丰富的镁；淀粉中含有较多的锌；小麦是硒的良好来源；糙米、小麦、大麦、高粱等是锰的良好来源。

果蔬中的矿物质含量少，但由于它们在果蔬中分布极广，成为人体摄取矿物元素的主要来源。果蔬矿物质中 80％是钾、钠、钙、磷和硫等矿物质，大部分与有机酸结合成有机酸盐。

矿物质在农产品加工中一般比较稳定，其损失往往是通过水溶性物质的浸出而流失，如烫漂、漂洗等工序，其损失的比例与矿物质的溶解度呈正相关。但矿物质的损失并非都是有害的，如硝酸盐的损失对人体健康是有益的。

农产品中某些特征微量元素的含量及比例，还可作为检验食品掺假的参考指标。

九、芳香物质

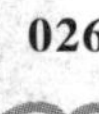

农产品普遍含有挥发性的芳香物质，由于含量极少，故又称精油，如萝卜含 0.03％～0.05％，大蒜含 0.005％～0.009％，洋葱含 0.037％～0.055％，芹菜含 0.1％。芳香物质是农产品具有特定香气和其他气味的主要原因，为多种组分的混合物，随地区环境、气候因素和生长发育阶段不同而不同。主要成分为酯、醇、醛、酮、萜及烯等，另外还有醚、酚类和部分含氮化合物。

水果香气比较单纯，以酯类、醛类、萜类为主，其次是醇类、酮类及挥发性有机酸等。

蔬菜的香气不及水果浓，但有些蔬菜具有特殊的气味，如葱、蒜、姜等均含有特殊的辛辣气味。萝卜中含有甲硫醇，大蒜中的精油为二硫化二丙烯，生姜根系中含有姜烯和姜醇。有些芳香物质不是以精油状态存在，而是以氨基酸或糖苷形式存在，必须经过酶水解成精油才有香味。蒜素是一种精油，是由蒜氨酸水解而成，当大蒜切碎或者捣碎后，所含的蒜氨酸和蒜氨酸酶相遇发生水解而生产蒜素，使其气味明显变浓。大多数精油都具有防腐杀菌作用，如大蒜精油、姜油等，有利于制品的保藏。

芳香物质为易氧化和热敏性物质，在加工过程中，长时间加热可使芳香物质挥发损失，某些成分会发生氧化分解，出现其他风味或异味。因此，蔬菜干制一般在较低的温度下(60℃～65℃)加工。芳香物质在制品中的含量应以其风味的合适值为宜，过高或过低均有损于风味。如柑橘汁中芳香物质含量过高，不但风味不佳，且易氧化变质，一般以 1 000mg/kg左右为宜。

十、脂肪

脂质包括脂肪、蜡质、磷脂、萜类化合物等。

在植物体中，脂肪主要存在于种子和部分果实中，根、茎、叶中含量很少。各种植物种子中的脂肪含量都很丰富，例如杏仁含 23％，核桃含 65％，花生含 45％，都是提取植物油的极好原料，故在农产品加工中应重视种子的收集与利用。植物的茎、叶和果实表面上常有一层薄薄的蜡，主要成分是高级脂肪酸和高级一元醇所组成的酯，不仅可以防止茎、叶和果实的凋萎，而且使它们免受病原微生物侵染。表面覆盖的蜡质堵塞了部分气孔和皮孔，对果蔬的贮藏也是极为有利的，但在加工中一般应去除。

植物油脂的加工开发，从压榨普通食用油（大豆油、菜籽油、葵花籽油、棉籽油等）到分离提取一些具有保健作用的功能性油脂（胚芽油、紫苏油、葡萄籽油、沙棘油等），种类非常多。还可针对农产品中某些特定成分，如 γ－亚麻酸、β－胡萝卜素、黄酮类化合物等，进行深度开发。

脂类在食品加工过程中会出现水解、氧化、分解、聚合或其他降解作用。如：脂类在超过 200℃时可发生氧化聚合，对人体非常有害。在食品加工的油炸操作中，油脂长时间高温加热和反复冷却后再加热使用，会使其进一步氧化聚合。油脂的精炼加工会使其中所含的维生素 E 和 β－胡萝卜素受到损失，氢化可使油脂中的必需脂肪酸进一步受损。

脂肪暴露在空气中会自发进行氧化作用，产生酸臭和口味变苦的现象，称之为酸败。温度、光线、水汽、金属等都有促进酸败的作用，故油脂含量高的核桃仁、花生、瓜子等干果类及其制品，在贮藏加工过程中应注意这些特征。

十一、酶

酶是一种特殊的蛋白质，产生于生物体内，能在常温常压下促进生物体的合成代谢和分解代谢，它是生物的催化剂。与农产品加工有关的酶主要有两大类。

一类是氧化酶，其作用是使物质氧化。较重要的有多酚氧化酶、脂氧合酶、抗坏血酸氧化酶、过氧化物酶等。多酚氧化酶是导致果蔬褐变的主要酶；脂氧合酶破坏亚油酸、亚麻酸和花生四烯酸等必需脂肪酸，产生游离基损害某些维生素和蛋白质等成分，并产生异味；其他氧化酶类如过氧化物酶、抗坏血酸氧化酶等也会引起果蔬颜色和风味的变化及维生素的损失；过氧化物酶则可作为烫漂的指标。

另一类为水解酶，水解酶中较重要的有果胶酶类（多聚半乳糖醛酸酶、果胶甲酯酶和果胶裂解酶）、淀粉酶（α－淀粉酶和 β－淀粉酶）、蛋白酶、纤维素酶、各种糖苷分解酶等。果蔬在成熟过程中，组织中的果胶在果胶甲酯酶的作用下水解成果胶酸和甲醇，从而引起果蔬组织软化，耐贮性降低。在柑橘汁和番茄酱等果蔬制品中，也常因果胶甲酯酶导致果胶物质的分解，使产品的黏度和浊度降低，使原来分散状态的固形物失去了依托而产生沉淀，降低了制品的质量。

农产品贮藏加工与酶的关系主要有两方面：一是抑制酶的作用，如抑制果胶的水解，防止多酚类的氧化变色，纯化脂氧合酶等。来源于微生物的酶比果蔬本身的酶抗热，而且有些食品中的酶在贮藏过程中还有可能复活。如高等植物中的果胶酶一般在 60℃～85℃即被钝化，而某些来源于微生物的果胶酶则可耐 105℃的高温。新鲜农产品的耐贮性和酶活性有密切的关系。果胶甲酯酶是冬枣软化的关键酶，多聚半乳糖醛酸酶是番茄、猕猴桃、芒果软化的关键酶，利用湿冷贮藏法可有效降低这两种酶活性，增强果蔬耐贮性。蔬菜加工中，酶也是引起蔬菜味质变坏和营养成分损失的重要因素。采取各种方法处理加工蔬菜，在一定程度上抑制酶的活动，是保存加工制品品质的一个重要措施。

另一方面，农产品加工也常利用酶，如利用果胶酶来澄清果汁、果酒和橘瓣的脱囊衣，利用柚皮苷酶脱苦，利用淀粉酶分解淀粉制糖等。

第三节　农产品的败坏及控制和加工保藏措施

一、农产品败坏的原因

农产品的败坏含义较广，凡不符合农产品食用要求的变质、变味、变色、分解和腐烂都属于败坏，而不仅指腐烂，可以认为，一种农产品，凡是改变了原来的性质和状态而质量变差即可认为是败坏。引起农产品败坏的主要原因有微生物败坏、酶败坏和理化败坏三方面。

(一)微生物败坏

有害微生物的生长发育是导致农产品败坏的主要原因。由微生物引起的败坏通常表现为生霉、酸败、发酵、软化、腐烂、膨胀、产气、变色、浑浊等。微生物的种类繁多，自然界无处不在，存在于空气、水、土壤、加工用具和容器中，存在于操作人员的手上，附着在农产品上，可以说无处不有，无孔不入。加上农产品具有丰富的营养物质，极易滋生微生物。引起农产品败坏的微生物主要有细菌、霉菌和酵母菌等。常见的易对农产品造成污染的细菌有葡萄球菌、微球菌、假单胞菌、芽孢杆菌与芽孢梭菌、乳杆菌、肠杆菌、弧菌及黄杆菌、嗜盐杆菌、嗜盐球菌等。在多雨潮湿的地方霉菌对农产品的污染非常严重。目前已知的霉菌毒素约200种，与农产品质量安全关系较为密切的有黄曲霉毒素、赭曲霉毒素、杂色曲霉毒素等。霉菌及毒素对食品污染后可引起人体中毒，或降低食品的食用价值。据不完全统计，全世界每年平均有2%的谷物由于霉变不能食用而造成巨大的经济损失。

(二)酶败坏

同微生物含有能使食品发酵、酸败和腐败的酶一样，健全的未经污染的新鲜农产品也有它们自己的酶，其活力在收获后仍然残存着。谷物和种子贮存60年后仍可以进行呼吸、发芽和生长等酶促反应就是很好的例证。鲜活农产品体内存在着具有催化活性的多种酶类。如苹果、梨、香蕉、葡萄、草莓等果实和一些蔬菜中存在多酚氧化酶；豆科植物中存在脂氧合酶。除非这些酶已由热、化学品、辐射和其他手段加以钝化，否则就会在农产品内继续催化生化反应，造成农产品腐败变质。如脂肪氧化酶引起的脂肪酸败，蛋白酶引起的蛋白质水解，多酚氧化酶引起的褐变，果胶酶引起的组织软化等。造成农产品的变色、变味、变软和营养价值降低。

(三)理化败坏

造成农产品败坏的重要原因之一是在加工和贮存过程中发生的各种不良理化反应，如氧化、还原、分解、合成、溶解、晶析、沉淀等。这类变化或者由于其内部本身化学物质的改变(水解)或由于农产品与氧气接触发生作用(氧化)，也可能是与加工设备、包装容器、加工用水的接触等发生反应。与微生物败坏相比，理化败坏一般程度较轻，但普遍存在，会导致制品不符合标准，其中某些败坏，如加工品的变色至今仍是加工中的一大难题。这类败坏常对色、香、味造成损失，一般无毒，在一定范围内可以允许存在，但少数亦不利于健康。理化败坏常表现为成品的变色、变味、软烂、维生素的损失等。

产品的变色包括酶褐变、非酶褐变、叶绿素和花青素在不良的处理条件下变色或褪色、胡萝卜素的氧化以及各种金属离子与食品中的化学成分发生化学反应而引起的变色。变味主要是加工制造或贮藏中造成的芳香物质的损失和异味的产生，如柑橘汁中苦味的出现等。加工后的产品软烂，主要是由于原果胶的水解所致，过于软烂导致品质下降。维生素的损失是由于氧化和受热分解而致。所有上述败坏都与农产品中所含的化学物质性质有关。

几乎所有的理化败坏都是随时间的延长而加重，即农产品质量随时间而下降。这说明加工可延长农产品的货架寿命，但不能无限延长。最终任何食品的质量都会下降，故用日期来表示食品货架期是极其重要的。

二、农产品的加工保藏方法

农产品加工就是要针对引起农产品腐败变质的原因，采取合理可靠的技术和工艺来控制腐败变质，以保证制品的质量和达到相应的保存期。

(一)维持鲜活农产品最低生命活动的保藏方法

主要用于果蔬等鲜活农副产品的贮藏保鲜，采取各种措施以维持果蔬最低生命活动的新陈代谢，保持其天然免疫性，抵御微生物入侵，延长有效贮藏寿命。新鲜果蔬是有生命活动的有机体，采收后仍进行着生命活动。它表现出来最易被察觉到的生命现象是其呼吸作用。必须创造一种适宜的冷藏条件，使果蔬采后正常衰老进程抑制到最缓慢的程度，尽可能降低其物质的消耗水平。

(二)抑制微生物活动的保藏方法

利用某些物理、化学因素抑制食品中微生物和酶的活动，这是一种暂时性保藏措施。属这类保藏方法的有冷冻保藏，如速冻食品；脱水降低水分活度，如干制品；高渗透压保藏，如腌制品、糖制品等。

(三)运用无菌原理的保藏方法

运用无菌原理的保藏方法即无菌保藏法，是通过热处理、微波、辐射、过滤、超高压等工艺手段，全部杀灭致病菌，使食品中腐败菌的数量减少到能使食品长期保存所允许的最低限度，并通过抽空、密封等处理防止再感染，从而使食品得以长期保藏的一类食品保藏方法。食品罐藏就是典型的无菌保藏法。

最广泛应用的杀菌方法是热杀菌。基本可分为100℃以下70℃～80℃杀菌的巴氏杀菌法和100℃或100℃以上的高温杀菌法。

有些杀菌方法由于没有热效应，被称之为冷杀菌法。如紫外线杀菌法、超声波杀菌法、原子能辐照等。

食品超高压保藏技术是将食品在100MPa以上的压力、常温或较低温(＜60℃)下，及适当的加工时间内，引起食品成分非共价键的破坏或形成，使食品中的酶、蛋白质、淀粉等生物高分子失活、变性或糊化，达到杀死食品中细菌等有害微生物，改善食品品质的目的。

(四)利用发酵原理的保藏方法

利用发酵原理的保藏方法称发酵保藏法或生化保藏法。利用某些有益微生物的活动产生和积累的代谢产物如酸和抗生素来抑制其他有害微生物活动，从而达到延长食品保藏期的目的。例如乳酸发酵、酒精发酵、醋酸发酵的发酵产物乳酸、酒精、醋酸对有害微生物的毒害作用十分显著。这种毒害主要是氢离子浓度的作用，它的作用强弱不仅取决于含酸量的多少，更主要的是取决于其解离出的 H^+ 的浓度，即 pH 值高低。发酵除了有助于食品贮藏，提供各种发酵产品以外，它还有更重要的作用。例如，食品发酵的一些终产品（特别是酸类、醇类）能够抑制那些通过种种途径进入到食品中的常见病原微生物的生长。当 pH 值为 4.6 或低于 4.6 时，肉毒杆菌不能生长和产生毒素。发酵能提高食品的酸度，泡酸菜等众多的食品都是由于发酵作用产生酸，从而增强了它们对有害微生物的抵抗力。果酒、果醋、酸菜、泡菜和乳酸饮料就是利用此种方法保藏的产品。利用此方法保藏食品，其代谢物的积累需达到一定程度方可，如乳酸需 0.7%以上，醋酸 1%～2%，酒精 10%以上。但是，只有酒精、乳酸和醋酸往往还不够，还需应用其他措施才能作长期保藏。

参考文献

[1] 邓义才，李安妮. 蔬菜贮运保鲜. 广州：广东科技出版社，2002.

[2] 李合生. 现代植物生理学. 北京：高等教育出版社，2006.

[3] 崔富春. 果品蔬菜贮藏技术. 北京：中国社会出版社，2006.

[4] 周山涛. 果蔬贮运学. 北京：化学工业出版社，2004.

[5] 冯叙桥，冯有胜，谭兴和. 农产品贮藏运销学. 成都：成都科技大学出版社，1996.

[6] 罗云波，蔡同一. 园艺产品贮藏加工学. 北京：中国农业大学出版社，2001.

[7] 赵丽芹主编. 园艺产品贮藏加工学. 北京：中国轻工业出版社，2006.

[8] 刘兴华，陈维信主编. 果品蔬菜贮藏运销学. 北京：中国轻工业出版社，2002.

[9] 郑永华主编. 食品贮藏保鲜. 北京：中国计量出版社，2006.

[10] 黄邦彦，杨谦主编. 果蔬采后生理与贮藏保鲜. 北京：农业出版社，1990.

[11] 李富军，张新华主编. 果蔬采后生理与衰老控制. 北京：中国环境科学出版社，2004.

[12] 冯双庆主编. 果蔬贮运学. 北京：化学工业出版社，2008.

[13] 夏文水主编. 食品工艺学. 北京：中国轻工业出版社，2007.

[14] 董全主编. 果蔬加工工艺学. 重庆：西南师范大学出版社，2007.

[15] 邹波. 浅谈农产品保鲜过程中有氧呼吸和无氧呼吸. 农村实用工程技术. 温室园艺，2005，(5)：63.

[16] 张强升. 贮藏蔬菜水分蒸腾的影响因素. 农产品加工，2008，(9)：26.

[17] 吴国辉，刘福娟. 植物的蒸腾作用分析. 农机化研究，2004，(5)：113.

[18] 钟如强. 探究影响蒸腾作用的因素. 生物学通报，2003，38(5)：56～57.

第二章　农产品贮藏保鲜方法

农产品的贮藏保鲜，是为了在较长的时间内保持产品的新鲜度。大多数农产品在采后的损失主要来自两个方面：一是微生物活动引起的腐烂和病害；二是农产品本身的生理代谢所导致的品质变化。各类贮藏方式从根本上讲，都是在于提供一定的贮藏环境和相应的措施，以抑制微生物的活动和延缓农产品的衰老，最大限度地保持农产品原有的品质。因此，各类贮藏方式所创造的有利条件的程度和水平，决定了它们贮藏保鲜效果之间的差异。

第一节　常温贮藏

常温贮藏一般指在构造较为简单的贮藏场所，利用自然温度随季节和昼夜不同时间变化的特点，通过人为措施，引入自然界的低温资源，使贮藏场所的温度达到或接近产品贮藏所要求温度的一类贮藏方式。这类贮藏方式源自民间经验的总结和积累，包括堆藏、沟藏（埋藏）和窖藏三种基本形式，以及由此而衍生的假植贮藏和比较完整的通风库贮藏等。

一、堆藏

堆藏是将农产品（主要是果蔬类）直接堆放在田间、空地或浅坑（地下 20～25cm）中，或者堆放在院落空地、室内空地或荫棚下，根据气温的变化，用隔热材料，如土壤、草帘、作物秸秆、席子等，分层加盖，以维持适当的温度，达到防冻、防热、防晒目的的一种贮藏方法。常用于苹果、梨、柑橘、白菜、甘蓝、洋葱、冬瓜、南瓜等的贮藏。

堆藏果蔬不能太宽太高，否则不易通气散热，致使堆中心温度过高引起腐烂。例如，马铃薯、洋葱等蔬菜堆宽约 1.5～2.0m，高约 2.0m，堆的长度不限，以贮量多少而定。但也不宜过长，以利于操作管理。

堆藏受气温影响较大，适合于较温暖地区的越冬贮藏，在寒冷地区一般只作秋冬季节的短期贮藏。有的农产品在进行沟藏、窖藏或土窑洞贮藏之前，往往由于贮藏场所的温度太高而不能及时入贮，只好采用堆藏的办法把产品先预贮起来。

二、沟藏

沟藏是将农产品堆放在沟、坑内，放一层或多层，然后根据气温的变化分次进行覆土，达到一定的覆土厚度进行贮藏。北方多用于板栗、核桃、山楂、苹果及根菜等。

沟藏主要受地温的影响较大，保温保湿性能比堆藏好，冬、春有利。但在秋季，由于土温下降比气温慢，沟内温度往往较高，若此时入贮，果蔬本身又释放田间热和呼吸热。沟内温度很难降低，所以，用沟藏入贮前要通风散热。另外，要根据不同地区的地温来确定沟的深浅和覆土的厚薄。

三、窖藏

窖藏是在埋藏基础上发展起来的一种贮藏方式。窑窖结构简单，需建筑材料少，费用较低，可因地制宜建造，便于自由出入进行产品的运送和检查，也便于通风调节窖的温、湿度，贮藏效果好，所以它是我国农村较普遍采用的一种贮藏方式，窖藏又分为棚窖、窑窖和井窖等多种类型，其中应用较广且效果较好的是棚窖和窑窖。窑窖是在厚土层中挖洞建成，充分利用地温缓慢、稳定的特性，土壤良好的保湿性能保持较低而稳定的温度，较高而稳定的湿度，加上简单的通风设备通风换气和调节温度。

四、通风贮藏

通风贮藏是利用通风贮藏库来保藏农产品的一种贮藏方式。通风贮藏库是在有隔热结构的建筑内，利用库内外温度的差异和昼夜温度的变化，以通风换气的方式来保持库内比较稳定和适宜贮藏温度的一种贮藏场所。其基本特点与窖藏相似，但它设置了较完善的通风系统和隔热结构，操作方便，降温效果大大提高。20 世纪 50～70 年代，在我国北方各大中城市兴建很多。除贮藏大白菜外，还可用于贮藏马铃薯、萝卜、结球甘蓝、洋葱、胡萝卜、南瓜等以及夏秋菜的短期贮藏用。

通风贮藏库通常选在地势高燥、通风良好、无污染源、交通便利的地方。一般分地上式、半地下式和地下式 3 种类型。地上式受气温影响最大，地下式受地温影响小。在冬季寒冷的地区，多采用地下式，有利于防寒保温。在温暖地区多采用地上式，有利于通风降温。

通风系统是通风贮藏库通风的重要组成部分。通常贮藏量在 500t 以下的贮藏库，每 50t 产品的通风面积应不小于 0.5m^2，当贮藏库进行自然通风时，每 1 000m^2 的库容，其通风面积（包括进、排气口）应在 6m^2 左右。

通风贮藏库的管理主要是根据库内外温度的差异，进行必要的通风换气。贮藏初期以尽快降温为主要任务，同时要注意增加库内湿度。贮藏中期正值严冬季节，主要是保温和防冻，通风是在白天的中午进行，贮藏后期主要任务是维持库内已积累的低温，放风是在冷凉的夜里进行。

通风贮藏库是依靠自然温度调节库内温度，仍属常温贮藏，在气温过高或过低的地区和季节，如果不加其他辅助设施，难以维持理想的温度，而且湿度也不易控制。

第二节　农产品低温保鲜

一、低温保鲜原理

农产品的呼吸作用与贮藏寿命有着密切的关系，尽可能降低农产品的呼吸强度，才可以减少物质的消耗，延缓果蔬的成熟衰老。而温度作为环境条件中一个最基本因素，是降低呼吸强度，推迟呼吸高峰到来的直接原因；另外，温度是影响产品水分散失的主要因素。果蔬和贮藏库的温差越大，果蔬越容易失水，将果蔬的温度降到库温的时间越长，果蔬失水越多。因此，迅速降低温度是减少果蔬水分散失的首要措施。乙烯的产生速率及其作用与温度有密切关系，低温可以抑制乙烯的产生和作用。因此，控制低温是农产品贮藏保鲜的基本条件。

低温保藏是常用的保藏方法，但贮藏温度并非越低越好，不适宜的低温会造成果蔬的低温生理伤害。尤其是对一些喜温的果蔬如番茄、黄瓜、甜椒、菜豆、香蕉、菠萝、柑橘等。

二、农产品的冷却与冷藏

(一)农产品的冷却

温度是控制农产品质量的重要因素。农产品采收以后带有大量田间热，品温较高，对产品的品质有直接的影响，如果不及时降温冷却，新鲜度和品质会迅速下降。尤其是对一些极易败坏的产品，仅延后数小时降温，就可能造成一些品质上的损失，如甜玉米的糖度下降，竹笋的纤维化。因此在转移到低温冷藏环境之前，需要将其降到适宜的冷藏温度，这称为预冷，预冷是低温冷藏中不可缺少的环节。

预冷必须在产地尽快进行，通过预冷消除田间热，田间热即产品自田间带的高于最适贮温的热量。使果蔬迅速进入低呼吸、缓慢代谢的状态，从而减少营养和水分的损失，延长贮藏寿命。同时低温可以抑制病原菌的繁殖，减少贮藏病害，及时预冷处理，还可以减少低温运输及冷藏中的制冷负荷。

预冷的方式有很多，一般分为自然预冷和人工预冷。这些预冷方法各有优缺点，在选择预冷方法时，必须根据产品的种类、现有设备、包装类型、成本等因素选择使用。各类预冷方法的特点见表 2-1。

表 2-1 几种预冷方法比较

预冷方法		操作方法	优缺点
空气冷却	自然对流冷却	将产品放在阴凉通风的地方自然冷却	操作简便易行，成本低廉，适用于大多数产品，但冷却速度慢
	强制通风冷却	使用特定的设备如鼓风机或差压通风系统使冷风强制通过货物内部而使其冷却的方法	冷却速度稍快，但需机械设备，产品水分蒸发量大
水冷却	浸泡式、喷淋式	大容量水泵将机械冷却或冰块冷却的水喷在产品上或将产品浸在水中	操作简便，成本较低，适用于表面积小的产品，但水流动容易使微生物累积污染产品
冰冷却	碎冰直接接触	运输容器中加入细碎的冰削，利用冰体融化降低产品温度	适用于耐挤压与冰接触不会伤害的产品
真空冷却	降温、减压	产品放在坚固、气密的容器中，抽空至压力下降到产品温度对应的蒸气压，水分蒸发带走热量，使温度下降	冷却速度快，效率高，不受包装限制，但设备投资较高。一般以经济价值较高的产品为宜

为了达到预期效果，预冷时还要注意掌握适当的预冷温度和时间，为了提高冷却效果，要及时冷却和快速冷却，预冷期间定期测量产品的温度，以判断冷却的程度。预冷的最终温度一定要在冰点以上，否则将造成冷害和冻害。尤其是不耐低温的热带、亚热带果蔬，即使在冰点以上的不适低温也易造成伤害，预冷温度应以接近最适贮温为宜。另外，预冷后的产品要及时在适宜的贮藏温度下贮运，若仍放在常温，品质很难

保持，甚至会加速腐烂。

(二)农产品的冷藏

低温冷藏时，适宜的温度是决定贮藏品质的关键，不同种类的农产品有自己适宜的贮藏温度(见表2-2)，即使同一种类但不同品种或不同成熟度，其贮藏温度也会存在差异。温度太高，贮藏效果不理想；太低则易引起冷害，甚至冻害。

表2-2 常见果蔬低温贮藏最适条件

种类	温度/℃	相对湿度/%	种类	温度/℃	相对湿度/%
苹果	-1.0～4.0	90～95	蒜薹	-1～0	85～95
杏	-0.5～0	90～95	石刁柏	0～2.0	95～100
鳄梨	4.4～13.0	85～90	青花菜	0	95～100
香蕉(青)	13.0～14.0	90～95	大白菜	0	95～100
草莓	0	90～95	胡萝卜	0	98～100
酸樱桃	0	90～95	花菜	0	95～98
甜樱桃	-1.0～0.5	90～95	芹菜	0	98～100
无花果	-0.5～0	85～90	甜玉米	0	95～98
葡萄柚	10.0～15.5	85～90	黄瓜	10.0～13.0	95
葡萄	-1.0～0.5	90～95	茄子	8.0～12.0	90～95
猕猴桃	-0.5～0	90～95	大蒜头	0	65～70
柠檬	11.0～15.5	85～90	生姜	13	65
枇杷	0	90	生菜(叶)	0	98～100
荔枝	1.5	90～95	西瓜	10.0～15.0	90
芒果	13.0	85～90	蘑菇	0	95
油桃	-0.5～0	90～95	洋葱	0	65～70
甜橙	3～9	85～90	青椒	7.0～13.0	90～95
桃	-0.5～0	90～95	马铃薯	3.5～4.5	90～95
中国梨	0～3	90～95	萝卜	0	95～100
西洋梨	-1.5～0.5	90～95	菠菜	0	95～100
柿	-1.0	90	番茄(绿熟)	10.0～12.0	85～95
菠萝	7.0～13.0	85～90	番茄(硬熟)	3.0～8.0	80～90

三、机械冷藏

在气温偏高的季节和地区，缺乏可以利用的自然冷源(冷凉空气)，要获得贮藏所需的适宜低温，就需要采取人工降温措施，进行人工冷藏。人工冷藏有两种方式：一种是较为原始的冰藏，另一种就是现代的机械冷库贮藏(简称机械冷藏)。

机械冷藏是在利用良好隔热材料建筑的仓库中，通过机械制冷系统的作用，将库内的热传送到库外，使库内的温度降低并保持在有利于延长产品贮藏期的温度水平。

机械冷藏(Refrigerated Storage)起源于19世纪后期，是当今世界上应用最广泛的新鲜果蔬贮藏方式。近20多年来为适应农业产业的发展，我国兴建了不少大中型的商业冷藏库，个人投资者也建立了众多的中小型冷藏库，新鲜果蔬产品冷藏技术得到了快速发展和普及。机械冷藏现已成为我国新鲜果蔬贮藏的主要方式。目前世界范围内机械冷藏库向着操作机械化、规范化，控制精细化、自动化的方向发展。

机械冷藏库有坚固耐用的库房构架，且设置有性能良好的隔热层和防潮层，满足了人工控制温度和湿度条件的要求，因而适宜贮藏的产品对象和使用的地域范围进一步扩

大。机械冷藏库可以周年使用，贮藏效果好。

(一)机械制冷原理

机械制冷工作原理是借助于制冷剂在循环的气、液互变过程中，把库内热量传到库外，使库内温度降低。整个制冷系统是一个循环回路，其中充有制冷剂，以制冷剂汽化而吸热为工作原理的制冷机，以压缩式为多。压缩式制冷机主要由四部分组成：蒸发器、压缩机、冷凝器和膨胀阀。液态的制冷剂在蒸发器封闭的管道内吸收产品的热量成为气态，压缩机又将气态的制冷剂压缩成高温、高压的气体，进入冷凝器后，气体被与之隔离的人为输入的水或空气冷却成高压的液体，这些液体经过节流阀成为低温、低压易蒸发的液态并进入蒸发器又冷却成为气体。这样周而复始的高效、连续的循环产生了人们预期的持续的制冷效果。其中制冷剂在制冷机械中反复不断循环起着传递热量的作用，理想的制冷剂要具备沸点低、冷凝点低、对金属无腐蚀性、不易燃烧、不爆炸、无毒无味、易于检测和易得价廉等特点。目前生产实践中常用的制冷剂有氨、CFC_S（氯氟烃类物质）、$HCFC_S$（含氢氯氟烃类物质）、HFC_S（指不含氯原子的氢氟烃类物质）等。

(二)机械冷藏库的修建设计

机械冷藏库是永久性建筑，建库前应妥善规划设计，如库址和库容的确定、通风换气设备、库的隔热和防潮设置和制冷机匹配等。

1.冷藏库的设计

冷藏库的贮量一般较大，产品收获期较集中，进出量大而频繁。因此选择库址时首先要考虑交通、货源情况，选择在交通便利、靠近产地和销地的地方，减少运输时间和费用。要有良好的水、电源。另外四周卫生条件也很重要。

冷藏库的大小应根据经常贮存产品的数量和产品在库内的堆码形式而定，设计时要先根据拟贮藏的产品堆放在库内所必需占据的体积，加上行间过道、产品与墙壁之间的空间、堆码与天花板之间的空间以及包装容器之间的空隙等确定库房的内部空间，然后根据建筑投资和实际操作需要确定冷库的长、宽与高度。从建筑经验来看，通常采用的宽度一般不超过 12m，高度以 6m 为宜。设计时可依据实际条件和经济情况，选择恰当的设计尺寸。

冷藏库的设计，还要考虑必要的附属建筑和设施，如工作间、包装整理间、工具库和装卸台等。

2.冷藏库的隔热和防潮

(1)隔热

冷藏库要维持库内稳定的低温，必须具备良好的隔热性能，通常在冷库四周墙壁、库顶和地面敷设绝缘材料来阻碍冷库内外热量交流，以维持冷库内温度的恒定。

绝缘材料的性能和保温系统的完整性对冷藏库的性能有重要影响。绝缘材料除具备良好的绝缘性能外，还应具有廉价易得、质轻、防湿、防腐、防虫、耐冻、无味、无毒、不变形、不下沉、便于使用等特性。常用绝缘材料的性能见表 2-3。

表 2-3 常见材料的绝缘性能

材料	导热系数(λ)	热阻(R)	材料	导热系数(λ)	热阻(R)
静止空气	0.025	40.0	加气混凝土	0.08～0.12	12.5～8.3
聚氨酯泡沫塑料	0.02	50.0	泡沫混凝土	0.14～0.16	7.1～6.2
聚苯乙烯泡沫塑料	0.035	28.5	普通混凝土	1.25	0.8
聚氯乙烯泡沫塑料	0.037	27.0	普通砖	0.68	1.47
膨胀珍珠岩	0.03～0.04	33.3～25.0	玻璃	0.68	1.47
软木板	0.05	20.0	干土	0.25	4.0
油毛毡、玻璃棉	0.05	20.0	湿土	3.25	0.31
纤维板	0.054	18.5	干沙	0.75	1.33
锯屑、稻壳、秸秆	0.06	16.4	湿沙	7.50	0.13
刨花	0.08	12.3	雪	0.40	2.5
炉渣、木料	0.18	5.6	冰	2.0	0.5

导热系数是评价不同材料绝缘性能的指标。导热系数是指单位时间内通过厚度1m，面积1m^{2}相对面内外温差为1℃材料的热量，单位是w/(m·k)。导热系数小表明材料的绝缘性能好，导热系数的倒数即为热阻。

对某一绝缘材料来讲，其隔热能力可通过增加绝缘材料的厚度来提高。冷库绝缘层的厚度应当使贮藏库的暴露面向外传导散失的冷约与该库的全部热源相等，这样才能使库温保持稳定。冷库绝缘层的厚度可按下列公式计算：

绝缘层厚度(cm)=[材料的导热率×总暴露面积(m^2)×库内外最大温差(℃)×24×100]/全库热源总量(kJ/d)

由表2-3中的数据可以看出，各种材料的绝缘性能不同。软木板、聚氨酯泡沫塑料等材料的隔热性能较好，但价格较高，应根据经济实力及取材的便利情况而定。

绝缘材料的形态有几种类型，一种是加工成固定形状的板块，如软木、聚苯乙烯等；另一种是颗粒状松散的材料，如木屑、糠壳等；另外，聚氨酯喷涂发泡，可以在已经建成的砖或混凝土仓库中进行，当在墙壁上同时喷涂异氰酸酯和聚醚之后即会发生化学反应而发泡，随之定形后既防潮又隔热。现在冷藏库的建造出现了组合式(装配式)冷库结构，整体式的隔热结构本身也就是建筑物，硬质聚氨酯泡沫塑料在组合式冷库上的应用，使冷库组装快、占地小、隔热好，实现了冷库建造的一次飞跃。

(2)防潮

防潮层是冷库结构中另一个重要组成部分，是阻止水气向保温系统渗透的屏障，是维持冷库良好的保温性能和延长冷库使用寿命的重要保证。缺少防潮层时，冷热空气在隔热层中相遇，达到露点即会凝结成水滴，隔热材料受潮后，隔热性能会降低。

冷库的防潮系统主要由良好的防潮材料敷设在保温材料周围，形成一个闭合系统，以阻止水汽的渗入。常用沥青、油毡、塑料涂层、塑料薄膜或金属板等作为防潮材料。无论何种防潮材料，敷设时要使完全封闭，不能留有任何微细的缝隙，尤其是在温度较高的一面。如果只在绝热层的一面敷设防潮层，就必须敷设在绝热层经常温度较高的一面。防潮系统和保温系统一同构成冷库的围护结构。

3.制冷机大小的计算

冷库内要维持低温，必须将多余的热量消除，一定时间内，库内有多少热量要清除，可以配备相应的制冷能力的制冷机。制冷机的制冷能力通常以每小时从被冷却介质带走的热量来表示，单位为 Kcal/h。要进行制冷机的匹配需知道每天应从冷库内排除的总热量，冷库总热量的来源主要有以下几方面：①田间热：指产品从入库温度下降到贮藏温度所释放的热，等于产品比热(kJ/kg)×温度下降度数(℃)×产品重量(kg)。果品蔬菜的比热约与其含水量相对应，大多在 0.8～0.9。②呼吸热：其理论计算可按呼吸强度的(CO_2 mg/kg・h)×256.0kJ，即为 1t 该种果品或蔬菜 1d 内释放的呼吸热。③外界传入的热：当库房内外的温度不相等时，高温处的热就会通过库体(墙壁、库顶和库底)向低温处传导。这部分热的计算，涉及到构成贮藏库与外界的接触面(暴露面)的导热率(即建筑材料的导热率)及其厚度、总的暴露面积及平均内外温差。贮藏库的不同部分所处的温度条件不同，须分别计算。此外，还有库内工作人员释放的热量；照明灯释放的热量；机械动力释放的热量等。这几个热源的总和即为冷库总热负荷，在选用制冷机组时，其制冷能力应与计算的总热负荷相匹配。

冷库的设计和建筑除主体建筑外还有许多辅助建筑，主要有制冷机房、变电间、水泵房、控制间、包装整理间、产品检验室、工具库和装卸台以及穿堂、楼梯、电梯间、过磅间、办公室、更衣室、休息室、卫生间和食堂等。

现代冷库的结构正向装配式发展，即预制成包括防潮层和隔热层的库体构件，到筑好地面的现场组装。其优点是施工方便、快速，缺点是造价较高。

四、农产品低温贮藏的管理

(一)产品的入贮及堆放

新鲜果蔬产品入库贮藏时，如果已经预冷则可一次性入库贮藏；若未经预冷处理则应分次、分批进行。除第一批外，以后每次的入贮量不应太多，以免引起库温的剧烈波动和影响降温速度。在第一次入贮前应对库房预先制冷并保持适宜贮藏温度，以利于产品入库后品温迅速降低。入贮量第一次以不超过该库总量的 1/5，以后每次以 1/10～1/8 为好。入库的时间要安排在后半夜或清晨。

入库时把产品尽可能地分散堆放，以便迅速降温。当入贮产品降到适宜低温时，再将产品堆垛到要求高度。产品堆垛时需留出一定的通风间隙，堆放的总要求是“三离一隙”。“三离”指的是离墙、离地面、离天花板。离墙指产品堆垛距墙 20～30cm；离地指产品不能直接堆放在地面上，要用垫仓板架空，以使空气能在垛下形成循环，利于产品各部位散热，保持库房各部位温度均匀一致；离天花板指应控制堆的高度不要离天花板太近，一般要求产品离天花板 0.5～0.8m，或者低于冷风管道送风口 30～40cm。“一隙”是指垛与垛之间及垛内要留有一定的空隙。“三离一隙”的目的是为了使库房内的空气循环畅通，避免出现死角，及时排除田间热和呼吸热，保证各部分温度的稳定均匀。产品堆放时要防止倒塌情况的发生，可搭架或堆码到一定高度时(如 1.5m)，用垫仓板衬一层再堆放的方式解决。

新鲜果蔬产品堆放时，要做到分等、分级、分批次存放，尽可能避免混贮。不同种类的产品其贮藏条件是有差异的，即使同一种类或品种，其等级、成熟度、栽培技术措施等不同，均可能对贮藏条件选择和管理产生影响。因此，混贮对于产品是不利的，尤其对于需长期贮藏或相互间有明显影响的产品、对乙烯敏感性强的产品等，混贮会影响产品的贮藏效果。

(二)温度管理

低温贮藏期间保持适宜、稳定和均匀的温度非常重要。在选择和设定适宜贮藏温度的基础上,需维持库房中温度的稳定。温度波动太大,贮藏环境中的水分会发生过饱和结露现象,往往造成产品失水加重。液态水的出现有利于微生物的活动繁殖,导致病害发生,腐烂增加。因此,贮藏过程中温度的波动应尽可能小,最好控制在±0.5℃以内,尤其是相对湿度较高时更应注意降低波动幅度。(0℃的空气相对湿度为95%时,温度下降至-1.0℃就会出现凝结水)。库内的温度可通过制冷剂在蒸发系统中的流量和汽化速率进行控制。

此外,库房所有部分的温度要分布均匀,防止出现过冷过热的死角。这对于长期贮藏的新鲜果蔬产品来说尤为重要。因为微小的温度差异,长期积累可明显影响产品的贮藏质量。冷藏库房内温度的监控,可采用自动化系统实施。

(三)湿度的管理

相对湿度是在某一温度下空气中水蒸气的饱和程度。空气温度愈高则其容纳水蒸气的能力就愈强,贮藏产品在此条件下失重就会加快。对于绝大多数新鲜果蔬来说,相对湿度应控制在80%~90%,相对湿度高可以有效控制新鲜果蔬的水分散失。水分损失除直接减轻重量以外,还会影响果蔬新鲜程度和外观质量(出现萎蔫等症状),降低食用价值(营养含量减少及纤维化等),导致成熟衰老和发生病害。

低温贮藏期间很容易出现湿度过高或过低的情况,湿度过低主要原因是结露,一般冷却管的温度比库温低,且总在0℃以下,就不可避免地导致冷却管表面不断结霜,管理上又需不断将冰霜融化冲走,于是导致库内湿度下降。可以进行地面洒水、空气喷雾、撒湿锯末等方法增加环境湿度。效果最好的是采用一些恒湿或加湿装置,如纤丝空气-水逆向加湿器等。还可以通过包装,创造高湿的小环境,如用塑料薄膜单果套袋或以塑料袋作内衬等是常用的手段。如果管理不善,货物出入频繁,外界热空气大量进入库内会导致库内湿度偏高,出现这种情况可以用各种吸湿器或吸湿剂,如撒些生石灰或氯化钙等,但根本方法是改善管理。

(四)通风换气

通风换气是低温贮藏管理中的一个重要环节。新鲜果品蔬菜是有生命的活体,贮藏过程中仍在进行各种生命活动,需要消耗O_2,产生CO_2等气体,其中有些气体对于新鲜园艺产品贮藏是有害的,如水果蔬菜正常生命过程中形成的乙烯、无氧呼吸的乙醇、苹果中释放的α-法尼烯等。因此,需将这些气体从贮藏环境中去除,简单易行的办法是通风换气。通风换气的频率及持续时间视贮藏产品的数量、种类和贮藏时间的长短而定。对于新陈代谢旺盛的产品,通风换气的次数要多一些。产品贮藏初期,可适当缩短通风间隔的时间,如10~15d换气一次。当温度稳定后,通风换气可一个月一次。通风时要求做到充分彻底。通风换气时间的选择要考虑外界环境的温度和湿度,理想的条件是在外界温度和贮温一致时进行,防止库房内外温度不同带入热量或过冷对产品带来不利影响。生产上常在每天温度相对最低的晚上到凌晨这一段时间进行。雨天、雾天等外界湿度过大时不宜通风,以免库内湿度变化太大。另外,通风换气时要开启制冷机械,以减缓温度和湿度的变化。

（五）产品的出库

产品出库时间到应及时出库，并按照先入先出的原则进行。需要强调的是，当冷藏库的温度与外界气温有较大温差（通常超过5℃）时，从0℃冷库中取出的产品与周围温度较高的空气接触，会在产品的表面凝结水珠，就是通常所称的“出汗”现象。既影响外观，也容易受微生物的感染发生腐烂。因此，经冷藏的果品蔬菜在出库时，最好预先进行适当的升温处理，以每2～3h上升1℃的速度为宜，再送往批发或零售点。升温最好在专用升温间、周转仓库或在冷藏库房穿堂中进行。升温的速度不宜太快，维持气温比品温高3℃～4℃即可，直至品温比正常气温低4℃～5℃即可。出库前需催熟的产品可结合催熟进行升温处理。升温的程度与库外空气湿度有关，可参考露点温度而定。不同空气相对湿度的露点温度见表2-4。该表说明一定温度的果品蔬菜在不同相对湿度的空气中露点不同，即形成水珠的温度不同。例如，品温为7℃，空气相对湿度为82%，空气温度为4.4℃时就会结露；如果升温至18℃，空气相对湿度为57%，若空气温度升至10℃以上，结露现象就可以避免。

表2-4　不同空气相对湿度下的露点温度（相对湿度单位：%）

露点（℃）	温度（℃）						
	35	30	24	18	13	7	2
0	10	15	20	28	40	60	87
4.4	15	20	28	40	57	82	
7.0	18	24	33	47	68	100	
10.0	21	29	40	57	82		
12.8	25	35	48	68	100		
15.6	30	42	58	83			
18.3	35	50	70				
21.1	43	60	80				

产品在贮藏过程中，要进行贮藏条件（温度、湿度、气体成分）的检查和控制，并根据实际需要记录和调整等。另外，还要对贮藏的产品进行定期检查，测定呼吸强度、硬度、可溶性固形物含量等常规项目，了解产品的质量状况，做到心中有数，发现问题及时采取相应的解决措施。对于不耐贮的新鲜果蔬产品每间隔3～5d检查一次，耐贮性好的可15d甚至更长时间检查一遍。此外，要注意库房设备的日常维护，及时处理各种故障，保证冷藏库的正常运行。

五、冷链流通

我国幅员辽阔，南北方物产各有特色，只有通过运输才能调剂果蔬市场供应，互补余缺。运输是果蔬生产与消费之间的桥梁，也是果蔬商品经济发展必不可少的重要环节。在某些发达国家，水果大约有90%以上、蔬菜约有70%是经运输后被销售。近年来随着我国商品经济的飞速发展，果蔬运输也受到了前所未有的重视。

运输可以看作是动态贮藏，在经济技术发达国家如日本、美国等，果蔬采后已实现了冷链运输系统。冷链流通是指果蔬从采后的运输、贮藏、销售，直至消费的全部过程中，均处于适宜的低温条件下，可以最大限度地保持果蔬的品质（见图2-1所示）。实践证明，冷链流通已取得了良好效果。

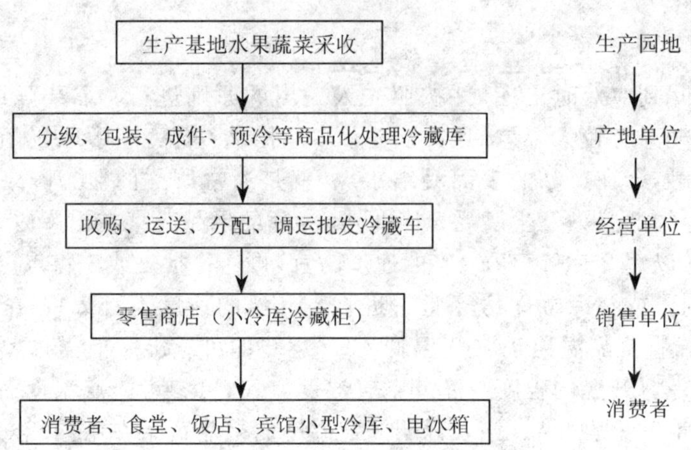

图 2-1　果蔬冷链流通示意图

由于果蔬种类繁多,需要的适宜低温各不相同,因而在冷链流通系统中所要求的温度也不一样(见表 2-5)。冷链流通系统是一个动态化过程,对于低温的控制要达到在环境变化的衔接过程中始终保持稳定是不容易的,实践中往往会发生温度的变化或某个低温环节中断而导致温度频繁波动,这对保持果蔬正常生理和优良品质极为不利。因此,冷链环节的某一温度变化过程持续时间越短保鲜效果越好。

我国在果蔬冷链流通方面的工作刚刚起步,急需研究各种果蔬适宜的运输条件。随着我国商品经济和冷藏技术的发展,具有中国特色的果蔬采后冷链系统必将得到迅速发展。

表 2-5　国际制冷协会推荐的新鲜果蔬运输温度

果蔬	冷链运输/℃		果蔬	冷链运输/℃	
	1～2d	2～3d		1～2d	2～3d
苹果	3～10	3～10	石刁柏	0～5	0～2
蜜柑	4～8	4～8	花椰菜	0～8	0～4
甜橙	4～10	2～10	甘蓝	0～10	0～6
柠檬	8～15	8～15	莴苣	0～6	0～2
葡萄柚	8～15	8～15	菠菜	0～5	
葡萄	0～8	0～6	辣椒	7～10	7～8
桃	0～7	0～3	黄瓜	10～15	10～13
杏	0～3	0～2	菜豆	5～8	
梨	0～7	0～5	芦菜	0～8	
樱桃	0～4		食荚豌豆	0～5	
西洋梨	0～5	0～3	南瓜	0～5	
甜瓜	4～10	4～10	番茄(未熟)	10～15	10～13
草莓	1～2		番茄(成熟)	4～8	
菠萝	10～12	8～10	胡萝卜	0～8	0～5
香蕉	12～14	12～14	洋葱	1～20	1～13
板栗	0～20	0～20	马铃薯	5～10	5～20

第三节　农产品气调保鲜

气调贮藏被认为是当代效果最好的贮藏方式。20 世纪初英国的 Kidd 和 West 发现密封箱贮藏的苹果效果更好，在他们的研究基础上发展起来了气调贮藏。20 世纪四五十年代气调贮藏在美英等国开始商业运行，现在许多发达国家的多种产品尤其是苹果、猕猴桃等果品的长期贮藏中广泛采用了气调贮藏，贮藏量达到了很高比例（＞50%）。在商业性气调贮藏普及的国家，对气调贮藏制定了相应的法规和标准，以指导气调技术的推广。在市场上凡是标有“气调”字样的新鲜果蔬，其销售价格比用其他方法贮藏的同样产品要高。我国的气调贮藏开始于 20 世纪 70 年代，经过 30 多年的不断研究探索，气调贮藏技术得到迅速发展，现已具备了自行设计和建设各种规格气调库的能力，全国各地兴建了一大批规模不等的气调库，气调贮藏新鲜果蔬产品的量不断增加，取得了良好效果。果蔬的气调贮藏出现后，粮食的气调贮藏也开始迅速发展，对储粮产生了较大的影响。

一、气调贮藏概念和原理

气调贮藏，即调节气体成分贮藏，指的是通过改变贮藏环境中的气体成分来延缓农产品的成熟与衰老，从而达到贮藏保鲜目的的一种贮藏方式。

新鲜的农产品收获后在整个贮运期间仍然是活的有机体，它们的生命活动过程以呼吸作用为主。而呼吸旺盛是造成农产品品质下降的主要原因。正常空气中 O_2 和 CO_2 的浓度分别为 20.9%和 0.03%，其余的则为氮气（N_2）等。适当提高空气中的 CO_2 浓度或降低 O_2 的浓度，可以抑制农产品的呼吸作用，降低呼吸强度，推迟呼吸高峰，并且可以抑制乙烯的合成及乙烯的作用。此外，适宜的低 O_2 和高 CO_2 对病原微生物的生长繁殖也有显著的抑制作用，抑制某些生理性病害的发生。因此，适宜的低 O_2 和高 CO_2 可以延缓农产品变软、变黄、品质变劣以及其他的衰老退化过程，减少消耗和腐烂，延长农产品的贮藏寿命。

但也应该注意到，由于产品在不断进行呼吸，吸入 O_2 和释放 CO_2，这两种气体是在不断变化的，如果控制不好，就会使 CO_2 过高或 O_2 过低，形成逆境气体条件，导致产品代谢异常，出现伤害。

二、气调贮藏分类

气调贮藏按其调节气体的方法不同可以分为两类，人工气调贮藏（Controlled Atmosphere Storage － CA）和自发气调贮藏（Modified Atmosphere Storage － MA）。

CA 贮藏是指根据产品的需要和人的意愿调节贮藏环境中气体成分的浓度并保持稳定的一种气调贮藏方法。CA 贮藏通过建造具有隔热性、气密性良好的库房，并配备制冷系统和专门的气调系统来实现对贮藏环境中 O_2 和 CO_2 的比例的严格控制，并且与贮藏温度密切配合，技术先进，贮藏效果好，是当前发达国家采用的主要类型。气调贮藏库效果虽好，但投资大，运行成本较高，限制了在我国贮藏生产中的应用和普及。

MA 贮藏是利用贮藏产品自身的呼吸作用降低贮藏环境中的 O_2 浓度，同时提高 CO_2 浓度的一种气调贮藏方法。理论上有氧呼吸过程中消耗 1%的 O_2 即可产生 1%的 CO_2，而 N_2 则保持不变（即 $O_2+CO_2=21\%$）。而生产实践中则常出现消耗的 O_2 多于产

出的 CO_2（即 $O_2+CO_2<21\%$）的情况。自发气调方法较简单，但达到设定的 O_2 和 CO_2 浓度水平所需的时间较长，操作上维持要求的 O_2 和 CO_2 比例比较困难，因而贮藏效果不如CA。

MA贮藏的方法多种多样，在我国多用塑料薄膜密封贮藏的方法。自20世纪60年代，国内外对塑料薄膜封闭气调法开展了广泛的研究，这种方法开始迅速发展。塑料薄膜除使用方便、成本低廉外，还具有一定透气性。通过农产品的呼吸作用，会使塑料袋（帐）内维持一定的 O_2 和 CO_2 比例，加上人为的调节措施，会形成有利于延长农产品贮藏寿命的气体组成。可设置在普通冷库内或常温贮藏库内，还可以在运输中使用。

薄膜封闭气调贮藏可以采用多种形式，如塑料单果包装、塑料袋或塑料大帐封闭贮藏。1963年以来，人们开展了对硅橡胶薄膜在果品蔬菜贮藏上的应用研究，并取得成功。使塑料薄膜在果品蔬菜贮藏上的应用变得更便捷、更广泛。

硅橡胶是一种有机硅高分子聚合物，它是由有取代基的硅氧烷单体聚合而成，以硅氧键相连形成柔软易曲的长链，长链之间以弱电性松散地交联在一起。这种结构使硅橡胶薄膜具有特殊的透气性。首先，硅橡胶薄膜对 CO_2 的渗透率是同厚度聚乙烯膜的200～300倍，是聚氯乙烯膜的20 000倍。第二，硅橡胶膜具有选择性透性，对 N_2、O_2 和 CO_2 的透性比为1∶2∶12，同时对乙烯和一些芳香成分也有较大的透性。利用硅橡胶膜特有的性能，在较厚的塑料薄膜（如0.23mm聚乙烯）做成的袋（帐）上镶嵌一定面积的硅橡胶膜，就做成一个有硅橡胶膜气窗的包装袋（或硅窗气调帐），袋内的果品或蔬菜进行呼吸作用释放出的 CO_2 通过气窗透出袋外，而所消耗掉的 O_2 则由大气透过气窗进入袋内而得到补充。由于硅橡胶膜具有较大的 CO_2 与 O_2 的透性比，且袋内 CO_2 的透出量是与袋内的浓度成正相关。因此，贮藏一定时间之后，袋内的 CO_2 和 O_2 含量就自然会调节到一定的范围。

有硅橡胶气窗的包装袋（帐）与普通塑料薄膜袋（帐）一样，主要是利用薄膜本身的透性自然调节袋中的气体成分。因此，袋内的气体成分必然是与气窗的特性、厚薄、大小，袋子容量、装载量，产品的种类、品种、成熟度，以及贮藏温度等因素有关，实际应用时要通过试验研究，最后确定袋（帐）子的大小、装量和硅橡胶窗面积的大小。

可用于薄膜封闭贮藏的材料有低密度聚乙烯、高密度聚乙烯、聚氯乙烯、聚丙烯、聚乙烯醇等，它们与硅橡胶膜粘合可制成硅窗袋（帐）。

薄膜气调在贮粮上也得到大面积的推广应用，我国的房式仓塑料薄膜封闭储粮以及真空复合薄膜包装都是因地制宜、经济实用的储粮方式。

气调贮藏经过几十年的不断研究、探索和完善，特别是20世纪80年代以后有了新的发展，开发出了一些有别于传统气调的新方法，如快速CA、低氧CA、低乙烯CA、双维（动态、双变）CA等，丰富了气调理论和技术，为生产实践提供了更多的选择。

三、气调贮藏的条件和管理

要获得高质量的贮藏产品，必须有高质量的原料产品。因此，入贮的产品要在最适宜的时期采收，不能过早或过晚，这是获得良好贮藏效果的基本保证。

（一）气调贮藏的条件

气调贮藏时，要注意 O_2 和 CO_2 的浓度及比例，根据不同种类、不同品种的果蔬决定气体组成配比，O_2 浓度过低和 CO_2 浓度过高，会导致果蔬的呼吸失调，引起生理性病害

的发生。

气调贮藏在调节气体组成的同时，必须结合适当的低温。同样的产品，气调贮藏时采用的适宜温度要略高于机械冷藏时的适宜温度。实践证明，采用气调贮藏法贮藏果品或蔬菜时，在相对较高的温度下，也可能获得较好的贮藏效果。低温再加以高 CO_2 和低 O_2 的环境条件，三方面的抑制作用可能超越产品能够承受的极限而导致出现 CO_2 伤害等病症。例如，一些品种的苹果常规冷藏的适宜温度是 0℃，这些苹果在气调贮藏时，贮藏温度可提高到 3℃左右，这样就可以避免 CO_2 伤害，同样取得良好的贮藏效果。绿熟番茄在 20℃～28℃下进行气调贮藏的效果，与在 10℃～13℃下普通空气中贮藏的效果相仿。由此看出，气调贮藏对热带亚热带果品蔬菜来说有着非常重要的意义，因为它可以采用较高的贮藏温度从而避免产品发生冷害。当然这里的较高温度也是很有限的。气调贮藏时还应该保持较高的湿度，以降低产品与周围空气之间的蒸气压，减少水分的损失，产品对相对湿度的要求与机械冷藏相同。

气调贮藏时，O_2 和 CO_2 以及温度三者之间存在互相联系互相制约的关系，三者的关系表现在一个条件的有利影响可因结合另外有利条件作用进一步加强；一个不适条件可减弱另外本来适宜的条件作用。如在气调贮藏中，低 O_2 有延缓叶绿素分解的作用，配合适量的 CO_2 则保绿效果更好，这就是 O_2 与 CO_2 二因素的正互作效应。当贮藏温度升高时，就会加速产品叶绿素的分解，也就是高温的不良影响抵消了低 O_2 及适量 CO_2 保绿的作用。当一个条件发生改变时，另外的条件也应随之作相应的调整，这样才可能仍然维持一个适宜的综合贮藏条件。不同的贮藏产品都有各自最佳的贮藏条件组合，但这种最佳组合不是一成不变的，当某一条件发生改变时，可以通过调整另外的因素来弥补由这一因素的改变所造成的不良影响。因此，同一种贮藏产品在不同的条件下或不同的地区，会有不同的贮藏条件组合，都可能会有较为理想的贮藏效果（见表 2-6）。因此，气调贮藏时选择适宜 O_2 和 CO_2 及其他气体的浓度及配比是气调成功的关键。

表 2-6　部分新鲜果的气调贮藏条件

种类	O_2	CO_2	种类	O_2	CO_2
苹果	1.5～3	1～4	番茄	2～4	2～5
梨	1～3	0～5	莴苣	2～2.5	1～2
桃	1～2	0～5	花菜	2～4	8
草莓	3～10	5～15	青椒	2～3	5～7
无花果	5	15	生姜	2～5	2～5
猕猴桃	2～3	3～5	蒜薹	2～5	0～5
柿	3～5	5～8	菠菜	10	5～10
荔枝	5	5	胡萝卜	2～4	2
香蕉	2～4	4～5	芹菜	1～9	0
芒果	3～4	4～5	青豌豆	10	3
板栗	2～5	0～5	洋葱	3～6	8～10

（二）气调贮藏的管理

要想取得满意的贮藏效果，应加强贮藏期间的管理。气调贮藏的管理包括库房的消毒、商品入库后的堆码方式、温度，相对湿度的调节和控制等许多方面与机械冷藏相似，但也存在一些不同。

1. 产品入库和出库

入库时，除留出必要的通风、检查通道外，尽量减少气调间的自由空间。这样，可以加快气调速度，缩短气调的时间，使果蔬尽早进入气调贮藏状态。因此要充分考虑货源问题。同时，进入气调库贮藏室的农产品，要求采收后不得超过 4～8h，最多不能超过48h（部分北方水果）就应及时入库贮藏，才能保证新鲜度。另外，气调贮藏要求速进整出。不能像普通冷库那样随便进出货，库外空气随意进入气调间，不仅会破坏气调贮藏状态，而且会加快气调门的磨损，影响气密性。因此，出库时，最好一次出完或在短期内分批出完。

2. 温度和相对湿度

贮藏期间温度管理的要点与机械冷藏相同。农产品采收后应尽快预冷，贮藏期间适宜的温度略高于机械冷藏。由于气调贮藏密封性较好，能保持密封环境较高的相对湿度，对于短时间可能出现的高湿情况，要及时采用除湿（如 CaO 吸收等）处理。

3. 空气洗涤

气调条件下贮藏产品挥发出的有害气体和异味物质逐渐积累，甚至达到有害的水平，气调贮藏期间这些物质不能通过周期性的库房内外气体交换方法等被排走，故需增加空气洗涤设备（如乙烯脱除装置、CO_2 洗涤器等）定期工作来达到空气清新的目的。

4. 气体调节

气调贮藏的核心是气体成分的调节。气调贮藏按人为控制气体种类的多少可分为单指标、双指标和多指标三种情况。在我国习惯上把气体含量在 2%～5%称为低指标，5%～8%称为中指标。一般来说，低 O_2 低 CO_2 指标的贮藏效果较好。而将封闭环境的气体成分从正常的空气成分转变到要求的气体指标，要经过两个时期，首先在尽可能短的时间内经过降 O_2 和升 CO_2 的过渡期，即降 O_2 期；降 O_2 之后，是整个贮藏期间使 O_2 和 CO_2 稳定在规定的指标的稳定期。降 O_2 期的长短以及稳定期的管理，关系到产品的贮藏效果。

这两个时期，气体成分的调控可以通过自然降 O_2 和人工降 O_2 的方法。自然降 O_2 法是封闭后依靠产品自身的呼吸作用使 O_2 的浓度逐步减少，同时积累 CO_2。具体做法有放风法、调气法和充 CO_2 自然降 O_2 法。其中充 CO_2 自然降 O_2 法是在封闭后立即充入适量的 CO_2（10%～20%），O_2 自然下降。在降 O_2 期不断用吸收剂吸除部分 CO_2，使其含量大致与 O_2 接近。这样 O_2 和 CO_2 同时平行下降，直到两者都达到要求指标。以后只要定期或连续输入适量的新鲜空气，同时继续吸除多余的 CO_2，使两者气体稳定在要求指标。这种方法借 O_2 和 CO_2 的拮抗作用，用高 CO_2 来克服高 O_2 的不良影响，又不使 CO_2 过高造成毒害。据试验，此法的贮藏效果接近人工降 O_2 法。

人工降 O_2 法是利用充氮法或气流法使封闭环境的 O_2 迅速降低，CO_2 迅速上升，封闭后立即进入稳定期。充氮法是在封闭后抽出容器内的大部分空气，充入氮气，由氮气稀释剩余的空气中的 O_2，使其浓度达到要求指标。气流法是把预先由人工按要求指标配制好的气体输入封闭容器内，以代替其中的全部空气。在以后的整个贮藏期间，始终连续不断地排出部分气体和充入人工配制的气体，控制气体的流速使内部气体稳定在要求指标。

5. 安全性

气调贮藏时要注意气体成分的调整和控制，防止出现 O_2 过低，而 CO_2 过高，超过产品的耐受力使产品受到伤害。坚持定期通过观察窗和取样孔加强对产品项目的检查，并

做好记录。

除了产品安全性之外，工作人员的安全也不可忽视。气调库房中 O_2 的浓度一般低于10%，这样的 O_2 浓度对人的生命安全是很危险的。所以，气调库在运行期间工作人员不得在无安全保证下进入气调库。解除气调条件后应进行充分彻底的通风后，工作人员才能进入库房操作。

第四节　农产品物理保鲜

一、辐射处理

辐射处理指用电离辐射，对农产品进行处理，达到贮藏保鲜目的的方法。辐射处理起源于20世纪40年代，经过几十年的研究，一些果蔬产品如马铃薯、洋葱、大蒜、食用菌、石刁柏、板栗等已经通过试验性阶段作为商品大量上市。

辐射处理通过使产品中的水及其他物质发生电离作用，产生自由基，抑制酶的活性，阻止和降低机体的代谢活动；同时抑制和杀死病菌及害虫，如许多病原微生物可被γ—射线杀死，从而减少产品在贮藏期间的腐败变质，达到贮藏保鲜的目的。

用于辐射处理的电离辐射射线种类很多，通常有α、β、γ射线。由于γ射线能量大，穿透力强，在果蔬产品中应用较多。联合国粮农组织、国际原子能机构、世界卫生组织联合专家会议(1980)已经得出结论：辐射计量为10kGy时，对任何食品均无毒害作用。因此用于新鲜果蔬辐射处理的剂量一般不超过10kGy，一般为5 kGy。辐射处理时，需根据不同的产品选择合适的处理剂量和处理时间，辐射剂量大，对产品会造成伤害，如用超过1 kGyγ—射线处理番木瓜，会引起表皮褪色，成熟不正常。

辐射处理在应用上涉及到辐射源的管理及安全问题，辐射处理的应用还有很多技术以外的问题需要解决，因而限制了其推广应用。此外，辐射处理必须与其他技术结合起来，才能取得更好的效果，如用热水处理番木瓜后，再用750～1 000Gyγ—射线处理，效果较好，而单用此剂量辐射，没有控制腐败的效果。

二、电场处理

随着高电压下离子化技术的发展，电场处理在农产品保鲜上的应用成为保鲜技术的研究热点。电场处理是指通过稳定的高压作用形成的静电场对农产品进行处理，达到保鲜目的的方法。

电场处理通过高电压静电电离空气，使之产生离子雾和一定量的臭氧，其中的负离子具有抑制果蔬新陈代谢、降低其呼吸强度、降低酶的活性等作用；而臭氧是一种强氧化剂，除具有杀菌能力外，还可以破坏乙烯的作用，从而达到延缓农产品成熟衰老的目的。

电场处理的重要参数是电场强度，对于不同的农产品，以及同一种类农产品的不同的品种，需要采用不同的电场强度及不同的作用时间。

静电保鲜是简单的物理过程，没有药物残留，不会造成二次环境污染。而且操作方便，经济节能，在农产品贮藏保鲜中必将发挥越来越重要的作用。尤其对于含水量高、难贮藏的果蔬来说，是一种理想的保鲜方式，具有很高的研究潜力。

参考文献

1. 赵丽芹主编. 园艺产品贮藏加工学[J]. 北京:中国轻工业出版社,2001.

2. 北京农业大学主编. 果品贮藏加工学(第二版)[J]. 北京:农业出版社,1990.

3. 华中农业大学主编. 蔬菜贮藏加工学(第二版)[J]. 北京:农业出版社,1991.

4. 罗云波,蔡同一主编. 园艺产品贮藏加工学[J]. 北京:中国农业大学出版社,2001.

5. 赵晨霞主编. 果蔬贮藏与加工[J]. 北京:高等教育出版社,2005.

6. 赵志模主编. 农产品储运保护学[J]. 北京:中国农业出版社,2001.

第三章 粮油贮藏

第一节 粮食贮藏

一、稻谷贮藏

稻谷一般为尾细长形到椭圆形，稻谷籽粒的形态为带颖的颖果，具有完整的内外颖（稻壳），使易于变质的胚乳部分得到保护，有一定的抵抗虫霉、温湿侵害的能力；同时稻谷籽粒的最外层稻壳的水分又偏低，这些结构上的特点使稻谷相对来讲易于保藏。但是另一方面，稻谷表面粗糙，粮堆孔隙度大，易受不良环境条件的影响，使粮温波动较大。再者，稻谷籽粒的组织较为松弛，耐热性差，陈化速度较大，特别是经过夏季高温后，品质劣变明显。

在稻谷中稻壳约占总重量的 18%～20%，糙米则占 80%～82%。在糙米中果皮占 1%～2%，种皮和糊粉层为 4%～6%，胚为 2%～3%，胚乳为 89%～94%。在糙米中以胚乳所占的比例最大，一般在 90%以上。糙米经碾白，去掉糠层（包括果皮、种皮和糊粉层）和胚成为白米，即大米。大米中几乎全为胚乳，是人类食用的主要成分。胚部所占比重很小，但它是生命活动最旺盛的部分，它也是影响稻谷稳定性的最主要部位，生虫、去霉及变质往往是从胚部开始的。糠层含有较多脂肪及可溶性物质，贮藏稳定性也较差，因此，精度高的大米贮藏稳定性高，易于储存。由此可见，稻谷的贮藏稳定性主要取决于稻谷中各组织的稳定性。

（一）稻谷的贮藏特性

1. 不耐高温，易陈化

稻谷的胶体组织较为疏松，对高温的抵抗力很弱，在烈日曝晒或高温下烘干，均会增加爆腰率和变色，降低食用品质与工艺品质。高温还可导致稻谷脂肪酸值增加，品质下降。不同含水量的稻谷在不同的温度下贮藏，脂肪酸的含量都有不同程度的增加（表 3-1），加工大米的等级也随之降低。水分含量与贮藏温度越高，脂肪酸值上升越明显，而水分低的稻谷对高温有较强的抵抗力。

表 3-1 高温对稻谷脂肪酸值的影响

水分（%）	原始脂肪酸值（KOH，mg/100g，干基）	3 个月后脂肪酸值（KOH，mg/100g，干基）		
		15℃	25℃	35℃
13.2	13.8	21.1	21.7	23.7
15.2	14.6	22.1	23.3	23.3
17.2	16.9	24.4	23.5	44.5
19.6	18.9	24.6	46.8	43.3

稻谷在贮藏过程中，特别是经历高温后，其陈化还表现在酶活性降低，黏性下降，发芽率降低，盐溶性氮含量降低，酸度增高，口感和口味变差等(表 3-2)；稻谷即使没有发热，随着保管时间的延长，也会出现不同程度的陈化现象，这主要是因为酶活性降低所致。通常新稻谷中淀粉酶及过氧化氢酶活性很高，过夏后活性明显下降。据试验，过氧化氢酶在贮藏 3 年以后，活性下降 5 倍，淀粉酶活性在 2 年以后就已测不出。

表 3-2　贮藏期间稻谷品质的变化

指标	籼稻				粳稻			
	原始	1 年	2 年	3 年	原始	1 年	2 年	3 年
发芽率(%)	97.5	93.0	47.0	0.0	97.5	89.0	4.00	0
脂肪(%)	2.93	2.47	2.02	1.9	3.83	3.03	2.60	2.39
脂肪酸值(KOH,mg/100g,干基)	15.0	16.4	18.2	45.5	43.8	182.0	195.0	255.0
盐溶性氮(%)	0.344	0.211	0.219	0.166	0.254	0.217	0.193	0.143

过氧化氢酶活性与稻谷生活力有密切关系，稻谷中过氧化氢酶活性降低，发芽率即相应降低，从而导致陈化劣变。稻谷的陈化速度，对于不同种类和不同水分、温度的稻谷是不同的。通常籼稻较为稳定，粳稻次之，糯稻最易陈化。水分、温度均低时，陈化速度慢；水分、温度均高时，则陈化速度快。

2. 易发热

新收获的稻谷生理活性强，早中稻入库后积热难散，在 1～2 周内上层粮温往往会突然上升，超过仓温 10℃～15℃，出现粮堆发热现象，即使水分正常的稻谷，也常出现此种现象。稻谷发热的部位一般从粮堆内水分高、杂质多、温度偏高的部位开始，然后向四周扩散，逐步蔓延至全仓。杂质多的粮食或杂质聚积区(特别是有机杂质多的区域)含水量高，带菌量大，孔隙度小，所以易发热。地坪的返潮或仓墙裂缝渗水以及害虫的大量繁殖、为害(特别是谷蠹严重时)，都会造成发热。在所有这些因素中，高水分引起的微生物大量繁殖，是发热的主要原因。

3. 易变黄

稻谷除在收获期遇阴雨天气，未能及时干燥，使粮堆发热产生黄变外，在贮藏期间也会发生黄变，这主要与贮藏时的温度和水分有关。试验证明，粮温是引起稻谷黄变的重要因素，水分则是另一不可忽视的原因。粮温与水分相互影响、相互作用，一起促进黄变的发展，粮温越高，水分越大，贮藏时间越长，黄变就越严重(表 3-3)。据报道，气温在 26℃～37℃时，稻谷水分在 18%以上，堆放 3d 就会有 10%的黄粒米；水分在 20%以上，堆放 7d 就会有 30%左右的黄粒米；在贮藏期间，早稻水分 14%发热 3 次，黄粒米可达 20%；水分在 17%以上，发热 3～5 次，则黄粒米可达 80%以上。由此可见，黄变无论仓内仓外均可发生，稻谷含水量越高，发热次数越多，黄粒米的含量越高，黄变也越严重。

表 3-3　晚籼稻黄变与温度、水分的关系

温度(℃)	水分(%)	1 个月	2 个月	3 个月
15	13.1～15.7	无黄变	无黄变	无黄变
30	13.1～15.7	无黄变	无黄变	无黄变
35	13.1～15.7	未黄变	未黄变	未黄变一开始黄变
40	13.1～15.7	未黄变	未黄变	开始黄变一已黄变
45	13.1～15.7	未黄变一开始黄变	已黄变	黄变加深

稻谷黄变后，发芽率下降，黏度下降，酸度升高，脂肪酸值增加，碎米增加，品质明显劣化，对其食用品质和种用品质均有较大的影响(表 3-4)。

黄粒米形成的原因，目前尚未有统一的认识，有人提出是美拉德反应使大米变黄、变褐，但也有人认为米粒黄变主要是由微生物引起的。

表 3-4　黄粒米品质的变化

黄变	发芽率(%)	水分(%)	出糙率(%)	酸度(度)	脂肪酸值(KOH，mg/100g，干基)	还原糖(%)	黏度(mPa·s)
未黄变	86	10.00	78.75	1.63	11.08	0.233	1.30
黄变 22%	39	10.40	77.30	1.66	111.30	0.414	1.21
黄变 45%	35	10.45	77.00	1.33	120.50	0.520	1.11

(二)稻谷贮藏技术

1. 常规贮藏

常规贮藏方法是一种基本适用于各种粮食的贮藏方法，从粮食入库到出库，在一个贮藏周期内，通过提高入库质量，加强粮情检查，根据季节变化采用适当的管理措施和防治害虫，基本上能够做到安全保管。

(1)控制水分

入仓稻谷水分高低是稻谷是否能安全贮藏的关键，一般早、中籼稻收获期气温高，收获后易及时干燥，所以入库时的水分低，可达到或低于安全水分，易于贮藏。但晚粳稻收获是低温季节，干燥不易，入库时的水分一般偏高，应注意采取不同方法进行干燥降水处理，如有烘干设备的应在春暖前处理完毕，如无干燥设备，可利用冬、春季节的有利时机进行晾晒降水，或利用通风系统通风降水，使水分降至夏天安全水分标准以下。稻谷的安全水分标准应随种类、季节与气候条件来确定。一般来说，粳稻高一些，籼稻低一些；晚稻高一些，早稻低一些；冬季高一些，夏季低一些；北方高一些，南方低一些。

稻谷安全水分的标准还与成熟度、纯净度、病伤粒等有密切关系。另外，如果贮藏种用稻谷，为了保持其发芽率，度夏水分应低于上述安全标准 1%。

(2)清除杂质

稻谷中的杂质在入库时，由于自动分级现象常聚集在粮堆的某一部位，形成明显的杂质区。杂质区的有机杂质含水量高，吸湿性强，带菌量大，呼吸强度高，贮藏稳定性差。糠灰等细小杂质可降低粮堆孔隙度，使堆内湿热不易散发，也是贮藏的不安全因素。因此，在入库前应尽可能降低杂质含量，确保储粮的稳定，通常将杂质含量降至 0.5%以下，入库时要坚持做到“四分开”，即新粮与陈粮分开、干粮与湿度较大的粮分开、有虫的粮与无虫的粮分开、不同粮种分开，提高贮藏稳定性。

(3)通风降温

稻谷入库后，特别是早中稻入库时粮温高，生理活性强，堆内易积热，并会导致发热、结露、生霉、发芽等现象。因此，稻谷入库后，应根据气候特点适时通风，缩小粮温与外温及仓温的温差，防止发热、结露。根据江苏、浙江、江西、上海等省市的经验，利用离心式风机，采用地槽通风、竹笼通风和存气箱通风，在 9～10 月、11～12 月、1～2 月，利用夜间冷空气，进行间歇通风，可使粮温从 33℃～35℃分段降为 25℃左右、15℃左右和 10℃以下，能有效地防止稻谷的发热、结露，确保安全贮藏。另外，也可以采用排风扇或低压轴流式风机进行负压通风，可获得同样的通风效果，但却可以显著节约投资费用和运行费用，是一种较理想的通风降温储量途径。稻谷在通风降温后，再辅以春季密闭措施，便可以有效防止夏季稻谷的发热。

(4)害虫防治

稻谷入库后，特别是早中稻易感染害虫。绝大多数危害粮食的害虫都能在稻谷贮藏中发现，主要的害虫有以下几种：米象和玉米象、谷蠹、锯谷盗、印度谷蛾、麦蛾等。因此，稻谷入库后应及时采取有效措施防治害虫。通常防治害虫多采用防护剂或熏蒸剂，以防止害虫感染，杜绝害虫危害或将危害降低到最低限度，减少储量损失。

(5)低温密闭

在完成通风降温、防治害虫之后，冬末春初气温回升以前粮温最低时，因地制宜采取有效的方法，压盖粮面密封粮堆，以长期保持粮堆的低温或准低温状态，延缓最高粮温出现的时间及降低夏季粮温。这种方法不仅可以减少害虫和霉菌的危害，而且可保持粮食的新鲜度，没有药物的污染，保证了粮食的卫生。尤其对稻谷来说，低温是延缓陈化的最有效方法。

2. 气调贮藏

稻谷的自然密闭贮藏和人工气调贮藏在长期的实践中均取得了较好的效果。自然密闭缺氧贮藏成败的关键在于粮堆的密闭效果。缺氧的速度主要取决于贮藏温度、水分及粮食本身的质量，一般水分大、粮温高、新粮、有虫缺氧快。根据实践经验，对于新粮粮温在20℃～25℃，粳稻水分在16%左右，籼稻水分在12.5%左右就可进行自然缺氧贮藏，但不同的温度、水分、达到低氧的时间是不同的。对于隔年的陈稻谷，降氧速度较慢，此时可以通过选择密封时机及延长密封时间等措施，提高降氧速度，尽快使粮堆达到低氧要求。一般可在春暖后，粮温达到15℃以上密封，经一个月左右可使堆内氧浓度逐渐降低。但由于早稻收获后易于干燥降水，含水量低，同时又无明显后熟期，因此要想取得理想的自然缺氧效果，必须严格密封粮堆或辅以其他脱氧措施。采用人工气调贮藏能有效延缓稻谷陈化，同时解决了稻谷后熟期短、呼吸强度低、难以自然降氧的难题。目前，国内外应用较为广泛的人工气调是充 CO_2 和充 N_2 气调，特别是充 CO_2 应用较为普遍，大量的实践证明充 CO_2 气调对于低水分稻谷的生活力影响不大，如水分低于13%的稻谷在高 CO_2 中贮藏4年以上，生活力只略有降低。但如果稻谷水分偏高，则高 CO_2 对生活力的影响将是明显的。

二、小麦贮藏

小麦籽粒长约4～10mm，随品种及在小穗上的着生部位而有所不同，粒型为卵圆或椭圆形，顶端生有或多或少的茸毛即“麦毛”。麦粒背面隆起，基部有胚，腹面较平，中央有一条纵沟称作“腹沟”，腹沟是灰尘、细杂及微生物的聚积地，因此，麦毛多和腹沟深的小麦品种不利于贮藏。

小麦籽粒由果皮和种皮、糊粉层、淀粉胚乳、胚等几部分构成。

果皮和种皮：是籽粒的外层结构，是构成麸皮的主要部分，种皮厚度约为5～8μm。

糊粉层：是胚乳的最外层组织，一般厚度为65～70μm，也是构成麸皮的部分。

淀粉胚乳：胚乳是小麦的主要结构，在籽粒中所占的比例最大，其中的主要成分是淀粉、蛋白质、糖，也含有少量的脂肪、灰分及维生素。

胚：小麦中的酶主要存在于胚部，因此，胚部为麦粒生理活性最强的部位。

(一)小麦的贮藏特性

1.小麦的贮藏稳定性

小麦贮藏过程中具有后熟期长,耐高温,吸湿性强等特点。

(1)后熟期长,稳定性好

小麦后熟期的长短因品种不同而异,一般以发芽率达80%为完成后熟的标志。大多数品种后熟期在两个月左右,少数在80d以上,其中白皮小麦后熟期较短,易出现粮堆上层结露、发热、生霉等不良变化。小麦在完成后熟作用以后,品质有所改善,保藏稳定性有所提高。

(2)耐高温

小麦具有较高的耐热性。研究表明,含水量在17%以上的小麦干燥时粮温不超过46℃,水分在17%以下的小麦干燥时粮温不超过54℃,酶的活性不降低,不丧失发芽力,也不降低面粉品质,磨成的面粉品质反而有所提高,做成馒头松软膨大。根据耐高温的特性,可以对小麦采用高温日晒或高温密封杀虫处理。

(3)吸湿性强

小麦吸湿能力及吸湿速度较强,在保藏中极易受外界湿度的影响,而使含水量增加,其中白皮小麦吸湿性大于红皮小麦;软质小麦大于硬质小麦;瘪粒与虫蚀粒大于完整饱满粒。吸湿严重的,可引起发热霉变和发芽,因而做好防潮工作,是小麦安全保藏中的一个重要环节。

此外,小麦收获时正值高温盛夏时节,虽然有利于及时干燥入库,但也适合于害虫的活动,入库新麦往往被感染,又因小麦无外壳保护,更易遭受多种害虫的侵蚀。这也是小麦安全保藏中应加以注意的问题。

2.小麦贮藏期间的品质变化

小麦在贮藏中的劣变与陈化涉及到一系列生物化学方面的变化,其中,糖类变化的总趋势包括非还原糖和总糖的减少以及还原糖的增加。这一变化是由小麦原有成分的分解过程所造成的。但要注意的是若还原糖没有增加,并非证明小麦的品质正常,因为在一般的贮藏条件下,小麦不可能不带霉菌,而霉菌的发展,正需要消耗小麦分解的还原糖。淀粉是构成小麦的主体,在所有成分中所占比例最大,淀粉在贮藏期间的主要变化是糊化温度的升高,粘度降低,可溶性直链淀粉含量减少等。

脂类在小麦中的总含量平均约为3%,糊粉层和胚部含脂肪较多,胚乳中含脂肪较少,但胚乳中含有较高的类脂物如磷脂。脂肪在贮藏期间的变化主要分为水解和氧化,脂肪水解的结果产生游离脂肪酸,使脂肪酸值升高。脂肪酸值是小麦常用的品质劣变指标,新麦的脂肪酸值常在10~20(mgKOH/100g),在正常的贮藏条件下,其值缓慢增加,在不良贮藏条件下贮藏,脂肪酸值迅速上升,但要注意,在粮堆严重发热时,脂肪酸值并不是很高,这是因为粮堆发热时,霉菌活动严重,而霉菌以脂肪酸作为营养物质而消耗,脂肪水解的产物虽然对人类无害,但这是脂肪进一步氧化酸败的有利条件,因此必须高度重视。脂肪的氧化作用形成一些不稳定的过氧化物,过氧化物继续分解,最后形成具有异味的低分子醛、酮、酸类物质,使产品变辣、变苦,这一过程叫脂肪酸败。其过程是以游离脂肪酸的增加开始,而以苦辣味出现结束,酸败严重时,不仅会影响小麦的气味、滋味,还使粮食带毒,甚至完全失去食用价值。小麦蛋白质中最重要的部分是面筋,而面筋

的含量与质量决定着小麦品质的优劣。正常条件下储存的小麦蛋白质变化很慢，在贮藏期间蛋白质的变化类型包括水解和变性，其中以变性较为明显，过高温度烘干小麦易引起蛋白质的凝固变性，粮堆发热时，在不足以发生蛋白质热凝固时，便可降低面筋的弹性，随着温度的升高，就会完全失去形成面筋的能力。蛋白质变性后的主要变化是溶解度和吸水能力降低，面筋的弹性及延伸性变差，甚至完全丧失。粮食发热或烘干不当，都可能导致蛋白质变性，一般温度达 55℃～60℃时，便可能发生蛋白变性。变性后的小麦不能作为种子。另外，小麦中积累不饱和脂肪酸对面筋的影响也很大，使面筋不能形成或根本洗不出面筋，但对面筋的影响却有意想不到的品质改善效果，可使面筋富有弹性、坚实、并形成物理性状良好的面团。

小麦在贮藏期间的另一特殊劣变现象是褐胚，这是指小麦在贮藏期间，特别是含水量偏高、感染霉菌、贮藏条件不善的情况下胚部变成棕色、深棕甚至黑色，褐胚粒常被称为“病麦”或“胚损伤”麦。褐胚的发生和酶促褐变、非酶褐变及霉菌的感染有关。小麦出现褐胚后会导致其发芽率、生活力的降低和游离脂肪酸增加，同时对小麦的工艺品质也有一定的影响，制出的面粉灰分含量高，色深、筋力差，烘焙品质下降。

(二)小麦贮藏技术

1.常规贮藏

常规贮藏也是小麦贮藏的主要技术措施，是以控制水分、清除杂质、提高入库粮质为主，同时储存时做到“四分开”，加强虫害防治并做好贮藏期间的密闭工作。

2.小麦热密闭贮藏法

利用夏季高温暴晒小麦，晒麦时要掌握迟出早收，薄摊勤翻的原则，上午晒场晒热后，将小麦薄摊于晒场上，使麦温达到 42℃以上，最好是 50℃～52℃，保温 2h。为提高杀虫效果，有的地方采取两步打堆和聚热杀虫的方法，即在下午 3 点左右趁气温尚高时，先把上层粮食收拢(第一步打堆)，使粮温较低的底层粮食再经过暴晒，然后再把这部分粮食收拢(第二步打堆)。聚热杀虫是把达到杀虫温度的粮食收拢，堆成 2 000～2 500kg 一堆，热闷 30min 至 1h，在下午 5 点钟之前趁热入仓。入仓小麦水分必须降到 12.5%以下。入仓后立即平整粮面，用晒热的席子、草帘等覆盖粮面，密闭门窗保温，要求有足够的温度及密闭时间。入仓麦温如在 46℃左右则需密闭 2～3 周，才能达到杀虫的目的。然后可以揭去覆盖物降温，但要注意防潮、防虫。也可以不去掉覆盖物，到秋后再揭。热密闭最好一次入满仓，以免麦温散失，使仓虫复苏。

在进行热入仓时，应预先做好清仓消毒工作，仓内铺垫和压盖物料也要同时晒热。一般由于保温不好，而使热密闭失效，如囤存小麦的多在靠近席子处发生虫害，散存的多在门、窗附近易发生虫害，对于这些部位应特别注意做好保温工作。

小麦热密闭杀虫效果较好，麦温在 42℃以下，不能完全杀灭害虫。麦温在 44℃～47℃时，就具有 100%的杀虫效果。害虫致死的时间，因不同虫种和虫期而有所不同，如粉螨卵在 45℃时，致死时间为 50min。暴晒时高温持续时间长，则入库后保持高温时间也长，杀虫效果就更好。

对发芽率的影响：小麦收获后，不论是否完成后熟作用，经暴晒成热入仓，保持 7～10d 高温，发芽率不会降低，而且还会提高。研究表明，未完成后熟与完成后熟的小麦，暴晒后趁热入仓，粮温 44℃～47℃时，均能提高发芽率。

对品质的影响：热密闭的小麦由于水分低，生理活性很微弱，在整个贮藏期间，小麦的水分、温度变化很小，品质方面也无明显变化。研究表明，热入仓小麦从8月到来年1月的贮藏过程中，脂肪酸值无显著变化，氮、盐溶性氮、可溶性糖的含量变化甚少。热密闭小麦的出粉量及面筋含量比一般贮藏的均有增无减，而且面团持水量大，发面和制馒头的膨胀性能好。

3. 低温贮藏

低温贮藏是小麦长期安全贮藏的基本途径。小麦虽耐温性强，但在高温下持续贮藏，会降低品质，陈麦在低温贮藏条件可相对保持小麦品质，这是因为，低温贮藏能够防虫、防霉，降低粮食的呼吸消耗及其他分解作用所引起的成分损失，以保持小麦的生命力。国外报道，干燥小麦在低温、低氧条件下贮藏16年之久，品质变化甚微，并能制成良好的面包。低温贮藏的技术措施主要是掌握好降温和保持低温两个环节，特别是低温的保持是低温贮藏的关键。降温主要通过自然通风和机械通风来降低粮温，保持低温就要对仓房进行适当改造，增强仓房的隔热性能或者建设低温仓库，这是发展低温贮藏的基础。

在我国，利用自然低温贮藏潜力较大，除华南地区气候较暖外，大部分产麦区都有−5℃～0℃的低温期，北方地区全年平均出现0℃左右温度的时间可达3个月以上，这对低温贮藏小麦是一个有利条件。对于低温贮藏的小麦，一般要求水分在12.5%以下，这与小麦耐低温能力有关，含水分大的小麦，冷冻温度最好不低于−4℃～6℃，这在我国东北严寒地区尤应注意。一般地区要选择隔热、密闭性能好的仓房，做好密闭压盖工作，增强防热、防潮性能，特别是进入高温季节时，要注意检查粮情，防止外界湿热空气进入仓内造成粮食结露。

小麦的低温贮藏以自然低温为主，各地也可根据气候特点与设备条件采取机械通风低温贮藏，很少采用机械制冷及空调低温贮藏。

4. 气调贮藏

小麦的气调贮藏技术中，目前国内外使用最广泛的方法还是自然缺氧贮藏。近年来已在全国范围得到推广，并收到了较好的杀虫效果。因小麦是主要的夏粮，收获时气温高，干燥及时，水分降低到12.5%以下，这时粮温甚高，而且小麦具有明显的生理后熟期，在进行后熟作用时，小麦生理活动旺盛，呼吸强度大，极有利于堆粮自然降氧。据河南经验，新小麦氧浓度可降至1.8%～3.5%，有效地达到低氧防治害虫的目的。小麦降氧速率的快慢，与密封后空气渗漏的程度、小麦不同品种生理后熟期长短、粮质、水分、粮温、微生物、害虫活动等有直接关系。只要管理得当，小麦收获后趁热入仓，及时密封，粮温平均在34℃以上，均能取得较好的效果。

如果是隔年的陈麦，其生理后熟期早已完成，而且进入深休眠状态，它的呼吸能力就减到非常微弱的水平，所以不宜进行自然缺氧保存。这时可采用微生物辅助降氧或充二氧化碳、充氮等气调方法以达到防治害虫的目的。

三、玉米贮藏

玉米是我国第三大粮食作物，种植面积2 000万 hm^2，年产量1.3亿t，占世界玉米产量的20%，仅次于美国，居世界第二位。

玉米籽粒胚大，玉米胚部所占面积较其他粮食大。玉米胚约占整粒总重量的10%～

14%,约占总体积的30%～35%。玉米籽粒由皮层、胚、胚乳三个部分组成。籽粒形状扁平,顶部较宽、厚,有的品种顶部饱满隆起,多数品种平坦,有的品种凹陷,基部较狭窄,胚部着生于籽粒基部。

(一)玉米的贮藏特性

1.原始含水量高,成熟度不均匀

玉米的生长期长,我国主要产区在北方,收获时天气已冷,加之果穗外面有苞叶,在植株上得不到充分的日晒干燥,故原始含水量较大,收获时籽粒含水量一般在20%以上,高的可达30%。还由于果穗的顶部与基部授粉时间不同,致使顶部不成熟籽粒较多。玉米含水量高,脱粒时容易损伤,所以玉米的未熟粒与破碎粒较多。这种籽粒在贮藏过程中及易遭受害虫、霉菌的入侵危害。

2.胚部大,生理活性强

玉米的胚部很大,几乎占整个籽粒体积的1/3,含有较多的蛋白质、可溶性糖和脂肪。故吸湿性强,呼吸旺盛。玉米在保藏过程中有着许多变化,如易吸湿、生霉、发酸、变苦等。所有这些变化关键在于玉米的胚。

3.胚的吸湿性强

玉米胚部较之其他部位具有更大的吸湿性,因为胚部富含蛋白质和无机盐且组织疏松,周围具有疏松的薄壁细胞组织,在大气相对湿度高时,这一组织可使水分迅速扩散于胚内;而在大气相对湿度低时,则容易使胚部的水分迅速散发于大气中。因此,玉米吸收和散发水分主要通过胚部进行的。通常干燥玉米的胚部,其含水量小于整个籽粒和胚乳,而潮湿玉米的胚部,其含水量则大于整个籽粒和胚乳。但玉米吸湿性在品种类型间有差异,硬粒、马齿和半马齿型中,硬粒型玉米的粒质结构紧密、坚硬,籽粒角质胚乳较多,故吸湿性较其他两类型为小。

4.胚部脂肪含量高,易酸败

玉米胚部富含脂肪,约占整个籽粒中脂肪含量的77%～89%,在贮藏期间胚部易遭受害虫和霉菌侵害,酸败也首先从胚部开始,故胚部酸度的含量始终高于胚乳,增加速度很快。贮藏期中,脂肪酸值随水分增高而增大,在玉米脂肪酸值和总酸增加的同时,发芽率相应大幅度降低。

5.胚部带菌量大,易霉变

玉米胚部营养丰富,微生物附着量较大。据测定,经过一段贮藏期后,玉米的带菌量比其他禾谷类粮食高得多,正常稻谷上霉菌孢子约在95 000(孢子个数/g干样)以下,而正常干燥玉米却有98 000～147 000(孢子个数/g干样)。玉米胚部吸湿后,在适宜的温度下,霉菌即大量繁育,开始霉变,故玉米胚部极易发霉。玉米生霉的早期症状是,粮温逐渐升高,粮粒表面发生湿润现象,用手插入粮堆感觉潮湿,玉米的颜色较前鲜艳,气味发甜。继而粮温迅速上升,玉米胚变成淡褐色,胚部及断面出现白色菌丝,接着菌丝体发育产生绿色或青色孢子,在胚部非常明显,这时会出现霉味和酒味,玉米的品质已变劣。再继续发展,玉米霉烂粒就不断增多,霉味逐渐变浓,最后造成霉烂结块,不能食用。

6.玉米在贮藏期间的品质变化

贮藏过程中水分含量会对玉米品质造成较大影响,玉米水分在15%以上,淀粉酶活性加强，导致淀粉的水解和还原糖的显著增加。适于淀粉水解的条件亦有利于呼吸作用的加强，最终促使玉米粒内淀粉和糖的损失。发热玉米，水解酶活性增强，受霉菌感染的玉米粒，脂肪和淀粉分解过程加剧，水溶性氮含量随非水溶性氮的含量降低而增加，增加的幅度与感染程度密切相关。

(二)玉米贮藏技术

1. 玉米粒的贮藏

充分干燥是玉米安全贮藏的主要措施。研究表明，玉米水分在12.5%以下，库温在35℃左右一般可以安全贮藏。

玉米成熟后抓紧时机收获，南方最好是带穗干燥之后再脱粒。北方由于气候寒冷，玉米收获后往往不能及时干燥，水分较高，这样的玉米在冬季要加强管理，到第二年春暖之后进行干燥，降低水分，安全过夏。水分在20%以上的玉米，长期处于0℃以下的低温环境中，要做好防冻工作，同时降低水分。较多的杂质易发热生霉和招致虫害。玉米入仓前要过风过筛，清理杂质。

2. 玉米带穗贮藏

用高粱秆做成一个圆形或方形的围囤，分层把玉米果穗装入围囤中，每装一层玉米，另外装置一层横的或竖的通风笼。围囤外圈用草绳或麻绳捆住，顶部用草垫盖住。

这种方法贮存玉米果穗，孔隙小，利于通风降温降湿，同时，玉米籽粒的胚部藏在果穗内，不易为害虫侵蚀，穗轴与籽粒仍保持联系，保管初期，穗轴内的营养仍可继续输送到籽粒内，可以促进籽粒后熟，利于贮藏。这种围囤贮藏玉米果穗降水效果也很好，入囤果穗水分为22%～24%，到第二年四月初，可以自然干燥至15%以下。但是一到雨季，干燥的玉米果穗又极易吸湿，因此，在春暖雨季到来之前，应及时出囤脱粒，以免增加水分。

四、薯类的贮藏

(一)马铃薯的贮藏

1. 贮藏特性

马铃薯的食用部分是肥大的块茎，收获后有明显的生理休眠期。马铃薯休眠期一般在2～4个月，因品种而有差异。在休眠期，马铃薯的新陈代谢过程减弱，抗性增强，即使处于适宜的条件下，也不会萌芽生长。贮藏温度会影响到休眠期的长短。马铃薯在4℃下比在28℃～30℃下贮藏休眠期长，特别是贮藏初期的低温对延长休眠期非常有利。贮藏环境的湿度对贮藏效果也有直接影响，湿度过高容易造成致腐菌大量生长而引起腐烂；湿度过低则又会导致马铃薯失水量增大、新鲜度下降、失重增多。一般马铃薯贮藏的适宜温度为3℃～5℃，相对湿度为80%～85%。

光能促使萌芽，增加薯块内茄碱苷含量。正常薯块的茄碱苷含量不超过0.02%，对人畜无害；但薯块照光后或萌芽时，茄碱苷急剧增加，对人畜的毒害作用急剧增加。因此，马铃薯贮藏时应尽量避免光照。

2. 品种与收获

选择休眠期长的品种，是做好长期贮藏的重要措施之一。休眠期的长短同多种因素有关，早熟种和寒冷地区栽培的品种有利贮藏。

马铃薯生长后期不能灌水过多，并适当增加P、K肥料，以提高薯块的耐贮性和抗病性。我国北方春种夏收的马铃薯，多在7月份雨季来临前收获；夏种秋收的多在9月中下旬收获。收获应选晴天进行，先割植株，耕翻出土后在田间稍行晒晾，蒸发部分水分，便可进行贮藏。据报道，收后在田间晒4h，能明显降低贮藏中的发病率。

3. 马铃薯贮藏方式

(1)堆藏

选择通风良好、场地干燥的仓库，把福尔马林和高锰酸钾混合进行熏蒸消毒，2～4h后，即可将经过挑选和预冷的马铃薯进仓堆藏。一般情况下，每一平方米的面积可堆放750kg左右的马铃薯，四周用板条箱、箩筐或木板围好，高度约1.5m，当中放进若干竹制通气筒，以利于薯堆的通风散热。这种堆藏的方法一般适用于短期贮藏和秋马铃薯(气温较低)的贮藏。

生产中多用板条箱搭成通风贮藏室，散堆马铃薯，采用“品”字形堆码可获得良好的效果。

(2)沟藏

东北地区的马铃薯一般在7月下旬收获，收后预贮在荫棚或空屋内，直到10月份下沟贮藏。一般沟深1.0～1.2m，宽1.0～1.5m，长度不限。薯块堆至距地面0.2m处，上面覆盖挖出来的新土，覆土厚约0.8m。覆土要随气温的下降分次覆盖。

(3)通风库贮藏

通风库贮藏马铃薯时，块茎堆高不超过2.0m，堆内放置风塔。将块茎装框堆叠于库内，通风效果及单位面积都能提高。在库内设置木板贮藏柜，通风好，贮量大，但需木材多，成本高。不管采用何种贮藏方式，薯堆周围都要注意留有一定空隙以利于通风散热，以通风库的体积计算，空隙不得少于1/3。

(4)冷藏

马铃薯在进库之前，应进行严格的挑选和适当的预冷，装箱进库后的库温应保持在0℃～2℃的范围内。贮藏中一般相隔一个月左右检查一次。如发现有变质的薯块应及时剔出，防止互相传染而发生大批的腐烂。在堆放时需留一定的空隙，否则会导致通风不畅，而使薯块呼吸所放出的二氧化碳不断积累，这虽然对减弱呼吸强度和抑制微生物的繁殖有一定的作用，但由于通气不良，库房中的氧气不足会引起一些病害的发生。

(5)辐射处理

实践证明，应用^{60}COγ－射线同位素处理，能抑制马铃薯的发芽。这是因为薯块经过辐射处理后，薯块生长点、生长素的合成遭到破坏，使呼吸作用减弱的缘故。薯块进行^{60}COγ－射线辐射，一般控制吸收剂量在8.38～16.76万戈瑞(Gy)范围内。在0℃～26℃的温度下贮藏都有较为明显的安全贮藏效果(表3-5)。这是因为经过辐射处理后，块茎生长点、生长素的合成被破坏，呼吸作用减弱。

(6)药剂处理

南方各地夏秋季不易创造低温环境，块茎休眠期过后，萌芽损耗严重，可采取药物处理抑制萌芽。用α－萘乙酸甲酯或乙酯处理，有明显的抑芽效果。每10t薯块用药0.4～0.5kg，加15～30kg细土制成粉剂洒在块茎堆中。药物处理大约在休眠的中期处理，不能过晚，否则会降低药效。

表 3-5　$^{60}CO\gamma$ 射线处理马铃薯的结果

品种	辐射吸收剂量(Gy)	试验数量(kg)	辐射后贮藏(d)	贮藏效果(kg)		
				正常	出芽	损伤与腐烂
丰收	8.38 万	25	150	21.4	1.6	2
	16.76 万	25	180	22.45	1.05	1.5
	对照	25	60	—	21	4.0
纳河	8.38 万	25	189	18.53	4.35	2.1
	16.76 万	25	210	21.15	2.6	1.25
	对照	25	50	—	18.75	6.25

青鲜素(MH)对马铃薯也有抑芽作用,但必须在薯块肥大期进行田间喷洒。用药浓度为 0.2%,喷洒过早或过晚药效不明显,尤其在雨季喷洒时要注意药液在植株内的运转速度。试验证明,MH 在春作薯叶内需要 48h,秋作薯叶内需要 72h 才能发挥抑芽作用,在此期间遇雨,药效明显降低,应适当重喷。

(二)甘薯的贮藏

1.贮藏特性

甘薯皮薄、肉嫩,水分含量高(65%～75%),糖分多,易碰伤,易受病菌侵害而腐烂。甘薯根块对温度十分敏感,如长时间处于 15℃以上容易发芽,且呼吸旺盛,营养消耗大,抗病性降低。温度低于 9℃时间过长则易发生低温伤害,水溶性软果胶变为不溶性硬果胶,蒸煮时硬心。受冻后正常代谢受到干扰,抗病力减弱,易感染低温性病菌,一旦温度上升,迅速腐烂。甘薯对湿度也比较敏感,湿度低于 80%时,开始失水,出现干缩糠心现象,抗病能力大减。贮藏窖内如果过分潮湿(湿度饱和),窖顶滴水落在薯块上,也会导致病菌繁殖,发生腐烂。甘薯贮藏过程中要经常通风换气,否则会造成二氧化碳中毒,进而引起甘薯腐烂。

2.甘薯贮藏方法

甘薯通常采用常温贮藏,库温保持在 10℃～14℃,相对湿度保持在 80%～90%,并适当通风。具体方法为:

①贮藏库预处理:甘薯入库前,对贮藏库进行清扫、消毒,用硫磺和福尔马林熏蒸。

②适时收获:适时收获是贮藏甘薯的重要措施,收获过早或过晚都不利于贮藏。一般在寒露至霜降期收获。采收应选在晴天进行,不要损伤薯块。

③入库:入库时严格检验甘薯质量,挑选无病、无损伤的薯块,并注意轻拿轻放。

从入库到封库这段时间,薯块呼吸旺盛,淀粉向糖转化显著,窖温升高快,水分也多,病菌繁殖较快,特别是易发黑斑病。这一时期应以通风散热为主,把窖温控制在 15℃以下。

进入寒冬季节,薯块生理活性减弱,呼吸趋缓,窖内温度和湿度变化速度减慢。随着气温的下降,库内温度也相应降低。这时应及时封库保温,使库温保持在 10℃～14℃的安全范围内。立春之后,随着气温的逐渐回升,薯块的生理活性开始增强。此期应适当通风、降温排湿,以防发芽或腐烂。

第二节　豆类及油料的贮藏

一、豆类的贮藏

(一)大豆的贮藏

大豆含有丰富的蛋白质和脂肪,贮藏稳定性较差,在贮藏期间常出现吸湿生霉,浸油赤变,不耐高温,发芽力丧失等现象。

1. 大豆的贮藏特性

(1)易吸湿生霉

大豆的种皮较薄,孔隙较大,并含有大量的蛋白质等亲水胶体(30%~50%),所以吸湿性很强,加之大豆种皮和子叶之间有较大的空隙,种皮透性好,因而吸湿能力与解吸能力均很强,在相对湿度较高的环境中(90%以上),其吸湿性比玉米、小麦都强,而在相对湿度较低(70%)时,其吸湿性则小于玉米和小麦。大豆贮藏在高湿环境下特别要注意做好防潮工作,水分超过14%~15%时,豆粒往往变软。大豆过夏的安全水分,因温度高低而异,在30℃时一般为12.5%,在15℃时可增至14%,在8℃时则可增至17%。大豆吸湿后,体积膨胀,同时呼吸强度增高,生理活性增加,导致豆堆温度升高,并会进一步发生霉变。

(2)易浸油赤变

大豆吸湿受潮后,除了易生霉之外,还会出现"浸油赤变",在贮藏期间,大豆水分高、温度高是导致浸油赤变的主要原因。通常大豆水分超过13%、温度高于25℃时,储存一段时间后,豆粒就会发软,两片子叶靠脐部的颜色变红,随后子叶红色逐渐加深并扩大,严重者有明显浸油脱皮现象,子叶呈蜡状透明,称为浸油。这种现象的出现原因是因为在高温高湿作用下,大豆中的蛋白质会凝固变性,破坏脂肪和蛋白质共存的稳定状态,使脂肪渗出呈游离状态,从而导致大豆浸油,同时脂肪中的色素逐渐沉积,致使子叶变红,发生赤变,"浸油"有时也称为"走油"。

(3)不耐高温

贮藏温度对大豆品质的变化速率影响较大,研究表明,在20℃恒温条件下,大豆各项品质随贮藏时间延长而缓慢变化,贮藏一年后发芽率平均下降40%左右,总酸度上升22%,豆油酸价上升37%,水溶性氮指数下降5%,脂溶性磷指数下降8%,大豆浸泡水中的干物质上升10%,浸泡水的消光值上升27%,豆腐产率下降20%,豆腐品质仍保持正常;而35℃恒温条件下,则大豆各项品质随贮藏时间的延长会发生骤变,贮藏4个月,发芽率就会完全丧失,总酸度上升87%左右,豆油酸价上升145%,水溶性氮指数下降34%,脂溶性磷指数下降39%,大豆浸泡水中干物质上升541%,浸泡水消光值上升370%,豆腐产率下降40%左右,贮藏五六个月后所制豆腐具有哈喇味、苦味,基本上丧失食用价值,而且豆腐色泽变暗、结构变硬、弹性变小。由此可见,大豆是不耐高温的,需要在低温下贮藏,才能保持它的品质。

(4)发芽率易于丧失

大豆在贮藏期间很容易丧失发芽率,正常水分的大豆,当温度达到25℃时,就难以保持发芽率。保持发芽时间的长短与水分、温度、种皮颜色等因素有关。色泽深的大豆，种皮组织较紧密，有一定的防护作用，故黑色大豆保持发芽率时间较长；水分越高，温度越高，发芽率就丧失越快。

2. 贮藏技术

充分干燥是贮藏大豆的关键，干燥大豆以带荚晒干后再脱粒为好，这样可减少脱皮、爆裂和破损现象。新入仓的大豆，呼吸旺盛，又正值气温下降季节，容易产生结露引起生霉。因此，新大豆入仓要过筛除杂，保管的头一个月，要加强通风防汗，经常翻动。

如果返潮，采用日晒的办法降水。大豆日晒降水迅速，日晒虽然提高了大豆的温度，但高温作用的时间较短，对出油率无明显影响，其他品质有不同程度的下降，如发芽率降低、脂肪酸增加等。因此大豆日晒的时间不宜过长，粮食温度以不超过 44℃～46℃为好。大豆晒后不能热入仓，以免影响发芽率和品质。低温密闭能较好地保持大豆的品质，冬季入仓的大豆，粮面上压盖经过消毒的麻袋，如果麻袋返潮，应及时取出晒干再盖上。

(二)蚕豆的贮藏

1. 蚕豆的贮藏特性

蚕豆在贮藏期间首先是受蚕豆象危害严重，虫蚀粒常达 45%以上。蚕豆象幼虫孵化后在田间便钻入生长中的豆粒内为害，随豆粒成熟带入仓内，继续在豆粒内发育，至 8 月份初期羽化成虫，并在仓内越冬，次年飞往田间交尾产卵，孵化的幼虫又危害豆粒。其次，蚕豆在贮藏期易发生褐变，蚕豆正常的色泽有青绿色和乳白色两种，随贮藏时间的延长，蚕豆皮色会逐步变成褐色或黑色，这种变化通常称为褐变，是由美拉德反应造成的。因此，贮藏蚕豆的工作重点应放在防虫和防褐变上。

2. 蚕豆的贮藏措施

(1)防治蚕豆象

从蚕豆象生活史来看，成虫产卵和孵化幼虫是在田间进行的，而化蛹和羽化成幼虫则是在保管过程中完成的。蚕豆收获入库到 7 月底为止，正是蚕虫象幼虫期和蛹期，应在幼虫很小时抓紧治杀。可用氯化苦或磷化氢熏蒸治杀，氯化苦每立方米用药 49g，仓库条件差的，用药量可适当增加，但每立方米不宜超过 50g；使用磷化氢熏蒸时，每立方米用药 3～6g。整个熏蒸工作应在 7 月底以前完成，否则羽化成虫飞出粮堆时，蚕豆已被虫蚀空。熏蒸密闭期满后，应及时放气，以防豆粒变色。

(2)防止变色

蚕豆变色与光线、温度、水分、虫害有关，光强、温度高、水分大，则蚕豆变色多、发展快、程度重。从散装粮堆情况来看，上层表面先变色，在粮堆 60cm 以下逐步减轻；过夏蚕豆变色较多，而越冬变色较少；水分 13%以上的蚕豆和遭受虫害的蚕豆均易变色。防止变色的关键是蚕豆水分降低到 13%以下，用干沙或洁净的稻壳压盖粮面，散装储存，或用塑料薄膜密封，制造缺氧环境，黑暗贮藏，都有良好的效果。如用包装储存时，应防止阳光照射，以保证安全。

二、油料作物贮藏

(一)油料作物的贮藏特性

油料作物含有大量的脂肪，一般在 40%～50%，最少的也在 20%左右。其所含的脂肪又大都是由不饱和脂肪酸组成。因此在高温高湿情况下，由于酶、氧气和光的影响，易引起发热、霉变、浸油和酸败变质，导致发芽率降低，出油率减少，出现哈喇味。

油料中的脂肪是疏水性物质，籽粒中的水分多集中在非脂肪部分，使非脂肪部分含水量偏高。非脂肪部分的含水量不超过14%～15%时，其呼吸作用一般趋于稳定。

(二)油料作物的贮藏

各种油料作物主要采用低温干燥法贮藏，其关键是降低水分含量，使其控制在安全水分范围之内。

表3-5 几种油料作物的安全水分

品种	安全水分(%,以下)	品种	安全水分(%,以下)
菜籽、芥籽、蓖麻籽	8～9	桐籽、亚麻籽	9～10
棉籽、葵花籽	11～12	花生果	9～10
芝麻、花生仁	7～8	大豆	12.5

注：最高温度为25℃

部分油料作物收获后有后熟现象，生理活动旺盛，入库后粮堆内部湿热易积集，气温下降时极易产生结露或使局部水分增加，应加强通风，及时散发湿热，防止造成发热霉变。

第三节 成品粮的贮藏

一、大米的贮藏

大米贮藏是指稻谷通过加工成为成品后，在流通领域内的停留。大米不耐高温，储存后易陈化。同时，稻谷加工成大米时增加了破碎粒，并含有不同程度的糠层，米粒外露，直接与外界环境温湿度因素发生联系，且米粒中富含营养物质的亲水胶体体系，极易受物理、化学因子影响及虫、霉生物性侵害，所以大米贮藏保鲜问题就显得非常突出。

(一)大米的贮藏特性

1.易爆腰

大米不规则的龟裂称为爆腰。爆腰的大米，影响其工艺品质。

2.易吸湿

大米具有较高的吸湿性与平衡水分(表3-6)。其平衡水分高于同一环境中的稻谷。大米中如含有断米、碎米、米糠等成分，增加了表面积，且其吸湿性相对大于整粒米，也大于稻谷。

表3-6 大米与稻谷的平衡水分(%)

种类		大米		稻谷	
相对湿度(%)		80	90	80	90
温度(℃)	30	15.3	17.72	14.66	17.13
	29	—	—	14.9	17.3
	25	15.6	18.2	—	—

由于大米具有强吸湿性，在外界水蒸气压高于米粒时，极易吸湿返潮，生霉发热，并促进生理代谢加剧，造成营养成分破坏损失。

3. 贮藏稳定性差、易陈化

大米失去外层的保护组织，胚乳部分直接暴露，易受外界湿、热、氧气等环境条件的影响及虫、霉侵害，贮藏稳定性很差。

(二)大米在贮藏过程中的品质变化

1. 黏性变化

黏性是影响米饭食味的最重要因素。随着贮藏期延长、陈化的进展，米的黏度逐渐降低，尤其经高温过夏后，黏度下降更为显著。影响大米黏性的因素主要有：α—淀粉酶活性的降低；大米中蛋白质由溶胶变为凝胶；陈米细胞壁较为坚固，蒸煮时不易破裂及游离脂肪酸会包裹淀粉粒的细胞结构，使其膨化困难等。

2. 气味的变化

大米在陈化过程中，新鲜大米的清香味很易丧失，在陈米中往往有陈米臭味，近年来通过气相色谱分析研究，认为大米气味中的主要成分是一些挥发性的羰基化合物，新米气味中的主要成分是乙醛，随着陈化的进行，乙醛减少，戊醛、已醛增加，因此认为戊醛和已醛是陈米臭的主要组成成分。另据文献报道，H_2S 也是米饭香气的主要成分之一，随贮藏期延长，大米的S—S逐渐增高，H_2S 含量减少，表明大米陈化，且 S—S 的增多与戊醛、已醛含量的增高成正相关。此外，陈米上感染的霉菌也同时会形成陈米气味。

3. 品质变化

在大米的主要成分中，脂肪和酶的变化最为显著。虽然脂肪的含量比淀粉含量与蛋白质的含量低得多，但在贮藏期间大米品质陈化的主要原因却在于脂类物质的氧化。研究表明，由于大米脂肪易于水解、氧化，使游离脂肪酸增加，游离脂肪酸包藏在淀粉的直链成分的螺旋结构中，使糊化所需要的水难以通过，因而糊化温度增高，淀粉粒的强度增加，陈米煮的饭硬。所以，在大米贮藏中，常以脂肪酸值作为灵敏指标，测定稻米中的游离脂肪酸含量，就可以了解米的贮藏情况和贮藏品质变化情况，脂肪酸值一般随贮藏期限的增长而逐渐增加，并与大米品种、水分含量、贮藏技术有很大的关系(见表 3-7)。

经过 7 个月贮藏的大米脂肪酸值均随时间延长而增高，早灿米脂肪酸值增长速度比晚灿米慢，低温贮藏和采用充二氧化碳、充氮等方法也不能完全抑制脂肪酸值的增加。又如重庆市粮食储运公司用 13.3%低水分大米在 19℃～21℃的准低温仓中过夏，贮藏 9 个月。低温贮藏的大米虽也发生不同程度的陈化，但陈化速度较常温仓大米低。脂肪酸值的变化还与大米质量、等级、加工精度有很大关系。

除脂肪外，大米中的淀粉在贮藏中因淀粉酶的作用而分解，使还原糖含量增加，陈米与低温贮藏米相比较，还原糖约多 50%，这种糖被大米的呼吸所消耗。

大米中维生素 B_1 的含量在贮藏中也逐渐减少，陈米比新米约减少一半左右。大米的直链淀粉含量与其蒸煮品质有密切的关系，凡直链淀粉含量高的大米其蒸煮膨胀值也高，米饭干松；直链淀粉含量低者，一般出饭率低，米饭黏性强。

表 3-7 大米不同条件下脂肪酸值变化

品种	贮藏条件	水分(%)	贮藏时间(d)		
			60	160	210
早籼米	常规(室温)	13.02	89.8	123.4	146.4
		13.46	91.4	129.0	152.3
		14.08	99.9	139.1	163.0
		14.44	105.5	144.7	172.2
		15.08	129.0	161.6	191.0
		15.66	140.3	177.3	207.0
	0℃～10℃	13.02	75.2	91.4	115.0
		13.46	78.2	97.1	115.0
		14.08	89.2	106.6	131.0
		14.44	93.1	117.8	139.0
		15.08	98.2	134.6	155.0
		15.66	106.6	141.9	166.0
	充 CO_2	12.7～14.0	91.4	132.4	150.0
	充 N_2	12.7～14.0	89.8	127.9	148.0
	真空	12.3～13.2	94.2	139.1	159.0
晚籼米	充 CO_2	13.6～14.3	49.4	84.2	110.2
	充 N_2	13.5～13.9	48.2	78.5	96.4
	真空	11.7～13.7	43.8	66.8	80.8

(三)大米贮藏技术

1. 常规贮藏

常规贮藏是指大米在常温常湿条件下,适时进行通风或密闭的方法。常温贮藏必须采取防潮、隔热的技术措施,这也是其他贮藏技术的基础措施。常规贮藏的大米最好是冬季进仓,通过低温季节的寒风进行干燥降温,以提高大米贮藏的稳定性。在春季气温上升前,对门窗和大米囤垛进行密闭和粮食囤垛的防潮压盖,防止大米吸湿和延缓粮温上升。在常规贮藏大米时应注意采取干燥、自然低温、密闭的方法,加工出机的大米必须冷却到仓温后,才能堆垛保管;高水分大米,应码垛通风降水后进行短期保管,或通风降水后再密闭贮藏。

2. 低温贮藏

采用低温贮藏是大米保鲜的有效途径。霉菌在 20℃以下大为减少;10℃以下可完全抑制害虫繁殖,霉菌停止活动,大米呼吸及酶的活性均极微弱,可以保持大米的新鲜程度。低温贮藏又分为自然低温贮藏、机械制冷贮藏、空调准低温贮藏等方法。

3. 气调贮藏

(1)自然缺氧

用塑料薄膜密闭米堆,可防止吸湿和虫害感染。研究表明,采用 0.14mm 塑料薄膜密闭,在 5 月上旬密封 88d 后试验堆相继达到自然缺氧,氧浓度为 0.4%～2.7%,二氧化碳上升到 9.5%以上。降氧的速度与温度关系密切,粮温在 28℃～29℃时下降速度最快。贮藏 8 个月,有效地做到了无虫、不发热、不变质,安全过夏。

(2)充氮

生产性试验贮藏大米，是将大米用塑料薄膜严密封闭，抽出膜内空气，接近真空状态。而后充入适量氮，保持膜内外气压平衡，避免膜布漏气。这种方法促进粮堆迅速绝氧，能降低粮食呼吸强度，抑制微生物繁殖，并杀死全部仓虫，基本上控制了粮堆内部产生热量的来源，从而达到大米安全度夏的效果。

(3)充二氧化碳

生产性试验气调贮藏大米，每万 kg 粮充入 10kg 二氧化碳，用塑料薄膜密封贮藏，有抑制虫、霉、发热、脱糠、保持米质正常过夏的效果。

二、面粉的贮藏

面粉在长期贮藏期间，面粉品质的保持主要取决于面粉的水分含量。面粉具有一定的吸湿性，因此其水分含量随面粉周围环境的相对湿度变化而变化。相对湿度为 70%时，面粉的水分基本保持平衡不变。常温下，真菌孢子萌发所需的最低相对湿度为 75%。相对湿度超过 75%，面粉吸湿，如果水分含量超过规定标准，霉菌生长很快，容易霉变发热，使水溶性含氮物增加，蛋白质含量降低，而筋质性质变差，酸度增加。散包装贮存的面粉，其水分变化的速度，往往比袋装贮藏的面粉变化快。面粉的理想贮藏条件：相对湿度 55%～65%，温度 18℃～24℃。另外，面粉的吸附力很强，一旦吸附，很难除去，所以应避免与其他带味物质一起贮藏。

第四节　油脂的贮藏

一、保藏方式

(一)油脂贮藏特性

植物油脂一般含有大量的不饱和脂肪酸，在贮藏过程中很容易氧化分解，游离脂肪酸含量不断增高，酸价升高，并逐渐酸败变苦。所谓酸败变苦是由于油的成分发生了变化，使油脂颜色变深，透明度变小，沉淀物增多，最后酸败，产生酸、苦滋味及气味，俗称哈喇味。产生酸败变苦的原因，主要是受氧化作用及微生物作用所致。所谓氧化作用，就是含有不饱和脂肪酸的脂肪在分子结构中含有“双键”，而“双键”不稳定，在空气中的氧气作用下，首先在“双键”处形成过氧化物，过氧化物再继续分解，生成醛类或酮类物质，由于醛酮具有挥发性苦辣气味，所以脂肪也带有这种气味。而微生物作用，则是因为油脂感染微生物，在一定水分与温度的条件下，分解脂肪而产生脂肪酸，脂肪酸进一步氧化分解就变成酮，由酮引起难闻的苦辣气味。

(二)油脂贮藏技术

1. 常规贮藏

常规贮藏是当前基层油库普遍采用的、十分重要的贮藏油脂的方法。这种方法是人为地控制日光、空气、水分、杂质以及大气温湿度对油脂的影响，建立并坚持执行有效的、可行的管理制度，加强油脂质量检查并进行必要的处理，防止油脂可能发生的氧化酸败现象，以确保安全贮藏。

一般常规的储油方法即机械地防止油脂外部因素影响的方法，通常包括密闭储存与低温储存，在密闭贮藏中，主要做到油品中的水分、杂质、酸价入库时要严格控制在国家标准以内，贮藏以密闭为主，装油时尽量装满，桶罐内尽可能少留空隙并要避免不必要的开桶开罐，使油脂与空气少接触，可以延缓油脂的氧化酸败，密闭贮藏还要做到合理堆放，加强管理，防止酸价升高及漏油现象的发生。

温度对优质的氧化速率有重要影响，在0℃～25℃条件下贮藏时，温度上升会明显促进油脂氧化，确保安全贮藏，在低温下贮藏油脂的方法为低温贮藏法。通常油脂在冬季几乎不会酸败，而在夏季极易发生，故进入高温季节后应采用有效措施隔热保冷，使油脂处于低温状态，能确保安全贮藏。将储油仓库的仓温控制在15℃以下，进行低温贮藏，能够长期安全贮藏油脂。

2. 抗氧化剂贮藏

抗氧化剂应用于食油起始于20世纪30年代，其种类主要有两类，即天然抗氧化剂与人工合成抗氧化剂。

天然抗氧化剂主要有生育酚（维生素E）、柠檬酸、类胡萝卜素、抗坏血酸、芝麻粉、磷脂等，天然抗氧化剂中由于维生素E稳定性高，且有很高的营养价值，故在我国应用较多，其他天然抗氧化剂因稳定性差或抗氧化效果不显著而很少采用。

在我国允许使用的食品人工合成抗氧化剂主要有叔丁基对羟基茴香醚（BHA），2.6一二叔丁基对甲酚（BHT），没食子酸丙酯（PG）及特丁基对苯二酚（TBHQ）等。我国采用抗氧化剂贮藏油脂的技术还处于试验阶段，由于合成抗氧化剂价格昂贵，而且存在毒性等原因，人工合成抗氧化剂的应用受到一定的限制，在生产中应用较少。

抗氧化剂对油脂的抗氧化作用十分复杂，但大多数抗氧化剂主要作用是清除游离基的，因此，应在精炼后的新油中及时加入，而且要事先加入柠檬酸等金属螯合剂，使铁桶与油罐的金属钝化，才能获得理想的抗氧化效果，当油脂已经酸败，油脂中过氧化值已经升高到一定程度时才添加抗氧化剂，难以获得显著效果。同一种抗氧化剂对不同的油脂具有不同的效果，就是同一种抗氧化剂用于同一种油脂，也会由于使用浓度及方法的不同而得到不同的效果，有时甚至会发生相反的作用。

因此，选择抗氧化剂及使其能得到满意的效果，首先必须对油脂的结构、自动氧化的机制、抗氧化剂的结构与性能、使用方法及其相互关系等有较全面的了解，否则将会事倍功半。另外，抗氧化剂具有清除油脂游离基的功能，因此，又称为游离基清除剂。它对非游离基反应的氧化反应是不适用的，如油脂的光氧化反应。

二、贮藏期间管理

(一)防日晒

仓库周围种树，库房门窗要遮盖密闭，减少高温影响。目前，储放的方式有库存、棚存与露天堆放。库内储存影响较小；露天储存受温度影响最大，桶装油品的露天储存较库内储存容易酸败，有较高的酸价与过氧化值。

(二)防潮湿

干燥天气可适时对库房通风干燥，雨天不开盖检查。

(三)防氧化

随时旋紧桶盖,减少不必要的换桶。

(四)防感染

注意工具清理,最好能做到专仓专用,不要用检查过酸败油品、工业用油的工具去检查好油。

贮藏油品的两大问题,一是酸败变质;二是渗漏油耗。油品酸败规律,一般是先酸油脚后酸清油。渗漏油耗,主要发生于油桶有漏洞的桶盖冒油及油罐的阀门、管道、底部等处。所以在贮藏期间要勤检查,及时处理。

参考文献

[1] 陆美英,仇志荣. 果蔬粮油贮藏保鲜[M]. 上海:上海科学技术文献出版社,1989.

[2] 张明进,徐公民,王学文等.农副产品贮藏和深加工技术[M].郑州:河南科学技术出版社,2001.

[3] 李里特.粮油贮藏加工工艺学[M].北京:中国农业出版社,2002.

[4] 王向阳. 食品贮藏与保鲜[M]. 杭州:浙江科学技术出版社,2002.

[5] 周显青,张玉荣.储藏稻谷品质指标的变化及其差异性[J].农业工程学报,2008,24(12):238～242.

[6] 胡欣.稻谷水分对稻谷收储加工过程的影响及应对措施[J].粮食与饲料工业,2008,(3):3.

[7] 张卫国,高勇. 温度影响小麦储藏品质变化试验[J].齐鲁粮食,2008,(7):47～48.

[8] 侯瑞生.新型小麦的储藏与加工[J].粮食加工,2007,32(4):24～25.

[9] 陶成. 油脂与油料储藏研究进展[J].中国油脂,2004,29(10):11～15.

第四章　果蔬贮藏

第一节　果品贮藏

一、柑橘

柑橘为芸香科柑橘，亚科柑橘属植物，种类较多，其中较为重要的水果种类有甜橙、宽皮柑橘、柚、葡萄柚、柠檬及其杂交后代等。柑橘是世界产量最多的水果，也是我国主要的水果之一。

（一）品种特性

柑橘种类及品种繁多，一般比较耐藏，但不同种类、不同品种间的差异也较大。一般而言，柠檬类最耐贮藏，贮藏到次年夏天，果实仍汁多味好。其次是甜橙类，如四川的锦橙、实生甜橙，湖南的大红甜橙，福建的雪柑等，可贮藏半年左右。宽皮桔类的耐贮性最差，尤其是四川的红桔，元旦后果实就开始枯水。不同种类和品种的柑橘，耐贮性之所以有差异，主要是由于果实的组织结构与采收后呼吸作用的大小决定的。一般来说，果皮组织结构紧密，果皮与果肉不易分离，细胞层下的海绵组织密而厚的果实，耐贮性要强些。

同一种类或品种的果实，常常是大果实不如中等大小果实耐贮藏。宽皮柑橘类容易出现枯水，尤其是大果、果皮粗糙的果实更容易出现枯水。同一品种的果实，由于砧木的种类不同，产地和气候条件，栽培管理的不同，果实的贮藏与抗病性也有所不同。另外果实有无损伤和致病菌潜伏，是否带有露水及贮前处理等对贮藏也有较大影响。

（二）贮藏条件

1. 温度

柑橘果实贮藏的温度不能太低，低温容易引起生理病害或冷害，如椪柑低于10℃，蕉柑低于7℃，均易得水肿病；甜橙在0℃时，会发生冷害；柠檬贮藏在3℃～11℃下易发生囊瓣褐变等。不同柑橘品种的贮藏温度也不相同。甜橙贮藏期为100d，其贮藏温度以2℃左右为宜，一般为3℃～5℃；温州蜜柑的贮藏温度为4℃～6℃，红桔为10℃～12℃，蕉柑为7℃～9℃，柚类为7℃～8℃，柠檬类为12℃～14℃。柑橘果实的最适贮藏温度如表4-1所示。

2. 湿度

90%的相对湿度是大多数柑橘果实贮藏的最佳湿度条件。但是不同种类、品种的果实要求的适宜湿度也有差异（表4-1）。

3. 气体成分

柑橘贮藏过程中适当降低空气中的 O_2 或者增加 CO_2 的含量，能抑制果实的呼吸作用，减少果实本身的消耗，从而延长贮藏期。但是，如果 CO_2 的浓度过高果实会发生缺氧呼吸，使果肉带有酒精味，产生生理病害。如广东蕉柑在对其不会引起冷害的温度(7℃～9℃)下，空气中 CO_2 的含量为 3%～6%，46d 后果实就会出现水肿。一般认为，柑橘贮藏过程中氧的含量最好为 17%～19%，二氧化碳的含量最好在 2%～4%。另外，果实在成熟过程中释放乙烯，乙烯积累会促进果实更快地成熟，缩短贮藏时间。因此在柑橘贮藏过程中应注意定期通风换气，以排除不良气体。

表 4-1　几种柑橘品种的贮藏条件

品种	贮藏温度(℃)	贮藏湿度(%)	O_2 浓度(%)	CO_2 浓度(%)	贮藏期(月)
柠檬	12～14	85～90	1	1	4～6
葡萄柚	0～10	85～90	1	1	1～2
甜橙	3～5	90～95	≥19	≤3	3～5
红桔	10～12	80～85	≥19	≤3	2～3
蕉柑	7～9	85～90	18～20	0～1	3～5
芦柑	9～12	85～90	18～20	0～1	3～5
南丰蜜桔	5～10	85～90	18～20	0～1	2～3
温州蜜桔	3～5	80～85	18～20	0～1	3～5
伏令夏橙	3～8	85～90	18～20	0～1	2～4

(三)贮藏方式

1. 常温贮藏

柑橘常温贮藏是热带、亚热带水果贮藏技术中成功的一例，已在各产区普遍应用。柑橘常温贮藏方式主要有窖藏、通风库贮藏、窑洞贮藏等。贮藏期一般可达 2～4 个月。如甜橙或蕉柑等大规模贮藏 4 个月，管理得当损耗率可以控制在 5%以下。

(1)窖藏：我国窖藏柑橘的历史较长，四川省南充地区普遍采用地窖贮藏甜橙。该方法成本低，建窖方便，适用于农户分散贮藏。地窖一般湿度较大(相对湿度 95%～98%)、温度稳定(12℃～18℃)、CO_2 含量稳定(2%～4%)，形成一个比较适宜甜橙贮藏的环境。窖藏期间甜橙新鲜饱满，自然失重少，生理性褐斑病发生程度轻。

(2)通风库贮藏：通风库是利用冷热空气的对流作用来保持室内较低和较为稳定的温度。通风库能有效地利用冬季自然低温及昼夜温差的变化，操作方便，只要具备隔热保温和通风换气两个条件，都可以用来贮藏柑橘。

2. 低温贮藏

柑橘在适宜的温度和湿度下贮藏 4 个月，风味正常，可溶性固形物、有机酸和维生素 C 含量无明显变化。

3. 气调贮藏

有学者认为柑橘果实没有呼吸高峰，因而对气体贮藏条件缺乏反应。但仍有不少专家进行柑橘气调贮藏研究。晚熟脐橙做气调贮藏试验，证明在 5%O_2、无 CO_2、95%N_2 中贮藏 6 个月的果实，损耗率最低，化学成分和感官特性最好。另外，气调贮藏(3%～6%O_2，1%CO_2，93%～96%N_2)温州蜜柑，两个月以后与不进行气调的相比，果实的糖、酸、果胶和维生素C含量都最高。

塑料袋包装气调贮藏是一种简易气调贮藏方法,包括筐装塑料袋贮藏和单果包装贮藏。实践证明,甜橙、柠檬和沙田柚适用于塑料包装贮藏。用此法贮藏果实,失重和干疤较少,好果率大幅度增加,新鲜度和饱满度显著提高。表4-2为柑橘不同品质用薄膜包装的贮藏效果。

表4-2　柑橘不同品种用薄膜包装的贮藏效果

品种	处理	好果率	损耗率(%)			干疤率(%)	贮藏期(天)
			腐烂	失重	合计		
锦橙	薄膜包装	74.5	11.0	4.2	15.2	14.5	120
	对照	37.9	14.0	15.2	29.2	49.0	
血橙	薄膜包装	80.5	4.2	3.0	7.2	10.5	120
	对照	38.9	4.7	12.0	16.7	56.4	
夏橙	薄膜包装	98.2	1.3	2.7	4.0	0.5	120
	对照	80.7	4.3	11.5	15.8	15.0	
温州蜜柑	薄膜包装	85.8	5.2	2.5	7.7	9.0	110
	对照	85.4	6.8	14.2	21.0	7.8	
红桔	薄膜包装	69.0	27.0	1.0	28.0	4.0	120
	对照	81.3	12.0	2.5	14.5	1.3	
沙田柚	薄膜包装	94.0	3.0	4.0	7.0	3.0	220
	对照	83.0	9.0	15.0	24.0	8.0	
柠檬	薄膜包装	96.0	3.9	10.2	14.1	0.1	260
	对照	93.0	6.4	15.2	21.6	0.1	
椪柑	薄膜包装	63.3	15.3	1.7	17.0	21.3	90
	对照	89.0	4.3	16.8	21.1	6.8	

4. *其他贮藏法*

留树贮藏:是指在无霜的地区,果实留在树上延迟采收的一种保鲜方法。

民间传统贮藏法:柑橘缸(坛)贮藏、柏树叶贮藏法、松针贮藏法、山洞贮藏。

二、苹果

苹果原产于欧洲、中亚细亚和中国新疆,与柑橘、葡萄和香蕉合称世界四大水果。其栽培面积之大、产量之高并且能做到周年供应等特点是水果中为数不多的。我国苹果生产主要集中在渤海湾、西北黄土高原和黄河故道三大产区。苹果的贮藏性比较好,市场需求量大。

(一)品种特性

苹果是比较耐贮藏的果品,但不同品种、不同地区栽培的苹果,贮藏特性差异较大。我国栽培的苹果品种约500多种,通常晚熟品种较中熟品种耐藏,中熟品种较早熟品种耐藏。早熟品种中的黄魁、红魁、祝光等,果肉易发绵、腐烂,只能做短期贮藏。中熟品种中的红星、红冠、红元帅、金冠等,若贮藏得当,可贮藏到翌年2～3月份。晚熟品种中富士、国光等在适宜的贮藏条件下,贮藏期至少可以达8个月,如果利用低温气调贮藏或冷却贮藏,则可周年供应,四季保鲜。

(二)生理特性

苹果属于跃变型果实,成熟期间有呼吸高峰并伴随着乙烯产量的上升。因此在贮藏过程中应注意降低温度和调节气体成分,推迟呼吸高峰,延长贮藏寿命。

(三)贮藏条件

1. 温度

苹果贮藏温度以-1℃～4℃为宜。在普通果窖内贮藏早、中熟苹果,以维持0℃～4℃较为合适,晚熟品种的苹果较耐低温,温度维持在-1℃～0℃较好。冻藏的果实以维持窖温-6℃为好,但时间也不宜太长,以免果实遭受冻害。

2. 湿度

苹果要求维持贮藏环境中的相对湿度为85%～95%,尤其是金冠等果皮较薄的果实,更易因相对湿度小而皱皮收缩,采用塑料薄膜包装贮藏对保持果实饱满很有效果。

3. 气体成分

O_2和CO_2的最适比例依其果实种类和品种不同而异,通常气调贮藏苹果比较适宜的空气成分组成是:O_2为2%～4%、CO_2为3%～5%,其余为氮和微量惰性气体。红富士苹果一般以O_2为2%～3%,CO_2为3%～5%为宜。贮藏初期维持7～10d天的8%～10%高CO_2,对延长苹果贮藏期更为有利。另外,大型现代化气调库一般都装置有C_2H_4脱除机,将C_2H_4控制在10μl/L以下,对苹果贮藏非常有利。

(四)贮藏方法

苹果的贮藏方式很多,短期贮藏可采用沟藏、窑窖贮藏、通风库贮藏等常温贮藏方式。对于长期贮藏的苹果,应采用冷藏或者气调贮藏。

1. 沟藏、窑窖贮藏

沟藏是北方主要贮藏方式之一,适宜贮耐藏的晚熟品种,贮期达5个月左右,损耗较少。传统沟藏,冬季主要以御寒为主,降温作用很差。

窑窖贮藏在黄土高原地区(山西、陕西等)较常用。尤其是近年来,土窑洞加机械制冷贮藏技术,克服了窑洞贮前及后期的高温对苹果的不利影响,使窑洞贮藏苹果的质量安全达到了现代冷库的贮藏效果,而制冷设备只需在入贮后运行2个月即可。

2. 通风库和机械冷库贮藏

通风库是靠自然降温调节库内温度,所以缺点是秋季果实入库时,库温偏高,初春以后无法控制气温回升引起的库温升高,严重制约苹果的贮藏寿命。通风库的基础上,增设机械制冷设备,使苹果在入库初期就处于10℃以下的冷凉环境,入冬后可以停止冷冻积温运行,只靠自然通风就可降低温度,并维持适宜的储藏低温,当翌年春天气温回升时又可开动制冷设备,维持0℃～4℃的库温。苹果冷藏,最好在采收后就能冷却到0℃左右,采后1～2d内入冷库,入库后3～5d内降低到适宜温度。

3. 气调贮藏

中国各地不同形式的气调贮藏,对元帅、金冠、国光及近来栽培的许多品种,都有延长贮藏期的效果。常用的方法有塑料薄膜封闭贮藏和气调库贮藏。

(1)塑料薄膜袋贮藏

苹果采后就地预冷分级，在果箱或筐中衬以塑料薄膜袋，装入苹果，缚紧袋口，每袋构成一个密封的贮藏单位(聚乙烯或无毒聚氯乙烯薄膜，厚度0.04～0.07mm)，用于苹果的贮藏保鲜。

(2)塑料薄膜帐贮藏

在冷藏库或通风库内，用塑料薄膜将果垛封闭起来进行贮藏，多用0.1～0.2mm厚的高压聚氯乙烯薄膜粘合成一个长方形罩，可贮数百到数千kg苹果。封好后，按苹果要求的CO_2水平，采用快速降氧、自然降氧方法进行调节。

(3)气调库贮藏

表4-3 主要苹果品种适宜气调贮藏条件

品种	推荐温度(℃)	O_2浓度(%)	CO_2浓度(%)	贮藏寿命(月)
澳洲青苹	0～1	1～2	1～2	10～11
粉红女士	0	2	1	6～9
富士	0～1	2～3	0.5～1	9～12
国光	0	2～4	3～6	9～10
红将军	0	2～3	0.5～1	6～8
红玉	0～2	1.5～3	1～3	6
金冠	−1～0	1.5～2	1～2.5	8
红冠	0～4	2～3	2～5	6～8
红星	−0.5～0.5	3～4	5	7～8
津轻	0～0.5	1.5～2	2～2.5	2～3
陆奥	0～2	1.5～3	1～3	6～8
乔纳金	0～2	1～2	1.5～3	9～10
秦冠	0～1	2～3	2～3	7～9
嘎拉	0～1	1.5～2	1.5～2.5	5～8
元帅	0～1	1.5～2	1～2.5	7～9
太平洋玫瑰	0～0.5	2	2	8～10

苹果气调贮藏只降低O_2浓度即可获得较好的效果，但如能同时增加一定浓度的CO_2，贮藏效果会更好。如双变气调贮藏法，苹果可贮藏150～180d。入库时温度在10℃～15℃维持30d，然后在30～60d内降低到0℃，以后一直维持在(0±1)℃；气体成分在最初30d高温期，CO_2为12%～15%，以后60d内随温度降低，相应降至6%～8%，并一直维持到结束，O_2控制在(3±1)%，有较好的贮藏效果。苹果气调贮藏中，有乙烯积累，可以用活性炭除去。如小塑料袋包装贮藏红星苹果，放入果重0.055%的活性炭，即可保持果实较高的硬度。表4-3为主要苹果品种适宜气调贮藏条件。

三、葡萄

葡萄是我国五大水果之一，因鲜果含有大量的糖、有机酸、矿物质、维生素等营养物质而倍受消费者青睐。但葡萄采后在自然条件下贮藏易腐烂变质，不能周年供应市场。因此搞好葡萄贮藏保鲜，满足市场需求具有重要意义。

(一)品种特性

葡萄品种很多，其中大部分为酿酒品种，适合鲜食与贮藏的品种有巨峰、黑奥林、龙

眼、牛奶、黑汉、玫瑰香、保尔加尔等。一般来说，晚熟品种较耐贮藏，中熟品种次之，早熟品种不耐贮藏，欧亚种较美洲种耐贮藏。近年我国从美国引种的红地球（又称晚红，商品名叫美国红提）、秋红（又称圣诞玫瑰）、秋黑等品种颇受消费者和种植者的关注，认为是我国目前栽培的所有鲜食品种中经济性状、商品性状和贮藏性状均较佳的品种。

(二)生理特性

葡萄果实的呼吸属于非跃变类型，在成熟过程中没有类似于淀粉类物质的积累，采收以后，含糖量不再增加，只消耗，果实品质趋于劣变，应该在充分成熟时采收。充分成熟的葡萄色泽好，香气浓郁，果皮厚韧，果面覆层蜡质果粉，含糖量较高，因而贮藏性增强。在气候和生产条件允许的情况下，采收期应尽量延迟，以求获得质量好、耐贮藏的果实。

(三)贮藏条件

1. 温、湿度

葡萄适宜的贮藏温度为－1℃～1℃，相对湿度 90％～95％。葡萄果实的冰点因含糖量不同而有差异，含糖量越高的，冰点越低，一般在－3℃左右，但低于－1.5℃时易发生冷害。大部分品种的葡萄在－2℃下不会结冰，但果柄和可溶性固形物低的未熟果粒会受冻。高湿条件可以减少果实失水，使其呈新鲜状态。

2. 气体成分

目前，有关葡萄贮藏的气体指标很多，尤其是 CO_2 指标的高低差异比较悬殊，这可能与品种、产地以及试验的条件和方法等有关。一般认为 O_2 为 3％～5％和 CO_2 为 1％～3％的组合，对于大多数葡萄品种具有良好的贮藏效果。

(四)贮藏方式

1. 冷藏

我国北方地区利用冬季低温，采用通风窖进行贮藏，定期熏硫，具有较好的贮藏效果，能贮藏 2～4 个月。目前多采取葡萄采收后迅速预冷至 5℃以下，随后在库内堆码贮藏的方法。或者控制入库量，直接分批入库贮藏，比如容量为 500～100t 的冷藏间，可在 3～5d 内将库房装满，这样有利于葡萄散热，避免热量在堆垛中蓄积。葡萄装满库后要迅速降温，力争 3d 之内将库温降至 0℃，降温速度越快越有利于贮藏。随后在整个贮藏期间保持温度为－1℃～1℃，并保持库内相对湿度 90％～95％。葡萄在冷藏过程中，结合用 SO_2 处理，贮藏效果会更好。

2. 气调贮藏

国内外对葡萄的气调贮藏尚有争议。如美国的葡萄主要采用冷藏，而法国、俄罗斯气调贮藏却比较普遍。我国近年来在冷库采用塑料薄膜帐或袋贮藏葡萄获得了明显的成功，这可能与各国的栽培条件、品种特性、贮藏习惯与要求等的差异有关。因此对于葡萄的商业性贮藏来说，气调贮藏要慎重行事。葡萄气调贮藏时，首先应控制适宜的温度和湿度条件，在低温高湿环境下，大多数品种的气体指标是 O_2 为 3％～5％和 CO_2 为 1％～3％。表 4-4 为一些葡萄品种的适宜气调条件。

采用塑料袋包装贮藏时，袋子最好用 0.03～0.05mm 厚聚乙烯薄膜制作，每袋装 5kg

左右。葡萄装入塑料袋后。应该敞开袋口，待库温稳定在0℃左右时再封口。塑料袋一般是铺设在纸箱、木箱或者塑料箱中。

表 4-4　一些葡萄品种的适宜气调条件

品种	贮藏温度（℃）	贮藏湿度（%）	CO_2 浓度（%）	O_2 浓度（%）	贮藏寿命（d）
基洛瓦巴德	0	90～92	5～8	5	180
莎巴什	0	90～92	5～8	5	190
阿斯玛	0	90～92	5～8	3～5	190
玫瑰香	1	92	8	3～5	150
加浓玫瑰香	1	92	8	3～8	150

采用塑料帐贮藏时，先将葡萄装箱，按帐子的规格将葡萄堆码成垛，待库温稳定在0℃左右时罩帐密封。定期测定 O_2 和 CO_2 含量，并按贮藏要求及时进行调节，使气体指标尽可能接近贮藏要求的范围。气调贮藏时亦可用 SO_2 处理，其用量可减少到一般用量的2/3～3/4。

3. 冰温贮藏

冰温是指从0℃起至生物组织即将开始结冰时为止的温度带。冰温贮藏是指在0℃以下温度中贮藏而又不使产品发生冻害的方法。以巨峰、赤岭、甲斐路、红岗山等品种为材料，研究了葡萄的冰温贮藏效果，结果表明，冰温贮藏可大幅度地延长葡萄的贮藏寿命。冰温贮藏巨峰葡萄既弥补了一般冷藏保鲜法贮期短、烂果多的缺陷，又弥补了冻藏对原料质构破坏程度大的缺陷。冰温贮藏后的出库方式以三段过渡出库法最好，即0℃→10℃～20℃→室温。

（五）贮藏期间的管理

葡萄贮藏过程中要做好降温、调湿、调节气体成分和防腐处理等工作。贮藏期间应经常观察、测量，及时做好记录，发现问题及时处理。由于葡萄本身的特殊生物学特性，决定了葡萄的长期贮藏必须利用防腐保鲜剂。当前国内外应用的葡萄防腐保鲜剂主要是 SO_2 制剂。具体做法有：

1. SO_2 熏蒸法

即在密闭的库房或将果筐、果箱堆垛罩上塑料大帐封闭，每立方米空间用硫磺2～3g，使之燃烧熏蒸20～30min，然后揭帐通风。为使硫磺充分燃烧，每30份硫磺可拌22份硝石和8份锯末。也可从钢瓶中直接通入 SO_2 气体，0℃下每 kgSO_2 占0.35m^3 体积，可直接以 SO_2 占0.3%～0.5%的帐内容积比例进行熏蒸。

2. 亚硫酸盐熏蒸

将亚硫酸氢盐（如亚硫酸氢钠、亚硫酸氢钾或焦亚硫酸钠）与硅胶混合，使之缓慢释放 SO_2。将亚硫酸氢盐2～3份、硅胶1份研碎混合后包成小包，每包3～5g，按葡萄重量亚硫酸氢盐约占0.3%左右的比例放入混合物。葡萄箱、筐上盖2～3层纸。将药包均匀放在纸上，然后堆码。

3. 葡萄专用保鲜剂

据报道，天津农产品保鲜研究中心生产的CT2葡萄专用保鲜剂，具有前期快速释放和中后期缓慢释放的杀菌特点，药效可达8个月。每kg果用2包药，每包用大头针扎2

～3 个眼。一般在入贮预冷后，放入药剂，扎口封袋。若进行异地贮藏或经较长时间运输，则在采后立即放药效果更好。

进行硫处理应注意药剂用量。葡萄成熟度不同，对 SO_2 的忍耐性不同。SO_2 浓度过低，达不到防腐目的，过高易使果实褪色漂白，果粒表面生成斑痕。一般以葡萄中 SO_2 的残留量为 10～20$\mu g \cdot g^{-1}$ 比较安全。此外，使用熏硫法常出现袋内空气与 SO_2 混合不均匀，局部 SO_2 浓度偏高，使葡萄果皮出现褪色或产生异味。SO_2 溶于水生成 H_2SO_3，易对库内的铁、铝、锌等金属器具设备产生腐蚀，故应在每年葡萄出库后检查清洗。SO_2 对呼吸道和眼睛黏膜有强烈刺激作用，对人体危害较大，工作人员应带防护面具，注意安全。

四、桃

桃原产于我国黄河上游，具有营养丰富，美味芳香的特点，深受消费者喜爱。桃的品种较多，由于成熟期和种植方式不同，从 4～10 月都有鲜桃相继供应上市。鲜桃贮藏寿命短，易腐烂变质，如果采取适宜的保鲜方法，可延长鲜桃供应期，提高经济效益。

(一)品种特性

不同品种的桃其耐贮性差异大，一般晚熟的品种较耐贮；中熟品种次之；早熟最不耐贮藏。用于贮藏和运输的桃，必须选择品质优良，果体大，色、香、味俱佳并且耐贮藏的品种。一般地，按贮藏期长短，大致可分为以下三类：

1. 耐贮品种

如冬桃、中华寿桃、深州蜜桃、肥城桃、河北的晚香桃、辽宁雪桃等，一般可贮 2～3 个月。

2. 较耐贮品种

沙子早生、大久保、深州安桃、肥城水蜜桃、绿化 9 号、京玉、北红、白风等，一般可贮 50～60d，贮后品质较好。

3. 不耐贮品种

如岗山白、岗山白 500 号、橘早生、晚黄全、离核水蜜、麦香、红蟠桃、春雷等，贮藏时间短，贮后风味较差，易发生果肉褐变。

(二)生理特性

桃属于典型呼吸跃变型果实，在贮藏期间出现两次呼吸高峰及一次乙烯释放高峰，乙烯释放高峰先于呼吸高峰出现。呼吸高峰出现越早越不耐贮。

(三)贮藏条件

桃的适宜贮藏条件因不同品种而异，一般地，温度－0.5℃～2℃，相对湿度 90%～95%，气体成分 O_2 为 1%～2%，CO_2 为 4%～5%，在这样的贮藏条件下一般可贮藏 15～45d。

(四)贮藏方法

1. 简易贮藏

虽然桃不宜采取常温贮藏方式，但出于货架保鲜的需要，也可采用一些简易贮藏方法。选择无斑痕和损伤的果实，逐个放入纸盒中，不要太挤，只放一层，放在阴凉通风处，只要不碰不压，可贮藏10d左右。

2.冷藏

桃在低温贮藏中易遭受冷害，在-1℃就有受冻的危险。因此，桃的贮藏适温为-0.5℃～2℃，适宜相对湿度为90%～95%。在这种贮藏条件下，桃可贮藏3～4周或更长时间。然而，桃在低温下长期贮藏，风味会变淡，果肉褐变，特别是将桃移到高温环境中后熟时，果肉会变干、发绵、变软，果核周围的果肉明显褐变，桃的果皮色泽暗淡无光。这是一种冷害现象，一般称为粉状变质或木渣化。在2℃～5℃中贮藏的桃比0℃下的更容易发生果肉变质，例如在4.5℃下贮放12d就会发生冷害。另外，贮藏温度不恒定，冷害会更严重，如桃在0℃贮藏1～2周后，温度升高5～6℃，果实受的损伤比一直在5℃下贮藏的更大。在冷库内采用塑料薄膜包装可延长贮期。

3.气调贮藏

一般而言，桃的气调贮藏比空气冷藏的贮藏期延长1倍。雪桃采用0℃～5℃逐渐降温处理，硅窗保鲜袋包装，控制O_2为5%和CO_2为3%，可将果实贮藏50d，果肉的褐变受到明显的抑制。目前商业上推荐的桃贮藏环境中的气体成分为：在贮藏温度0℃～3℃条件下，以O_2 2%～4%、CO_2 3%～5%为宜。如果在气调帐或袋中加入浸过高锰酸钾的砖块、沸石吸收乙烯，则效果更好。

4.间歇加温处理

冷藏和低温下气调贮藏的桃与间歇加温处理结合，可减少或避免果实产生冷害，延长贮藏期。国外将0℃贮藏的桃每隔两周升温至18℃～20℃，保持2d，转入低温贮藏，如此反复进行。另一种较为简单的方法是每隔10d将产品从库中取出，放于常温，经24～36h，再放回冷库中，其间还可以将腐烂的果实剔除。气调贮藏时，升温间隔时间可长一些，每3～4周，将桃在20℃以上的空气中放置1～2d。

5.减压贮藏

利用真空泵抽出库内空气，将库内气压控制在1.33MPa以下，并配置低温和高湿，再利用低压空气进行循环，桃果实就不断地得到新鲜、潮湿、低压、低氧的空气，一般每小时通风4次，就能够去除果实的田间热、呼吸热及代谢产生的乙烯、二氧化碳、乙醛、乙醇等，使果实长期处于最佳休眠状态，不仅使果实中的水分得到保存，而且减少营养物质的消耗，同时贮藏期比一般冷库延长3倍，产品保鲜指数大大提高，出库后货架期也明显延长。

(五)贮藏期间的管理

桃贮藏过程中要做好降温、调湿、调节气体成分和防腐处理等工作，同时注意通风换气，减少库内乙烯的积累。贮藏中要勤检查，如有印痕、变褐、烂斑等情况，应立即取出，另行处理。在贮运和货架保鲜期间，也可采用一些辅助措施来延长桃贮藏寿命。具体方法如下：

1.钙处理：用0.2%～1.5%的$CaCl_2$溶液浸泡2min或真空浸渗数分钟桃果实，沥干液体，置于室内，对中、晚熟品种一般可提高耐藏性。不同品种宜采用不同浓度的$CaCl_2$溶液处理，浓度过小无效，浓度过大易引起果实伤害，表现为果实表面逐渐出现不规则褐斑，不能正常软化，风味变苦等。资料报道，大久保用1.5%、布目早生用1.0%、早香玉用0.3%浓度的$CaCl_2$较适宜。

2.热处理：用52℃恒温水浴浸果2min，或用54℃热蒸气保温15min。用该法处理布目早生桃，与清水对照延长保鲜期2倍以上，且室内存放8d还维持好果率80%，果实饱满，风味正常。生产上大规模处理时宜用热蒸气法，可把果实置于二楼地板上，一楼烧蒸气通过一处或多处进汽口进入二楼，这样避免了桃果小批量地经常搬动，比热水处理操作简便、省工。

3.薄膜包装：用0.02～0.03mm厚的聚氯乙烯袋单果包，可单独使用，亦可与钙处理或热处理联合使用，效果更好。

五、梨

梨的种类很多，其贮藏特性各异。不同品种梨的贮藏特性及贮藏条件见表4-5。

表4-5　梨的主要品种的贮藏特性、贮藏条件与贮藏期

品种	耐贮性	贮藏温度（℃）	贮藏期（月）	备注
南国梨	较耐贮	0～2	1～3	不耐后熟，果实易变软，O_2 2%～4%，CO_2 2%～4%，后熟7～10d
京白梨	较耐贮	0	3～5	缓慢降温，对CO_2和低O_2敏感，不适宜气调贮藏
鸭梨	耐贮藏	0～1	5～8	
酥梨	较耐贮	0～5	3～5	相对湿度要小于95%，一般在90%为宜
仕梨	较耐贮	0～2	3～5	对低温和CO_2较敏感
雪花梨	耐贮藏	0～1	5～7	对CO_2敏感，可直接入0℃冷库
秋白梨	耐贮藏	0～2	6～9	可气调贮藏O_2 3%～5%，CO_2 2%～5%
库尔勒香梨	耐贮藏	0～2	6～8	相对湿度90%，可气调贮藏
栖霞大香梨	耐贮藏	0～2	6～8	相对湿度90%～95%
三季梨	耐贮藏	0～1	6～8	相对湿度90%，可气调贮藏
苍溪梨	较耐贮	0～3	3～5	相对湿度90%～95%
21世纪梨	较耐贮	0～2	3～4	可气调贮藏O_2 4%～5%，CO_2 3%～4%
蜜梨	耐贮藏	0～1	4～6	相对湿度90%～95%
巴梨	较耐贮	0	2～4	O_2 1%～4%，CO_2 2%～5%
安久梨	不耐贮	－1～2	4～6	可气调贮藏

六、其他水果

其他主要水果的贮藏条件见表4-6。

表4-6　不同果品最适贮藏条件及贮藏期

品种	贮藏温度（℃）	贮藏湿度（%）	CO_2浓度（%）	O_2浓度（%）	贮藏期（d）
柿子	－1～0	85～90	3～8	2～5	120
杏	－0.5～0	90～95	2.5～3	2～3	20
李	－0.5～0	90～95	2～5	3～5	28
石榴	4～5	90～95	—	—	150
草莓	0～1	90～95	10～20	5～10	7～10
樱桃	0～1	90～95	10～25	3～5	50～60

续表

无花果	−0.5~0	90~95	—	—	7~10
枣	−1~0	90~95	—	—	60~100
核桃	0~5	50~60	—	—	180~360
龙眼	2~4	85~90	4~6	6~8	30~45
菠萝	10~13	85~95	—	—	20~28
芒果	11~13	85~95	2~8	5~10	21~35
枇杷	0~1	85~90	0~1	2~5	15~30
番木瓜	10~15	85~90	0~5	1~4	14~28
西瓜	8~14	75~80	—	—	21~35
哈密瓜	3~4	75~85	0~2	3~8	90~120
白兰瓜	5~8	75~85	—	—	28~80
油桃	0	90~95	1~2	3~5	45

第二节 蔬菜贮藏

一、蒜薹

蒜薹又称蒜苗，为大蒜的幼嫩花茎。蒜薹的营养价值很高，且含有杀菌力很强的大蒜素。我国南北地区均有栽培，云南和四川等地3～4月采收；山东和华北地区5～6月采收；西北和东北地区7月中旬采收。经贮藏可常年供应。

(一)贮藏特性

由于蒜薹采后新陈代谢旺盛，表面又缺少保护组织，加之采收期为高温季节，所以在常温下极易失水、老化和腐烂。蒜薹只要在25℃以上放置15d，薹苞会明显增大，总苞也会开裂变黄、形成小蒜，薹梗自下而上脱绿、变黄、发糠，蒜味消失，失去商品价值和食用价值。通过控制温度、湿度和气体成分，可抑制蒜薹的后熟，从而达到贮藏保鲜的目的。

蒜薹的适宜贮藏温度为－1℃～0℃，相对湿度为90%左右，氧气为2%～3%，二氧化碳为5%～7%。据报道蒜薹在常温下气调贮藏可达1个月左右，0℃的低温库内可贮2个月左右，冷库气调冷藏可贮8个月左右。

(二)贮藏方式

1.塑料薄膜袋自然降氧冷藏

待薹温为0℃时，将蒜薹薹梢向外，码放在0.06～0.08mm厚、100～110cm长、70～80cm宽的聚乙烯或聚氯乙烯塑料袋内，每袋装蒜薹18～20kg，扎紧袋口，置于架上或包装容器内，当袋内的氧气降低到1%～2%，二氧化碳在12%左右时，开袋通气，使袋内氧气上升到18%以上，二氧化碳降至1%～2%，然后重新封袋。在0℃冷库中小包装贮藏的蒜薹，放风周期约为10～15d。贮藏中、后期放风周期逐渐缩短到7～10d。

2.塑料薄膜帐气调冷藏

用聚乙烯或聚氯乙烯薄膜帐进行气调贮藏时，先要在冷库地面上铺0.23mm厚的薄膜，长宽与垛或货架的长宽相吻合，以便密封大帐。将加工、预冷后的蒜薹装入塑料箱内，每箱20kg，在上面码成垛，用0.23mm厚的薄膜做成长方形大帐，罩在箱垛的外面，扣帐时每个垛顶放3个空箱，或将帐顶做成脊行，防止凝结水下滴，塑料帐扣好后，将其边沿与铺在地面的塑料薄膜一起卷起来，用砖块或其他物品压紧，造成密封环境。塑料帐的两侧要留充气和抽气袖口及取气嘴。封帐后，可用分子筛制氮机调节气体成分，向袋内输入氮气，快速降氧，使帐内氧气含量迅速降低到蒜薹所适宜的范围。也可通过自然降氧，利用蒜薹的呼吸作用降低帐内氧气含量。还可在帐内加适量消石灰，将多余的二氧化碳吸收掉。帐内氧气过低时可通入新鲜空气。由于塑料袋或塑料帐内温度较高，容易引起微生物的繁殖，可加入0.5mL/L仲丁胺，防止白霉或黑霉生长。

3. 冰窖贮藏

冰窖贮藏是利用冰来降低和维持环境低温高湿的一种方法。冰块采用人工制造或冬天采集贮藏的天然冰。蒜薹收获或调入后经整理加工装入湿蒲包或用麻布包裹扎紧，自窖的一端空位开始，先在窖底及四周放两层冰块，然后一层蒜薹一层冰块码起，共码蒜薹3～5层，最上面码两层冰块，再用1m厚的稻壳覆盖。各层冰块的缝隙用碎冰块填满。

4. 硅窗贮藏

利用硅橡胶薄膜的透气性较高以及对二氧化碳和氧的透性较大的特性，根据预定的贮量和贮温等要求，把一定面积的硅橡胶薄膜镶嵌在塑料袋上或塑料帐上，简称“硅窗”。它可使袋内的氧气和二氧化碳气体含量维持在适宜的指标范围内。一般贮存1 500kg商品，硅窗的面积多采用$100cm^2$。可使袋内氧的指标保持在3%～5%范围内，二氧化碳气体的指标控制在5%以下。

5. 气调库贮藏

利用密封性能良好的气调库进行贮藏，在制定好气体指标后，应注意保持湿度。一般温度控制在0℃条件下，氧和二氧化碳气体指标都控制在3%～5%范围内。

（三）贮藏期间的管理

1. 温度管理

蒜薹贮藏适宜温度为－0.5±0.5℃。库温波动幅度要小于0.5℃，如果库内温度偏高或温度变动较大，不仅不能有效地控制蒜薹的呼吸代谢，而且易造成袋内蒜薹失水、袋内结露、导致蒜薹霉烂。除了设法恒定库内低温环境外，还要设法均衡库内各部位的温度。

采用硅窗袋贮藏蒜薹，对温度控制的要求更高、更严格。因为较大的温度波动，易造成袋内结露。对于普通袋贮藏可通过定期开袋放风排湿，硅窗袋因不经常开袋，袋内结露大了势必使蒜薹霉变发生更早，发生更严重。

蒜薹贮藏前期比后期抗低温，另外贮藏前期袋中的温度比库房的温度要高0.5℃左右，为了防止前期高温促进蒜薹老化，可以采用两种方法进行处理：一种是蒜薹贮藏前期库温的下限可以设定在－0.6℃～0.8℃，上限再相应上升0.5℃。另一种方法是开袋放热，即入贮扎袋后前14d，每隔7d打开袋进行1次排热。

2. 气体成分管理

目前塑料袋气调贮藏方法有两种，即普通袋气调贮藏和硅窗袋气调贮藏。普通袋气调贮藏法是采用定期人工开袋来调节袋内O_2和CO_2的浓度。一般普通袋内气调指标确定范围是O_2：1%～2%，CO_2：12%～14%，即袋内的O_2或CO_2浓度低于或高于上述指标时就要开袋，开袋时间为4h左右。硅窗袋气调法是通过硅橡胶高分子材料的透气性和适宜的透气比调节袋内 O_2 和 CO_2 浓度，以起到气调保鲜的目的。硅窗袋贮藏蒜薹的气调指标定为 O_2：2%～6%，CO_2：5%～8%。如果出现 O_2 浓度过高或 CO_2 浓度过高时，则往往引起蒜薹老化，加重薹梢霉烂，或引起 CO_2 伤害，当 CO_2 超过8%时会引起 CO_2 中毒。但也要因产地、品种及当年的气候条件灵活掌握，山东、安徽、苏北产的高质量蒜薹，较耐低氧和高二氧化碳。

3. 湿度管理

蒜薹含水量高，在长期贮藏过程中要控制失水才能保持其鲜度。一般在90%～95%的相对湿度条件下才能保持蒜薹的鲜度。由于蒜薹贮藏周期长，假如库内温度波动大往往引起袋内结露，造成薹梢霉烂。因此，保持库内温度稳定是控制袋内湿度的关键，库内相对湿度达到90%～95%为好。特别是用硅窗袋贮藏，库内相对湿度低，易引起蒜薹的干耗。因此，如库内湿度不足要经常对库房进行加湿。加湿的方法通常是地面喷水，保持地面经常结层薄冰为宜。

除了以上的管理，还应注意普查漏袋，即用手从口袋处向上，使袋子鼓胀呈气球状，用耳朵贴在袋上听声，听到漏气声即为漏袋。查出漏袋，立即粘补或换袋。开袋排热，入贮装袋后的前两周，不管袋内气体浓度如何，一周左右时间即打开袋子放一次风，连续放两次，目的是排除袋内蒜薹的余热和蒜薹入贮后较高的呼吸热，避免结露。经过这样两次开袋排热后，再根据设计要求的气体指标进入正常的人工管理。

二、番茄贮藏

番茄又称西红柿。它是茄科、番茄属，一年生草本，茄果类蔬菜。以浆果供食用。按果实形状分有球形、扁球形、梨形和樱桃形；按用途分有鲜食种和加工种；按成熟期分有早、中、晚三种类型。番茄在我国各地都有栽培。华北地区6～7月和9～10月采收上市；东北和西北地区8～9月采收上市；长江流域5～7月和10～11月采收上市；华南地区4～7月和11月至翌年3月采收上市。

（一）贮藏特性

番茄为呼吸跃变型果实。其呼吸高峰始于变色期，半熟期达到最高值，此时果品品质最佳，然后呼吸强度下降，果实衰老，完成转红过程。若采取措施，抑制这个过程，就可延长贮藏期。不同成熟度的番茄适宜的贮藏条件和贮藏期也是不同的。红熟果实在0℃～2℃条件下贮藏最适宜。绿熟番茄贮藏适温为8℃～13℃，相对湿度为80%～85%。绿熟果实经半月贮藏即可完成后熟，整个贮藏期也只有一个月左右，若配合气调措施，进一步抑制后熟过程，贮期可达2～3个月。气调适宜的气体配比：氧气和二氧化碳含量为2%～5%，空气相对湿度为85%～90%。绿熟果在贮藏期若低于8℃易受冷害，果实呈水浸状开裂，果面出现褐色小圆斑，不能正常后熟，极易染病腐烂。

用于贮藏的番茄首先要选择耐贮藏品种，不同品种贮藏性差异较大。

（二）贮藏方法

1. 简易常温贮藏

夏秋季节可利用地下室、土窑窖、通风贮藏库、防空洞等阴凉场所贮藏，番茄装在浅筐或木箱中平放于地面，或将果实堆放在菜架上，每层架放2～3层果。要经常检查，随时挑出已成熟或不宜继续贮藏的果实供应市场。此法可贮20～30d。

2. 气调贮藏

(1)塑料薄膜帐贮藏

塑料帐内气调容量多为1 000～2 000kg。由于番茄自然完熟速度很快，因此采后应迅速预冷、挑选、装箱、封垛，最好用快速降氧气调法。但生产上常因费用等原因，采用自然降氧法，用消石灰(用量约为果重的1%～2%)吸收多余的二氧化碳。氧不足时从帐的管口充入新鲜空气。塑料薄膜封闭贮藏番茄时，垛内湿度较高，易患病。为此需设法降低湿度，并保持库内稳定的库温，以减少帐内凝水。另外，可用防腐剂抑制病菌活动，通常较为普遍应用的是氯气，每次用量约为垛内空气体积的0.2%；每2～3d施用一次，防腐效果明显。但氯气有毒，使用不方便，过量时会产生药伤。可用漂白粉代替氯气，一般用量为果重的0.05%，有效期为10d。用仲丁胺也有良好效果，使用浓度0.05～0.1mL/L(以帐内体积计算)，过量时也易产生药害。有效期约20～30d，每月使用1次。

番茄气调贮藏时间以1.5～2个月为佳，不必太长。既能"以旺补淡"，又能得到较好的品质，损耗也小。

(2)薄膜袋小包装贮藏

将番茄轻轻装入厚度为0.04mm的聚乙烯薄膜袋内，数量在5kg以内，袋内放入一空心竹管，然后固定扎紧，放在适温下贮藏。也可单箱套袋扎口，定期放风，每箱装果实10kg左右。

(3)硅窗气调法

目前此法采用的是国产甲基乙烯橡胶薄膜，硅窗气调法免除了一般大帐补氧气和除二氧化碳的繁琐操作，而且还可排除果实代谢中产生的乙烯，对延缓后熟有较显著的作用。硅窗面积的大小要根据产品成熟度、贮温和贮量等条件而计算确定。

(4)适温快速降氧贮藏

利用制氮机或工业氮气调节气体成分，制冷剂调节温度，将贮藏条件控制在10℃～13℃，相对湿度85%～90%，氧气和二氧化碳均为2%～5%，可以得到较理想的贮藏效果。

3. 石灰水贮藏法

配好5%的石灰水，通入二氧化硫气体，使溶液pH值为6，将番茄全部浸入封闭容器，可贮60d，好果率达98%左右。注意食用前要用6%的双氧水浸泡24h，用清水冲洗干净。此法适于小规模贮藏。

4. 冷库贮藏法

一般将冷库温度控制在11℃～13℃，相对湿度85%。夏季主要是防暑降温，气温下降后则以防寒保温为主。每隔7～10d翻倒1次，已经成熟的要及时挑出供应市场。

(三)贮藏期间的管理

贮藏期要经常检查果实，及时拣出病害果，番茄皮薄、多汁，适当减少放果实的层数，以防压伤果实。如果病害严重，还可采取喷药防病、防腐。推荐药剂为无公害、无残毒农药"百菌敌"，稀释200倍液喷雾果实和果箱上杀灭病菌。使用冷库或者气调库贮藏番茄时，应注意库内温湿度恒定，以减少番茄果实表面凝结水，保持良好的通风换气，利用焦

炭分子筛气调机除有快速降氧性能外，还具备脱除二氧化碳、降低乙烯含量和脱水的性能，对延缓番茄果实衰老、提高贮藏效果有很大作用。

三、蘑菇贮藏

蘑菇又称双孢蘑菇、双孢菇、白蘑菇或洋蘑菇，它是伞菌科，蘑菇属人工栽培的食用菌类蔬菜。以子实体（由菌伞、菌褶、菌环和菌柄组成）供食用。主产于长江以南地区。播种后30～40d开始采收，其后可连续采收，分期供市。长江流域及北方地区也有栽培，一般在秋季和第二年春季两次采收。蘑菇含有丰富的氨基酸、蛋白质，味道鲜美。

（一）贮藏特性

蘑菇采收后含水量高，组织细嫩，各种代谢比较旺盛，营养物质消耗快，很容易衰老变质，另外，蘑菇体内的邻苯二酚氧化酶非常活跃，采后容易引起蘑菇变色。常温下，在正常的空气中，采后蘑菇1～2d内就会变色、变质，菌柄延长，菌盖开伞，颜色暗褐，降低食用品质和商品价值。蘑菇对温度和湿度较敏感，采后温度稍高易开伞，不易长期贮藏，短期贮藏适宜温度为0℃～3℃，相对湿度95%以上为佳。同时对二氧化碳有较强的忍耐能力，在适宜的温度和湿度条件下，降低贮藏环境中的氧气含量，同时也适当提高二氧化碳的含量则会有助于延缓衰老和防止褐变，从而延长贮藏期，一般要求氧气浓度为0%～1%，二氧化碳浓度＞5%。

（二）贮藏方式

1. 气调贮藏

(1)自发气调

将蘑菇装在0.04～0.06mm厚的聚乙烯袋中，通过蘑菇自身呼吸造成袋内的低氧和高二氧化碳环境。包装不宜过大，一般以可盛装容量1～2kg为宜，在0℃下5d品质保持不变。

(2)充二氧化碳

将蘑菇装在0.04～0.06mm厚的聚乙烯袋中，充入氮气和二氧化碳，并使其分别保持在2%～4%和5%～10%，在0℃可抑制开伞和褐变。

(3)真空包装

将蘑菇装在0.06～0.08mm厚的聚乙烯袋中，抽真空降低氧含量，0℃条件下可保鲜7d。

2. 冰藏法

在运输中加冰块使菇体降温，在包装容器内垫一层塑料膜，底部放4～6cm厚的碎冰，在中部放置冰袋，四周放置蘑菇，装八成满时将四周薄膜向内折叠，膜上再盖厚约5cm的碎冰，最后加盖运输。

3. 缸藏法

在洗净的缸底部放3～4cm深的冷水，上设木架，将蘑菇码在其上，然后用塑料薄膜封口，置于低温下贮藏。

4. 药物处理

(1)盐水 蘑菇采后用0.6%的冷盐水清洗并浸泡10min，可起预冷作用，再用0.1%

抗坏血酸或0.1%柠檬酸漂洗后贮藏，效果更好。沥干，装入塑料袋中冷藏。

(2)焦亚硫酸钠 采后用0.02%焦亚硫酸钠洗去杂物，再放入0.05%的焦亚硫酸钠中半小时，清水洗净后，沥干贮藏，有很好的护色作用。

(三)贮藏期间的管理

蘑菇贮存期间须保持恒定低温，否则会加速变色和老化。

蘑菇含水分高，表面无保护结构，水分蒸发剧烈，可用塑料袋包装保存，以维持菇体所需气调指标，还可保持湿度，防止水分蒸发，减少失重，保持新鲜度。降低氧气浓度和提高二氧化碳浓度可有效抑制蘑菇的呼吸，但不适宜的氧气浓度或二氧化碳浓度对蘑菇生长有刺激作用，氧气浓度降低到1%或二氧化碳浓度提高到10%可完全抑制菇盖、菇柄的生长，同时还能抑制呼吸作用。

四、花椰菜贮藏

花椰菜又称菜花。它是十字花科、芸薹属，一二年生草本，甘蓝类蔬菜。以由花薹、花枝、花蕾短缩聚合而成的花球供食用，在我国普遍栽培。南方亚热带地区和长江流域各地可根据品种成熟期不同等特性，对夏、秋、初冬实行排开播种，分别于10月到第二年5月采收。花椰菜品种可分早、中、晚熟三大类型。由于其食用部分粗纤维少，营养价值高，深受消费者的欢迎。

(一)贮藏特性

花椰菜喜冷冻温度和湿润环境，忌炎热，不耐霜冻，不耐干燥，对水分要求严格。适宜的贮藏温度为0℃～1℃，相对湿度以95%左右为宜，如果温度高了，花球易出现褐变，遇凝聚水霉变腐烂，外叶变黄脱落；如果温度过低、长期处于0℃下又易受冻害；如果湿度偏低或通风量过大，花球失水萎蔫、松散，品质变差。花椰菜适宜的贮藏气体成分为：氧气3%～5%，二氧化碳0～5%。在低氧高二氧化碳环境中引起生理失调，花球出现类似煮后的症状，并产生异味而失去食用价值。机械伤害也会加速衰老变质。

(二)贮藏方法

1.假植贮藏

冬季不十分寒冷的地区，可利用阳畦、简易贮藏沟假植贮藏。立冬前后将尚未长成的小花球连根带叶挖起，假植在阳畦或贮藏沟中，行距25cm，根部用土填实，再把植株的叶片拢起捆扎好，护住花球。假植后立即灌水，适当覆盖防寒，中午温度较高时适当放风。进入寒冬季节，加盖防寒物，并视需要灌水。假植区域内的小气候温度前期可高些，以促进花球生长成熟。至春节时，花球一般可长至0.5kg。该法经济简便，是民间普遍采用的贮藏方式。

2.菜窖贮藏

经预处理后的花椰菜装筐至八成满，入窖码垛贮藏，垛的高度随窖高度而定，一般4～5个筐高，须错开码放。垛间保持一定距离，并排列有序，以便于操作管理和通风散热。为防止失水，垛上覆盖塑料薄膜，但不密封。每天轮流揭开一侧通风，调节温、湿度。贮藏期间须经常检查，发现覆盖膜上附着凝聚水要及时擦去，有黄、烂叶子随即摘除。应用该法贮期不宜过长，20～30d为好。可用于临时吞吐周转性短期贮藏。

3. 冷库贮藏

(1)自发气调贮藏

在冷库中搭建长4.0～4.5cm、宽1.5m、高2.0m左右的菜架，上下分隔成4～5层，架底部铺设一层聚乙烯塑料薄膜作为帐底。将待贮花球码放于菜架上，最后用厚0.023mm聚乙烯薄膜制成大帐罩在菜架外并与帐底部密封。花椰菜自身的呼吸作用，可自发调节帐内的氧与二氧化碳的比例，但须注意氧不可低于2%，二氧化碳不能高于5%。控制方法:通过开启大帐上特制的“袖口”通风。贮藏最初几天呼吸强度较大，须每天或隔天透帐通风，随着呼吸强度的减弱，并日趋稳定，可2～3d透帐通风1次。贮藏期间15～20d检查1次，发现有病变的个体应及时处理。为防止二氧化碳伤害，在帐底部撒些消石灰。在菜架中、上层的周边摆放一些高锰酸钾载体(用高锰酸钾浸泡的砖块或泡沫塑料等)吸收乙烯，贮藏量与载体之比是20∶1。大帐罩后也可不密封，与外界保持经常性的微量通风，加强观察，8～10d检查1次。以上方法可贮藏50～60d，商品率达80%以上。

(2)单花套袋贮藏

用0.015mm厚的聚乙烯薄膜制成长、宽分别为40cm、30cm(或根据花球大小而定)的袋子。将备贮的花球单个装入袋中，折叠袋口，再装筐码垛或直接码放在菜架上贮藏。码放时花球朝下，以免凝聚水落在花球上。这种方法能更好地保持花球洁白鲜嫩，贮期达3个月左右，商品率约为90%。此法贮藏效果明显优于其他贮藏方式，在有冷库地区可推广应用。应用此法须注意的是花椰菜叶片贮至两个月之后开始脱落或腐烂，如需贮藏2个月以上，除去叶片后贮藏为好。

(三)贮藏期间的管理

花椰菜贮藏中易受病菌感染引起黑斑病、霜霉病或菌核病等，导致腐烂。为了减轻腐烂，可以在贮藏前向花球喷洒3 000 mg/kg苯来特、多菌灵或甲基托布津药液，晾干后贮藏，效果明显。花椰菜在入库贮藏后，应注意库内通风换气，经常检查，发现凝水要立即擦去，以防花椰菜霉变、腐烂。有发黄、腐烂部分要及时剔除。

五、其他蔬菜贮藏

主要蔬菜的最适贮藏条件及贮藏期见表4-6。

表4-6　主要蔬菜的最适贮藏条件及可能贮藏时间

品种	最适贮藏条件				可能贮藏时间/d	
	温度/℃	相对湿度/%	O_2/%	CO_2/%	冷藏	气调
茄子	12～13	90～95	2～5	0～5	7	20～30
青椒	8～10	90～95	2～8	1～2	20～30	30～70
青豌豆	0	90～95			7～21	
甜玉米	0	90～95			4～8	
菜豆	8～12	85～95	6～10	1～2	20～30	20～50
大白菜	0	90～95	1～6	0～5	60～90	120～150
莴苣	0	95			14～21	
菠菜	0	90～95	11～16	1～5	10～14	30～90
芹菜	0	90～95	2～3	4～5	60～90	60～90

续表

洋葱	0	90～95	3～6	0～5	60～180	90～240
大蒜	－3～－1	65～75			180～300	
胡萝卜	0	90～95	1～2	2～4	60～100	90～250
萝卜	0	90～95			30～60	100～150
莲藕	10～15	95～100			30～60	7～10
南瓜	10～12.8	70～75			60～90	
马铃薯	2～3	85～90			150～240	

参考文献

[1] 周山涛. 果蔬贮运学[M]. 北京：化学工业出版社，2004.

[2] 罗云波，蔡同一. 园艺产品贮藏加工学[M]. 北京：中国农业大学出版社，2001.

[3] 韩军岐，陈锦屏. 蔬菜贮藏保鲜[M]. 西安：陕西科技出版社，2007.

[4] 崔富春. 果品蔬菜贮藏技术[M]. 北京：中国社会出版社，2006.

[5] 张平真. 蔬菜贮运保鲜及加工[M]. 北京：中国农业出版社，2002.

[6] 吴远彬. 蒜薹蒜头洋葱贮运保鲜[M]. 北京：中国农业科技出版社，2006.

[7] 任运宏，程建军，赵立文. 花椰菜的贮藏技术[J]. 北方园艺，2000，(4)：47.

[8] 郝艳丽，王凤霞. 黄瓜贮藏保鲜新技术[J]. 农业科技通讯，2005，(8)：57.

[9] 林河通，赖培忠. 蘑菇贮藏保鲜技术[J]. 农牧产品开发，1999，(4)：20.

[10] 罗通彪. 生姜的贮藏技术[J]. 中国农村科技，2001，(9)：42～43.

[11] 严贤春，郭正贤. 生姜贮藏技术[J]. 农牧产品开发，2000，(3)：18～19.

[12] 王首宇，杨全福. 蒜薹贮藏保鲜[J]. 甘肃农业科技，2005，(4)：39.

[13] 宗汝静，黄碧玉，李武. 延长花椰菜贮藏期的研究[J]. 中国农业科学，1985，(3)：79～84.

第五章　稻谷和小麦的加工

第一节　稻谷的加工

我国稻米品种繁多、资源丰富，是世界上最大的稻米生产国和消费国，每年的稻米产量约占世界稻米产量的1/3，占我国粮食产量的2/5。稻米加工是我国粮油工业的一个重要组成部分，目前我国稻谷加工由粗加工向精深加工方向发展。产品除普通大米外，还生产档次较高的不淘洗米、胚芽米和营养强化米等；米制品的品种更加丰富，除可作米饭外，还可用于酿酒、生产各类大米制品（如粉丝、粉条、粉皮等）及方便米制品和各类传统大米制品（如年糕、米果、米糕点等），以及用于生产各类罐头和饮料。稻谷加工得到的大米，不仅是我国2/3人口的主要粮食，还是食品工业的重要原料。此外，其副产品碎米、米糠、稻壳的增值空间极大，可深度开发的产品很多，市场潜力巨大。

一、稻谷制米

稻谷制米是指将稻谷加工成大米的整个生产过程。它是根据稻谷加工的特点和要求，选择合适的加工设备，按照一定的加工顺序组合而成的生产工艺流程，可分为清理、砻谷及砻下物分离、碾米及成品整理等（如图5-1所示）。

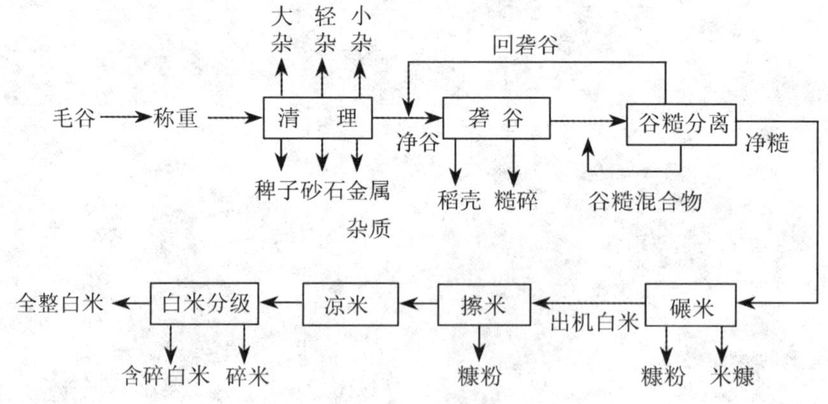

图5-1　稻谷加工工艺流程简图

（一）稻谷的清理

1. 清理的目的

稻谷在生产、收割、运输、贮藏过程中，都有可能混入各种杂质，如不先将这些杂质清除，将会给稻谷加工带来很大的危害。稻谷中如混有麻绳、各种草秆，在生产中容易造成输送管道、喂料机构的堵塞,妨碍正常生产,降低设备的工艺效果和加工能力;混有砂石、金属等坚硬杂质易使设备工作表面遭到破坏,甚至引起火灾或粉尘爆炸等重大事故;稻谷中如含有泥土、灰尘,则易造成灰尘飞扬,污染车间的环境卫生,危害人体健康。稻谷中的杂质,若清理不净而混入成品中,则会降低产品纯度,影响大米的质量。因此,清除杂质是稻谷加工的重要任务。

2.稻谷中杂质的种类

稻谷中的杂质是多种多样的,有的比稻谷大,有的比稻谷小,有的比稻谷重,有的比稻谷轻。

(1)稻谷中的杂质按化学性质分类:

无机杂质:包括泥土、砂土、煤渣、砖瓦、玻璃碎块、金属物(如铁钉)及其他无机物质。

有机杂质:包括草秆、稻壳、野生植物种子、稗子、异种粮粒以及无食用价值的生芽和病变粮粒如霉粒、变质谷粒、受虫害粒及其他有机物质。

(2)稻谷中的杂质根据杂质的性质和清理作业的特点分类:

① 按其粒度大小可分为大、中、小型杂质:a.大杂:留存在直径为5.0mm圆孔筛上的杂质;b.中杂:通过直径5.0mm圆孔筛但留存在2.0mm圆孔筛上的杂质;c.小杂:通过直径2.0mm圆孔筛下的杂质。

② 按其相对密度的不同,可分为轻型杂质和重型杂质:a.轻杂:相对密度较稻谷小的杂质(包括瘪谷等);b.重杂:相对密度较稻谷大的杂质。

混入稻谷的各种杂质中,以稗子和粒形、大小与稻谷相似的“并肩石”、“并肩泥”最难清除。

3.清理的要求

在清理稻谷中的杂质时,要根据稻谷中的含杂种类和含杂量,合理选用除杂方法和设备,以充分发挥设备除杂效率;根据各种杂质的物理特性,本着先易后难的原则加以清除;清除的杂质要分别归类,以便集中处理;多种除杂方法同时进行,达到作用互补的目的。

稻谷经过清理后即净谷,其含杂总量应不超过0.6%,其中含砂石不超过1粒/kg,含稗不超过130粒/kg。

4.稻谷清理的基本原理和方法

稻谷中的杂质尽管是多种多样的,但这些杂质与粮粒在颗粒大小、轻重及其他物理特性方面,总会存在一定的差别。根据这些差别,采取相适宜的清理方法,就可将这些杂质清除出去。常用的除杂方法包括风选法、筛选法、密度分选法、磁选法等。

(1)筛选法

筛选法是根据稻谷与杂质的粒度(宽度、厚度和长度)和形状的差异,选用具有一定形状和大小筛孔的筛面,利用物料与筛面之间的相对运动来分离杂质的方法就称为筛选法。此法在粮食加工厂中应用极为广泛,在粮食清理工序中,用于清除较粮粒小和大的各种杂质。

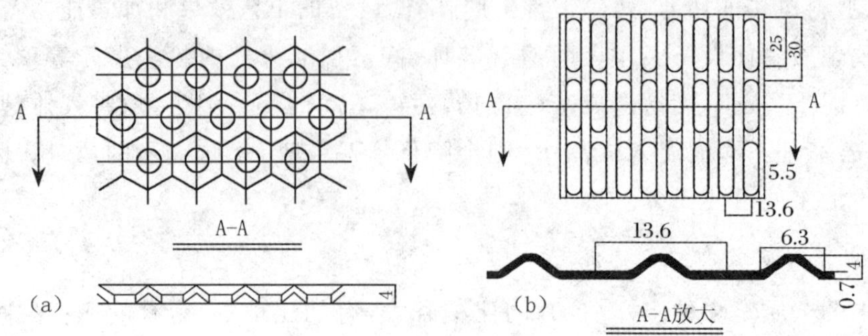

图 5-2 冲孔筛面示意图

(a)圆形筛孔 (b)长方形筛孔

各种筛选设备主要是利用一层或数层静止或运动的筛面进行筛理，亦即筛面是筛选设备的主要工作部件。筛面上配有适宜的筛孔。穿过筛孔的物料称为筛下物，不能穿过筛孔的物料称为筛上物。常用筛选设备有:初清筛、振动筛、高速筛和平面回转筛。

常用的筛面有冲孔筛板和金属丝编织筛网两种(见图 5-2)。筛孔的排列方式有平行排列和交错排列(见图 5-3)。筛孔形状有圆形、长形、三角形和鱼鳞孔等几种。金属丝编织筛用在粮油工业上用途很广。金属丝编织筛网的有效筛理面积比筛板大，适宜于筛理细小杂质，谷糙分离和成品、副产品的分级。

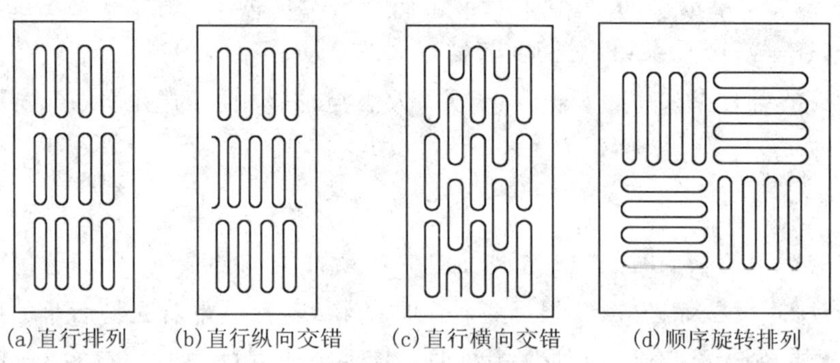

(a)直行排列 (b)直行纵向交错 (c)直行横向交错 (d)顺序旋转排列

图 5-3 长方形筛孔排列方式

一般初清筛用于原粮的头道清理，可分离原粮中的泥石块、麻绳、草秆、稻穗等大杂质和泥灰、草屑等轻杂质，它对于提高以后各边清理设备的除杂效率、防备灰尘污染车间、设备的堵塞事故有很好的作用。目前，许多米厂在原粮进车间前设置了初清筛。

振动筛是粮食加工厂应用最广泛的一种风筛结合，以筛为主的清理设备，用于分离原粮中的大、中、小杂质和轻杂质。经振动筛清理后，可去除全部大杂质、绝大部分小杂质及一部分轻型杂质。

高速筛在米厂中广泛用于清除稻谷中的稗子，效果好。

平面回转筛一般用作初清之后，进一步分离中、小、轻杂质。即作为第二道、第三道筛选设备，但不适合分离长条纤维性杂质。

(2)风选法

凡是形状、大小和稻谷相似的杂质，例如瘪谷、谷壳、并肩石等都难以用筛选的方法使其分离，但这些杂质在比重和气体动力学性质(如悬浮速度)方面与稻谷有着明显的差别。有的能被气流带走，有的则不能；有的吹得远，有的吹得近。利用稻谷与杂质在悬浮速度等空气动力学性质方面的不同，借助气流使杂质与谷粒分离的方法称为风选法，当稻谷和杂质处在水平或倾斜气流中，悬浮速度小的物料被气流吹送的距离比悬浮速度大的物料要远，这样就能把它们分离。风选法在清理工序中，一般用于清除轻型杂质。

风选设备的种类很多，我国农村广泛使用的木风车就是一种简单的风选设备。目前在粮食加工厂中使用的风选设备，大都与其他设备组合在一起使用，一般筛理设备都辅有风选装置，以此来提高设备的清理除杂效果。常用风选设备有吸式风选器和循环风选器。

(3)密度分选法

密度分选法是根据稻谷和杂质间相对密度及悬浮速度或沉降速度等物理特性的不同，利用它们在运动过程中产生的自动分级性，借助适当的设备进行除杂的方法。根据所用介质的不同，密度分选可分为干法和湿法两类。湿法以水为介质，利用粮粒和杂质的相对密度以及在水中的沉降速度的不同进行分离除杂。在稻谷加工厂，湿法只适用于加工蒸谷米时稻谷的清理。干法是以空气为介质，利用粮粒和杂质的相对密度、容重、摩擦系数以及悬浮速度的差异进行分离除杂。稻谷加工厂广泛应用此法去除并肩石，常用设备为密度去石机。

(4)磁选法

磁选法是利用磁力清除稻谷中磁性金属杂质的方法。当物料通过磁场时，由于稻谷是非导磁性物质，不受磁场的作用而能自由通过，稻谷中的金属杂质如铁钉、螺丝、铁屑等具有导磁性，在磁场中易被磁化，与异性磁极相互吸引而与稻谷分开。

常用磁选设备有永磁滚筒、CXP 型磁选器。

5. 稻谷的清理工序

清除稻谷中的各种杂质是稻谷加工过程中提高成品大米纯度，保证生产正常进行的重要工序。其主要任务是：以最经济最合理的工艺流程，清除稻谷中各种杂质，以达到砻谷前净谷质量的要求。同时，被清除的各项杂质中，含粮不允许超过有关的规定指标。稻谷清理流程是一般为：

原粮→计量→初清→毛谷仓→筛选→除稗→去石→磁选→净谷

6. 稻谷清理效率的评定

稻谷清理除杂的设备较多，其除杂方法也不相同，所以，正确评定各种清理设备的工艺效果，将对了解设备的生产效果、设备存在的问题、提高操作技术、促进生产具有十分重要的意义。评定的主要指标为杂质去除率和净粮提取率。

$$\text{杂质去除率}=\frac{\text{清理前杂质含量}-\text{清理后杂质含量}}{\text{清理前杂质含量}}\times 100\%$$

在计算杂质去除率时，应按去除的各类杂质(如大杂、小杂、轻杂、稗子等)分别计算。

$$\text{净粮提取率}=\frac{\text{清理后净谷量}}{\text{清理前净谷量}}\times 100\%$$

(二)砻谷及砻下物分离

若用稻谷直接进行碾米，不仅能量消耗大，产量低，碎米多，出米率低，而且成品色泽差，含谷多，纯度和质量都低，同时，稻壳含有大量粗纤维，不能食用，须剥除。因此，碾米厂都是将经过清理去杂后的净谷，先脱去颖壳，制成纯净的糙米，再进行碾米。

在稻谷加工过程中，去掉稻谷颖壳的工艺过程称为砻谷，脱去稻谷颖壳的机械称为砻谷机。砻谷后的产品称为砻下物。目前所使用的各种型式砻谷机，由于受机械和工艺性能的限制，不可能将入机稻谷一次全部脱壳，因此，砻下物不全部是糙米，而是由尚未脱壳的稻谷、糙米、稻壳及糙碎等组成的混合物。砻下物分离就是将稻谷、糙米、稻壳等进行分离，糙米提取出来进行碾米，未脱壳的稻谷返回到砻谷机再次脱壳，一些副产品可根据其性质和用途不同进行分离，并加以合理利用。

砻谷工艺效果的好坏，不仅直接影响后继工序的工艺效果，而且与成品质量、出品率、产量和成本都有密切的关系。因此，要求砻谷时，应尽量保护米粒完整，减少米粒的破碎和爆腰，以利于提高出米率；尽量避免糙米的光滑表面遭到破坏，以利于提高谷糙分离的效果；保持较高而稳定的脱壳率，以利于提高砻谷机台时产量；须节省动力和降低物料的消耗，以利于降低生产成本。

1. 砻谷

砻谷是根据稻谷籽粒结构的特点，由砻谷机施加一定的机械力而实现的。根据脱壳时的受力和脱壳方式，稻谷脱壳的方法通常可分为挤压搓撕脱壳、端压搓撕脱壳和撞击脱壳三种。

⑴ 挤压搓撕脱壳是指谷粒两侧受两个具有不同运动速度的工作面的挤压、搓撕而脱去颖壳的方法，设备主要有胶辊砻谷机和辊带式砻谷机。

⑵ 端压搓撕脱壳是指谷粒长度方向的两端受两个不等速运动的工作面的挤压、搓撕而脱去颖壳的方法，设备主要有砂盘砻谷机。

⑶ 撞击脱壳指高速运动的粮粒与固定工作面撞击而脱去颖壳的方法，设备主要有离心砻谷机。如图 5-4 所示。

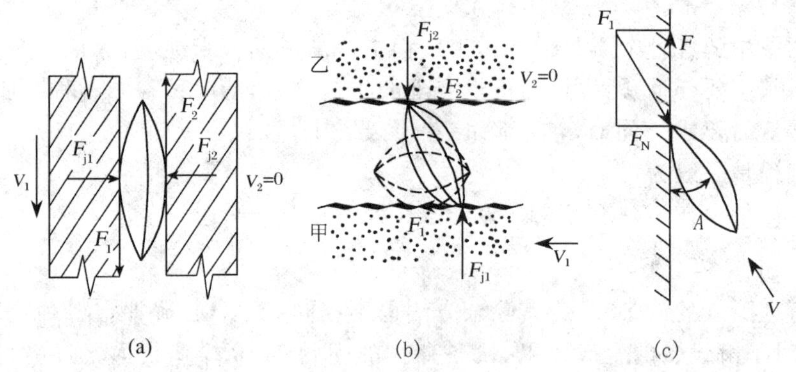

图 5-4　稻谷脱壳方法与原理

(a)挤压搓撕脱壳　(b)端压搓撕脱壳　(c)撞击脱壳

2. 稻壳分离

稻谷经砻谷所脱下的稻壳，俗称大糠。由于稻壳的容积大、比重小、流动性差，砻谷后若不及时将其分离，就会影响后续各工序的工艺效果或正常生产。例如在谷糙分离中，若混有大量的稻壳，必然会影响谷糙混合物的流动性，使之不能很好地形成自动分级，将会降低其分离效果；又如回砻谷中若混有较多的稻壳，将会使砻谷机产量下降，动力消耗上升，因此，稻壳分离工序必须紧接砻谷工序之后。

稻壳分离利用稻壳与谷糙的物理性质上的差异使它们相互分开。稻壳的悬浮速度与稻谷、糙米有较大的差异，因此，风选法是谷壳分离的首选方法。此外，还可利用它们的相对密度、容重、摩擦系数等也有较大差异的特点，先使砻下混合物产生自动分级后再与风选法相配合，这样更有利于风选分离效果的提高和能耗的降低。一般是在砻谷机下部装有稻壳分离装置。

经风选分离出的稻壳需进行收集，这是稻谷加工中的一个重要工序。要求稻壳要全部回收，以便贮存、运输、综合利用，并要使排出的空气达到规定的含尘标准，以免污染空气，影响环境卫生。稻壳收集常用方法：重力沉降法和离心沉降法。

3. 谷糙分离

砻下物经稻壳分离后，余下的谷糙混合物在碾米前须进一步分离，将未脱壳的稻谷与糙米分开的过程称为谷糙分离。分离出纯净的糙米进碾米机碾制，并把分出的稻谷再返回砻谷机进行脱壳。

谷糙分离主要是利用谷粒与糙米在粒度、相对密度、容重、摩擦系数、悬浮速度和弹性等物理特性上的差异，借助于谷糙混合物在运动过程中产生的自动分级，即稻谷上浮而糙米下沉，采用合适的机械运动形式和装置而进行分离和分选。目前碾米厂广泛使用的谷糙分离设备是选糙平转筛和重力谷糙分离机。

经过谷糙分离所分出的糙米，要求基本不含稻谷(部颁指标要求糙米中含谷不超过40 粒/kg)。糙米如含谷过多，则会影响碾米的工艺效果，降低成品大米的质量。经谷糙分离后所分出的稻谷，常称为回砻谷，要求尽量少含糙米(部颁指标要求回砻谷中含糙米不超过 10%)，否则不仅影响砻谷机的产量、胶耗和动力消耗，而且将使糙米受到损伤，增加碎米和爆腰，影响出米率，同时还会使糙米表面沾胶发黑，降低成品大米的质量。由此可见，谷糙分离是稻谷加工中必不可少的工序，而且要有很高的工艺要求。

(三)碾米

稻谷经清理、砻谷及谷糙分离等工序后得到的净糙，可进入碾米机进行碾米。将糙米的皮层部分或全部去掉，使之成为符合一定要求的白米的过程称碾米。所使用的机械称为碾米机，简称米机。碾米在整个稻谷加工工艺中占有重要地位，是稻谷加工最主要的一道工序，也是保证大米质量、提高出米率、降低电耗的重要环节。

1. 碾米目的与要求

糙米皮层含有大量的粗纤维，是人体不易消化的物质；另外，糙米的吸水性和膨胀性较差，不仅蒸煮时间长，出饭率低，而且颜色深，黏性差，口感不好。因此，糙米必须通过碾米过程将其皮层除去。

糙米去皮程度是标志大米精度的主要依据。糙米去皮愈多，成品大米的精度就愈高，但营养成分损失越大。各种等级的大米，除了留皮程度不同以外，还有其他如含杂、含碎等不同指标。

在糙米碾白过程中，应在保证成品大米符合规定质量标准的前提下，尽量保持米粒完整，减少碎米，提高出米率和大米强度，降低成本，保证安全生产。

2. 碾米基本原理

糙米的皮层比较光滑，韧性较高，与胚乳之间有一定的联结力，因此，去除皮层，就需要有一定的外力去破坏这种联结力。目前使用的各种碾米机，就是利用米机碾白室构件与米粒之间产生的机械力作用以及米粒与米粒之间的碰撞摩擦力来使糙米碾白的，按去皮的不同作用性质，一般可将碾米分为擦离碾白、碾削碾白及混合碾白三种。

(1)擦离碾白

日常生活中，用钝器刮去土豆皮，就是一种简单的擦离去皮的方法。钝器沿土豆表面作相对运动时，钝器与土豆之间就产生了摩擦，当摩擦力大到一定程度时，土豆皮便被剥离。同样道理，擦离碾白是碾米时依靠米机辊筒对米的推动和翻动造成米粒在碾米机碾白室内与碾白室构件(如米刀、米筛)之间和米粒与米粒之间摩擦和挤压作用，这种强烈的摩擦和挤压作用使糙米皮层沿着胚乳表面产生相对滑动，并被拉伸、断裂，直至擦离。从而达到碾白的目的。这种去皮方式称为擦离碾白。

擦离碾白碾制的成品表面光洁，色泽明亮，但由于此种方式须在较大压力下进行，即米粒在碾白室内受到较大的压力，碾米过程中容易产生碎米，故不宜用来碾制皮层干硬、籽粒极脆、粒形细长、强度较差的糙米，适合于加工强度大、皮层柔软的糙米。

铁辊筒碾米机是典型的擦离式碾米机，其特点是机内压力较高，而辊筒转速较低。

(2)碾削碾白

仍以土豆去皮为例，如果用刀削去土豆皮层，这种方式则与米机碾削米粒皮层的方式是相类似的。碾削碾白是在碾米时，借助高速转动的金刚砂辊筒表面无数密集微小、坚硬、锐利的砂刃对糙米皮层进行切割、碾削，使米皮破裂、脱落，达到糙米去皮碾白的目的。

这种碾白方式所需碾白压力较小，产生的碎米较少，适宜于碾制皮层干硬、结构松弛、强度较差的粉质米粒，但碾削碾白会使米粒表面留下砂粒去皮洼痕，因此碾制的成品表面光洁度及色泽较差。同时，这种碾白方式碾下的米糠，往往含有细小的淀粉粒，如用于榨油，会降低出油率。

在此需要指出的是，上述两种碾白方式并不是单一地存在于碾米机内，实际上任何一种碾米机都有擦离作用和碾削作用，只是以哪种碾白方式为主而已。碾辊为圆柱(四锥)形的立式砂辊碾米机是典型的碾削式碾米机。其特点是机内压力小而辊筒转速高。

(3)混合碾白

它是一种以碾削去皮为主，擦离去皮为辅的碾白方式。它综合了以上两种碾白方式的优点，可以降低碎米，提高出米率，改善米色，是目前运用较多的一种碾米方式。

碾米时首先以高速转动的砂辊碾削糙米皮层，而后依靠砂辊表面的筋或槽使米粒与碾白室构件、米粒与米粒之间产生一定的擦离作用。

我国目前使用的碾米机有很多种，常用的有铁辊筒碾米机、双辊碾米机、砂辊碾米机、喷风碾米机、立式金刚砂碾米机等。

(4)碾米工艺效果的评定

碾米工艺效果的好坏，一般从以下几个方面进行评定：

① 精度

大米精度是评定碾米工艺效率最基本的指标。评定大米的精度，应以国家统一规定的标准米样为依据，用感官鉴定法观察碾米机出的成品大米与米样的色泽、留皮、留胚、留角的情况是否相符。

精度评定主要是看留皮情况，其他各点仅供参考。因为由于原料及米机的不同有时会稍有出入，这是正常现象。

② 碾减率

糙米在碾白过程中，因皮层及胚的脱落，其体积重量均有减少，而减少的百分数便称之碾减率。由于碾减的大部分为皮层，碾减率又称脱糠率。米粒的精度越高，其碾减率越大，一般重量减少约5%～12%。

③ 糙出白率

糙出白率是指出机白米的数量占进机糙米数量的百分率。它是评定碾米工艺效果的重量指标。

$$糙出白率=\frac{白米重量(kg)\times(1-含糠\%)}{净糙重量}\times 100\%$$

需要注意的是，加工精度越高，其碾减率越大，出米率就越低。因此，在评定碾米机的出米率时，首先要求精度一致，然后再进行效果的评定。

④ 碎米率与增碎率

碎米率是指出机白米中碎米所占的百分数。它是评定成品大米是否合乎质量要求的主要指标。

$$碎米率=\frac{白米中碎米的重量(kg)}{白米的重量(kg)}\times 100\%$$

由于碎米率的高低不仅与碾米机有关，还与糙米含碎多少有关。因此，在评定碾米机工艺性能时，还应增加碾米机增碎率。

增碎率是指出机白米中碎米率较进机糙米中碎米率的增加量。

增碎率＝出机白米碎米率－进机糙米碎米率

⑤ 糙白不匀率：反映了白米精度不一致的程度。

$$糙白不匀率=\frac{糙白不匀米粒数}{试样米粒数}\times 100\%$$

所谓糙白不匀米粒，即较标准米样的精度（主要是去皮程度）上下相差一级的米粒。糙白不匀率低，则说明碾米机工艺性能好。

⑥ 含糠率：指出机白米中所含米糠的百分数。

$$含糠率=\frac{白米中米糠的重量(kg)}{白米重量(kg)}\times 100\%$$

⑦ 经济指标：对于米厂来说，米机的产量、电耗，都是评定碾米工艺效果的重要经济指标。

（四）成品及副产品整理

1. 成品整理

经碾米机碾制成的白米，其中混有米糠和碎米，而且米温较高，这些不仅影响成品质量，而且也不利于大米的贮藏。因此，出机白米在成品包装前必须经过整理，使成品大米的含糠、含碎率符合标准要求，使米温降到利于贮存的范围，还须根据国家规定的成品含碎标准，进行分级。此外，随着人民生活水平的提高，高质量、高品位的大米受到消费者的青睐，为此可将大米进行表面处理，使其晶莹光洁；也可将大米中所含异色米粒（主要是黄粒米，即胚乳呈黄色，与正常米粒色泽明显不同的米粒）去除，以提高其商品价值，改善其食用品质。此白米经过整理的过程即为成品整理。

成品整理一般包括擦米、凉米及白米分级、抛光、色选等工序。

(1)擦米

擦米的主要作用是采用轻微的摩擦作用擦除黏附在白米表面上的糠粉，使白米光洁，提高成品的外观色泽，亦有利于大米的贮藏和米糠的回收利用，还可使后续白米分级设备的工作面不易堵塞，保证分级效果。擦米过程中，因为白米籽粒强度较低，故擦米作用要求缓和，不应强烈，以防产生过多碎米。出机白米经擦米后，产生的碎米不应超过1%，含糠量不应超过0.1%。随着碾米技术日益进步，加工设备不断更新，现绝大多数碾米厂已不单独配置擦米设备，往往是利用抛光机进行擦米。

(2)凉米

凉米的目的是降低米温，以利于大米储藏。尤其是在加工高精度大米时，米温比室温要高15℃～20℃，如不经冷却立即打包进仓，易使成品发热霉变。凉米一般都在擦米后进行，并把凉米与吸糠有机结合起来。

需注意的是，热米冷却必须逐步进行，如骤然冷却，会产生爆腰。凉米方法有自然冷却和通风冷却。一般常采用通风冷却的方法。以往凉米设备使用凉米箱，体积大、效果不甚理想，现今大都采用风选器或流化槽。流化槽不仅可起降低米温作用，而且还可吸除白米中的糠粉，提高了成品米质量。

(3)白米分级

白米分级是指将白米分成不同含碎等级的工序，是成品整理中的主要部分。其目的主要是根据成品质量要求分离出超过标准的碎米。它主要是根据成品质量要求，利用碎米和整米的长度差别和在运动中有一定的自动分级现象分离出超过标准的碎米。

世界各国把大米含碎量作为区分大米等级的重要指标。所以白米分级是为了适应国际上大米质量的特殊要求(一般按大米中含碎米多少定级而设置的一道工序)，精度相同的大米，往往由于含碎不同而价格相差几倍。含碎少的大米价格比含碎多的高得多，蒸煮米饭的品质亦好得多，所以在碾米时尽量降低碎米率。

白米分级使用的设备有：白米分级平转筛、滚筒精选机等。通过白米分级筛的处理，可以分出成品大米、大碎米、小碎米，然后按照所要求的等级标准分别进行处理。

(4)抛光

抛光实质上是湿法擦米，它是将符合一定精度的白米经着水、润湿以后送入抛光机内，在一定温度下，米粒表面的淀粉糊化，使米粒表面晶莹光洁、不黏附糠粉、不脱落米粉，这不仅可以提高成品大米的质量和商品价值，还有利于大米的储藏，保持大米的新鲜度，提高大米的食用品质。

大米抛光与碾米不同，因为白米籽粒强度差，抛光过程中既要求抛光效果好，米粒洁净光亮，又要求减少抛光过程中产生碎米。过去我国研制的擦米机、刷米机，其作用与大米抛光机类似，但其抛光效果已不能满足目前要求。20世纪80年代后期，国内科研院所和粮机生产厂家加强了对白米抛光的研究，先后研制生产出多种型式的大米抛光机，对促进大米抛光技术的提高起了很好的作用；20世纪90年代以后，国外谷物加工机械的著名公司如日本佐竹公司、瑞士布勒公司的大米抛光机进入中国市场，其优良的制造质量和良好的抛光效果，使其产品占领了中国不少市场。

(5)色选

色选是利用光电原理，从大量散装产品中将颜色不正常的或受病虫害的个体(球、块或粒)以及外来夹杂物检出并分离的操作。色选是提高大米质量有效方法。稻谷在储藏

过程中，由于发热等原因，会使一部分稻米变质，成为黄粒米。黄粒米含有对人体有害的成分，成品大米中含有黄粒米不仅影响大米的商品价值，也影响消费者的身体健康，应尽可能剔除。由于黄粒米与正常白米之间无一般物理特性上的差异，无法用常规清理方法将其清除，只能利用黄粒米与白米之间在颜色、反光率的差异，用光电比色的方法和设备将其剔除，利用颜色差异还可剔除混入米中的小玻璃、煤渣等异色粒。应用先进的光电技术专门剔除异色粒的设备称为色选机。

2.副产品整理

从碾米及成品整理过程中所得到的副产品是糠粞混合物，里面不仅含有米糠、米粞（粒度小于小碎米的胚乳碎粒），而且由于米筛筛孔破裂或因操作不当等原因，往往也会含有一些完整米粒。米糠具有较高的经济价值，不仅可制取米糠油，而且还可从中提取谷维素、植酸钙等产品，也可用来作饲料等。米粞的化学成分与整米基本相同，因此可作为制糖、酿酒的原料。整米需返回米机碾制，以保证较高的出米率。碎米可用于生产高蛋白米粉、制取饮料、酿酒、制作方便粥等。为此，需将米糠、米粞、碎米和整米逐一分出，做到物尽其用，此即为副产品整理。

副产品整理一般常采用风、筛结合的方法。常用的筛选设备有振动筛、圆筛、平面回转筛等，风选设备有木风车、吸式风选器、糠粞分离器等。

二、稻米深加工的产品及特点

稻米是我国一种最为重要的生物资源，对其进行深度加工，高效转化，得到合理、有效、全面利用，延长产业链，提高生物资源利用率，大幅提高稻米加工业与农业产值的比值，对于国计民生，持续发展至关重要。稻米深加工不仅可使稻米资源增值5～10倍，而且是现代高新技术的集中体现，是企业提高利润的有效途径，稻米及其副产品深加工已是国际上许多知名稻米加工企业的重要发展方向，所以发展一定规模，集产、加、销为一体的稻米深加工体系是大趋势。

稻米深加工是以大米、糙米、碎米、米糠、精白米糠（糊粉层蛋白）、米胚等为原料，采用物理、化学、生物化学等技术加工转化的各类产品。近年来，诸如生物工程（酶技术、发酵技术）、微波、高压、超高压、挤压膨化、超微粉碎、真空冻结、干燥、分子蒸馏、膜技术、超临界萃取、微胶囊化等高新技术应用，为稻米深加工的拓展提供了更现代化的生产手段。这些高新技术不仅可保证大米深加工产品的营养、安全、卫生、方便、风味、功能特性；而且还能使稻米资源得到综合利用，可获得较好社会效益、环境效益和经济效益。稻米深加工目前主要集中在米蛋白和大米淀粉的深度开发两个方面。现在对稻米的深加工产品已经开发、正在开发或有待开发的制品很多。

（一）稻米食品

稻米食品是以食品加工工艺加工成一类可直接供食用的稻米制品，包括米制食品（主要有米酒、米饼、米粉、米糕、速煮米、方便米饭、冷冻米饭、调味品、谷物早餐食品、稻米饮料、休闲食品等）、糙米（含特色稻米糙米）食品、米糠食品、米胚芽食品和油脂制品（米糠油和米胚芽油）五大类。

（二）大米淀粉

淀粉是大米的主要成分，其含量百分数达90%以上。大米淀粉的产量虽然只占淀粉总产量的13%,不到玉米的一半,列第4位,但是大米淀粉却因其独特的性能和用途,具有很好的市场前景,目前国际市场上对高纯度的大米淀粉(蛋白质的质量分数低于5%)的需求量较大。

1. 大米淀粉

大米淀粉具有一些其他淀粉不具备的特性。其颗粒非常小,为3~8μm,且粒度均一,其独特的性能和用途,具有很好的市场前景。目前,国际市场上已开发具有各种功能的大米淀粉,如糊化大米淀粉吸水快,质构非常柔滑似奶油,具有脂肪的口感,且容易涂抹;蜡质大米淀粉除了有类似脂肪的性质外,还具有较好的冷冻一解冻稳定性,可防止冷冻过程中的脱水收缩。基于大米淀粉的这些特性,它可以有以下用途:作沙司和烹调增稠剂,糖果的糖衣和药片的赋形剂,作为脂肪替代物用于冷冻甜点心和冷冻正餐的肉汁,家庭用撒粉和衣服上浆剂,纸和照相纸的粉末等。

2. 改性大米淀粉

应用现代生物技术可以将包括碎米、陈籼稻、早籼稻等在内的稻米淀粉改性后,转化为缓慢消化淀粉、新脂肪替代物、抗性淀粉、多孔淀粉等更具特色和新用途的产品。

(1)缓慢消化淀粉

以大米粉为原料,经加热和酶处理工艺加工成消化速率不等的改性大米淀粉制品。这类改性大米淀粉经临床应用证明,可有效改善糖负荷,这将成为一种糖尿病患者的新食品。该产品的另一种用途是作为运动员尤其是马拉松等长跑运动员的碳水化合物补充剂。因为这种缓慢消化的淀粉能够使运动员在运动过程中获得稳定持久的能量,从而保持其耐力。

(2)淀粉基脂肪替代物

大米淀粉制取脂肪替代物生产工艺技术及淀粉基脂肪替代物功能改性技术,是应用生物技术把大米淀粉转化为无油脂肪的高新技术。新脂肪替代物十分适合加工酸奶和部分替代奶油的乳制品。它具有奶油的外观及口感,通过不同含量的调配,可加工成供人造奶油生产的加氢油脂。比利时A&B Ingredient公司(世界上最大的大米淀粉生产商)已将改性大米淀粉用于无奶油奶酪、低脂肪冰激凌、无脂肪人造奶油、沙司和凉拌菜调味料的生产,已取得可观的经济收益。

(3)抗性淀粉

以大米为基质的抗性淀粉产品,在消化道中不被消化,适合于肥胖和糖尿病患者。它不像一般纤维成分会吸收大量水分,当添加于低水分产品时不影响其口感,也不改变食物风味,可作为低热量的食物添加剂。

(4)多孔淀粉

将生淀粉经过酶解处理后,形成的一种蜂窝状多孔性载体。由于其表面具有很多小孔,因而具有良好的包裹性能,可用作功能性物质(如药剂、香料、色素、活性物质)吸附载体,广泛应用于医药、化工和食品等工业。目前国外已经有这类的商业产品出现。

(三)大米蛋白

生产大米淀粉时的副产品—— 大米蛋白,是公认的谷类蛋白中的最佳者,其营养价值高于小麦蛋白质,且第一限制性氨基酸(赖氨酸)含量高于其他谷类;其氨基酸配比较为合理,与其他谷类蛋白相比其生物价(BV值)和蛋白质效用比率(PER值)更高。目前国外大米蛋白的研发已是稻米深加工的重要方向，开发了许多大米蛋白产品。碎米、籼米以及大米淀粉加工的副产品—— 米渣都是提取大米蛋白质的原料，运用不同的提取手段可以提到不同蛋白质含量和不同性能的产品：一般作为营养补充剂用于食品的是蛋白质含量80%以上并具有很好水溶性的产品；具有高营养、易消化、低过敏的特点，而且溶解性好、风味温和，非常适合儿童、老人和病人。另外，该产品能值低，是蛋白质中能值最低的，作为成人的蛋白质补充剂，不用担心摄入过多能量。含量为40%～70%大米蛋白一般用于宠物食品、小猪饲料、小牛饮用乳等；除此之外，大米蛋白还有在日化行业中的应用，如用于洗发水、作为天然发泡剂和增稠剂。

米糠蛋白是米糠经提取米糠油后进一步开发而来的。虽其蛋白含量较大豆饼粕、花生饼粕低，但作为世界第一大农作物的副产品来说，其产量还是不容忽视的。米糠蛋白具有同大米蛋白类似的特性及功能，是一种营养价值很高的植物蛋白，最大的优点——低过敏性。但在天然状态下，它与米糠中的植酸、半纤维素等结合在一起，妨碍其消化吸收。为此，需将其从天然状态中提取出来以增加它的利用价值。

(四)发芽糙米

发芽糙米是指将具有发芽力的糙米置于足够的水分、适宜的温度、充足的氧气条件下，经过发芽至适当芽长(0.5～1mm)的芽体，主要是由幼芽和带皮层的胚乳两部分组成。发芽糙米实际上是糙米活化体。糙米芽体是具有旺盛生命力的活体，也是一个活性很强的多酶系。发芽后使人体原不能消化的糙米营养成分也能被有效消化吸收，其营养价值为原糙米的数倍。特别是含有γ－氨基丁酸(GABA)量是白米的5倍，较糙米高出3倍多。富含γ－氨基丁酸的发芽糙米具有改善脑血流通、调整血压、镇静神经、减少中性脂肪等作用，而且发芽糙米还含有能抑制脯氨酰内肽酶产生的与脑功能有关的神经传递物质，分解亢进的新有效成分，从而能防止神经细胞性痴呆症(包括早老年痴呆症等)。发芽糙米及其制品是一种食用性接近精白米，营养成分大大超过精白米，更具有广泛的功能性疗效的新一代“医食同源”的主食产品。发芽糙米将成为21世纪新的粮食资源而引人注目。

三、方便米饭的特点和制作工艺

我国作为一个稻米主产国，有三分之二的人口以大米为主食，米饭的方便化已成为社会关注的问题。我国近年来也开始重视方便米饭的研究，随着我国科学技术和国民经济的进一步发展，方便米饭将成为人们日常生活中不可缺少的方便食品。

(一)方便米饭的特点

方便米饭是指由工业化大规模生产的，在食用前只需做简单烹调或者直接可食用，风味、口感、外形与普通米饭一致的主食食品。它是随着世界经济的发展，人们生活节奏的加快而产生的。方便米饭食用方便、携带方便，有天然大米饭香味。

目前，世界上常见的方便米饭主要有速煮米饭和保鲜米饭两大类。各种方便米饭生产工艺不尽相同，但均要求煮好的米饭米粒完整、轮廓分明、米粒互相分离不粘连、具有松软较干的口感，并保持米饭的正常香味。速煮米饭在食用时复水数分钟即可食用；保鲜米饭只需简单加热就可食用，食用品质与新鲜米饭基本一致。

(二)方便米饭制作工艺

1.速煮米饭

速煮米饭又称α化米饭、脱水米饭，是第二次世界大战期间作为战备物资而开发的一种方便食品，只需稍加烹饪或直接用开水冲泡即可食用。选用不同的大米原料可加工出不同质构和食用品质的制品。速煮米饭的工艺流程如下：

精白米→清理→淘洗→浸泡→加抗黏剂→搅拌→蒸煮→冷却→离散→干燥→冷却→检验→计量包装→成品→入库

(1) 选料

大米品种对速煮米饭的质量影响很大。如果选直链淀粉含量较高的籼米为原料，制品复水后，质地较干硬，口感不佳；若用支链淀粉含量高的糯米为原料，则加工时黏度大，米粒易粘结成块、不易分散，影响加工操作和产品质量。因此，生产速煮米饭应依据产品质量要求，科学合理选用不同品种的大米原料。一般选用精白粳米。

(2) 清理和淘洗

一般大米中混有米糠、尘土、石块、金属等杂质，因此必须对大米进行清理，为整个工序提供优质原料。可采用风选、筛选和磁选等方法去除杂质。经清理后的大米在洗米机中用水淘洗，将附着在大米表面的霉菌等微生物和其他附着物淘洗掉。常用设备有射流式洗米机和螺旋式连续洗米机。

(3) 浸泡

浸泡的目的是使大米吸收适量的水分，为大米淀粉在蒸煮时充分糊化创造必要的条件。浸泡后的大米含水量约在35%左右。浸泡可采用常温浸泡和加温浸泡两种。常温浸泡时间长(2～4h)，大米易发酸而产生异味，影响米饭质量。为防止上述缺陷，可用加温浸泡，水温以50℃～60℃为宜。浸泡得当，不仅可为蒸煮提供良好的原料，而且对提高产品质量也至关重要。

(4) 加抗黏剂

大米经蒸煮后有较大的黏性，饭粒之间常常相互粘连甚至结块，影响饭粒的后续均匀干燥和颗粒分散，导致成品复水性降低。为此，在蒸煮前应加入抗黏剂。该工序用一齿轮泵抽送，将抗黏剂均匀洒向原料。

(5) 蒸煮、冷却

即用蒸气进行汽蒸，使大米在有充足水分的条件下加热，吸收水分，并使淀粉糊化，蛋白质变性，将大米蒸熟。大米的蒸煮时间与加水量对米饭品质有较大的影响，一般料水比控制在1.4～1.7，不同品种的大米稍有不同，蒸煮时间为15～20min。

(6) 离散

经蒸煮的米饭水分可达65%～70%，虽然蒸煮前加了抗黏剂，但由于米粒表面糊化后的黏性仍会互相粘连，为使米饭能均匀干燥，必须使结团的米饭离散。离散的方法有多种，如冷水冷却法、喷淋离散液的方法、机械法及冻结法等。

(7) 干燥

将充分糊化的米饭用100℃热风强力通风干燥，使糊化淀粉保持原型被固定下来，长期保持α化状态，有利于保持制品的食用品质。可采用顺流式隧道热风干燥器进行干燥。

将干燥后的成品冷却到室温，便可包装、封袋、入库。

2. 保鲜米饭

保鲜米饭是以一般意义上的米饭为最终形态的一种方便大米食品，只需简单加热就可食用，食用品质与新鲜米饭基本一致。保鲜米饭的主要形式有以下几种：

① 高温杀菌米饭。又称罐头米饭，是以大米为原料，利用高温灭菌原理，在高温灭菌的同时，破坏原料中的酶系，并使原料熟化。其生产工艺流程：

精白米→清理→淘洗→浸泡→预煮→漂洗→控水→搅拌→定量装罐
→排气→封口→杀菌→冷却→保温观察→检验→成品→入库

② 无菌包装米饭。将加工好的米饭，在无菌的环境中直接密封入包装容器，并保证容器内没有受到细菌的污染，从而不必再经高温杀菌就可达到长期保存的目的。其生产工艺流程：

精白米→清理→淘洗→浸泡→控水→大米定量充填→高压瞬时杀菌→
定量充填炊饭水→炊饭→封口→冷却→金属及重量检测→成品→入库

③ 冷冻米饭。即将蒸煮好的米饭在－40℃的环境中急速冷冻并在－18℃以下冻藏。现在随着微波炉的普及，该产品市场正逐步扩大。其生产工艺流程：

精白米→清理→淘洗→浸泡→控水→大米定量充填→定量充填水及辅料
→蒸饭→封口→速冻→检验→成品→入库

第二节　小麦制粉

小麦是全世界主要的粮食作物，也是世界上栽培最早的作物之一。目前它在我国的种植面积和总产量仅次于水稻，居我国粮食作物第二位。小麦是我国北方人民的主食，自古就是滋养人体的重要食物。

小麦整个皮层的结构都较紧密而坚韧，而且有很深的腹沟，不可能将皮层碾下来而又保持胚乳不碎，因此小麦不能制米，只能磨粉。目前全世界的小麦一般都用于磨粉，这是小麦食品加工的主要途径。小麦制粉是一门古老的技术，随着社会发展，我国小麦制粉技术也在不断改进，其生产设备、产品档次、企业管理等方面都上了一个新台阶。

小麦面粉中含特有的面筋质，具有良好的烘焙特点，从而赋予其广泛的用途。以小麦面粉为原料的面制食品种类繁多，小麦加工的副产品麸皮与胚芽等，也可开展广泛的综合利用。胚芽的营养成分高，纤维含量低，可直接制作如麦胚片、麦胚油等各类胚芽食品。此外，还可进一步提取维生素E、十八碳醇、谷胱甘肽等贵重生理保健药品；麸皮则可以通过化学、物理、微生物等方法，提取麸皮蛋白、植酸和抗氧化剂，其工艺不甚复杂，而经济效益较为可观。由于麸皮含有丰富的食用纤维，亦可作为食品的品质改良剂和纤维强化剂，或者直接开发麸皮食品。

一、小麦清理

小麦制粉是指将小麦加工成小麦粉的过程。根据制作的食品质量和营养要求以及面粉的不同用途，通过小麦搭配加工或面粉调配，生产出多用途、多品种的面粉，以满足人们日常生活和工业生产的不同需要。小麦制粉工艺包括清理和制粉两大部分。

（一）小麦清理的目的

小麦在生长、收割、脱粒、储藏和运输过程中，难免会混入一些杂质，如尘土、杂草种子、石子、麦壳、铁屑等。小麦中杂质会降低面粉纯度，使面粉中掺入有害成分，危害人体健康，降低小麦制粉的出粉率，有时还会损坏机器，造成事故。这种未经清理的原粮，在制粉厂中称为“毛麦”。

简单地说小麦清理的目的就是利用各种清理设备来清除小麦中所含杂质，并对麦粒表面进行清理，使之达到入磨净麦的质量要求。

（二）小麦清理的基本原理和方法

小麦中杂质虽然种类繁多，但它们与小麦在物理特性方面存在着某些差异。因此，一般的清理原理和方法，就是选择小麦与杂质显著的差异作为主要依据，主要有以下几种：

① 根据空气动力学特性的不同——风选法；② 颗粒大小的不同——筛选法；③ 颗粒形状的不同——精选法；④ 相对密度的不同——干法相对密度分选和湿法相对密度分选；⑤ 磁性的不同——磁选法；⑥ 强度的不同——撞击法。

除了利用和稻谷清理一样的筛选法、风选法、密度法、磁选法以外，为了达到更理想的除杂效果，小麦清理还采用以下方法：

1. 精选法

小麦中有时会混入一些比重、宽度、厚度与小麦相近的杂质，例如大麦、燕麦、荞子等异种粮粒或杂草种子。这些杂质如磨入面粉中，会影响粉色，含量较多还将影响面粉的烘焙性质。根据杂质与小麦籽粒长度和形状的不同进行清理的方法称为精选法。用来精选的设备称为精选机。精选机可分为碟片精选机、滚筒精选机和螺旋精选机三种。

2. 打麦

打麦是利用小麦与杂质强度的差别，采用对物料有打击作用的机械，将强度低的杂质打碎，从而把这些杂质分离出来的方法。

小麦经过筛选、去石、精选、磁选后，虽然清除了混入麦粒中的绝大部分杂质，但麦粒表面尚未达到理想的干净程度。因此在小麦入磨之前必须将粘附在麦粒表面上的灰尘、麦毛、微生物、虫卵、嵌在腹沟中的泥沙以及残留的强度低于麦粒的并肩泥块和煤渣、虫蚀粒、病害变质的麦粒等杂质清除，以提高面粉的质量。

根据打击力的大小，打麦有轻打和重打之分。轻打的如擦麦机，重打的如打麦机。在小麦表面清理工艺中，擦麦机是一种打击作用较弱而摩擦作用较强的打麦设备，主要用于水分调节前轻打。在没有使用洗麦机的制粉厂，小麦表面处理的任务主要由打麦机来完成的。

3. 洗麦

主要是为了洗去麦粒表面的污物，分离并肩石和病害麦粒。通过洗麦可以达到以下目的：

① 洗掉麦粒表面的微生物、灰尘；② 洗掉麦粒表面上残留的熏蒸药剂，以降低小麦含药量；③ 可配合水分调节，对小麦起着水作用，以改善小麦制粉的工艺性能；④ 甩干后，可擦掉部分果皮，有利于提高小麦的清理效果；⑤ 带有去石装置的洗麦，还可以分离并肩石、并肩泥和有害粮粒等。

洗麦在小麦清理工艺中是很重要的工序。对于提高净麦纯度、保证面粉质量起着积

极的作用。但因洗麦需要大量净水，使用后的污水多，且需净化的成本升高，因此，应据含杂的具体情况来决定是否使用洗麦机。

(三)小麦的水分调节和搭配

小麦的水分调节和搭配是小麦入磨前的准备工作，是小麦清理过程中不可缺少的两个重要环节。

1. 小麦的水分调节

小麦水分调节是小麦在制粉前利用水、热、时间三种因素的作用，使其改善工艺性能，得到良好的制粉条件，保证面粉质量的重要工序。

(1) 水分调节的作用

① 使入磨小麦有适宜的水分，使其适应于制粉工艺的要求，保证制粉过程的相对稳定，便于操作管理。这对提高生产效率、出粉率和面粉质量都十分重要。

② 使皮层与胚乳间的结合力有所减弱，便于皮层和胚乳分离，有利于研磨、提高出粉率。

③ 使小麦皮层韧性增加。在研磨过程中，便于保持麸皮完整，减少混入面粉中的细麸屑数量，使粉色改变、灰分降低、质量提高。

④ 使小麦的胚乳结构松散，强度降低，易于磨细成粉，从而降低动力消耗。

⑤ 保证面粉的水分符合国家标准。

(2) 水分调节的方法

小麦水分调节的方法有两种：一种是室温水分调节(俗称发潮)，另一种是加温水分调节。室温水分调节是在室温条件下，将小麦着水或洗麦后，再在润麦仓内存放一定时间的水分调节方法。加温水分调节是将小麦着水或洗麦后，用水分调节器进行加热处理，再在润麦仓内存放一定时间的水分调节方法。目前，国内广泛使用的小麦水分调节方法是室温水分调节。

室温水分调节的过程，一般经过着水和润麦两个步骤。小麦经过着水设备着水后，通过螺旋输送机搅拌混合，使水分在麦粒间的分配较为均匀，然后送去润麦仓中放置一段时间进行润麦，使水分向小麦内部渗透。一般小麦着水后的润麦时间一般为18～24h。小麦水分调节设备一般有水杯着水机、强力着水机、着水混合机。

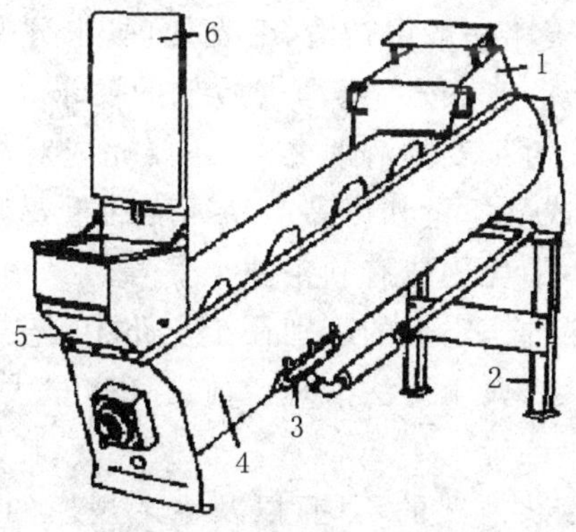

1. 轴、减速器、皮带传动、电动机架及防护罩等
2. 安装用架 3. 通蒸汽的接头座 4. 不锈钢的混合槽
5. 固定的进料斗 6. 不漏水的盖

图 5-5 着水混合机

2. 小麦的搭配

(1) 搭配的目的

制粉厂的原料来自不同的产区，具有各种不同的工艺性质。如小麦色泽、粉质、皮层厚度、水分、面筋质和胚乳含量等方面的差异，对生产过程、面粉质量和各项技术经济指标的稳定性，必然带来较大影响。小麦的搭配是指将各种小麦按一定的比例混合后的加工。其目的在于：

① 合理地使用小麦。使混合的小麦能在保证面粉质量的前提下，得到最高的出粉率。

② 保证成品的质量。如将红麦和白麦搭配加工，可保证面粉的色泽；将面筋含量高低不同的小麦或灰分含量不同的小麦搭配加工，可得到符合标准的面筋含量或灰分含量的面粉。

③ 保证生产的稳定性。尽量保持原料工艺性质一致，可以使生产过程和生产操作稳定，避免由于原料变化所带来的设备负荷不均造成的故障。

④ 避免优质小麦单独加工的浪费，克服劣质麦(如发热、发芽、病虫害小麦)单独加工的弱点。在保证面粉质量的前提下，得到最高的出粉率。

(2) 搭配的方法

按国家规定的面粉质量进行小麦搭配，使之磨出符合质量标准的面粉。这是小麦搭配的主要原则。

① 主麦仓搭配

制粉厂可将不同性质的小麦分仓存放，使用时，同时打开几个麦仓，由仓下的放麦闸门或配麦器控制搭配比例，使小麦流入麦仓下的螺旋输送机或其他输送机中混合。

② 润麦仓搭配

将各批小麦分别清理、着水后进入各个润麦仓，由仓下配麦机或放麦闸门控制配麦比例，在螺旋输送机中混合。采用这种方法，可以根据小麦含水量的不同，分别掌握着水量和润麦时间，这是一种比较好的搭配方法。

(四)小麦清理流程

小麦清理流程简称麦路，麦路一般由初清、毛麦处理、水分调节和净麦处理四个阶段组成。它是将各清理工序组合起来，按入磨净麦质量的要求，对小麦进行连续处理的生产工艺过程。麦路除了要完成对小麦的清理之外，还要完成对小麦的水分调节和搭配工作。制粉过程中，麦路是保证成品质量和提高产品纯度的重要环节。完善的麦路可为提高出粉率、提高产量、降低动力消耗创造有利条件。

小麦清理有湿法和干法两种。它们的区别在于麦路中是否使用洗麦机，采用洗麦机清理的麦路属于湿法清理；反之，属于干法清理。前者耗水量大且污水较难处理，有被后者替代的趋势。

由于各地区小麦品质和含杂情况的不同，以及生产规模的不同，因而各制粉厂的麦路繁简不一。但其共同点在于：①对杂质中的清理工序必须齐全，安排的工艺顺序要合理；②对杂质的清理，应本着先易后难的原则；③对危害大的杂质要特别加强清理；④在保证入净麦质量的前提下，使麦路灵活，以适应原料工艺性质的变化；⑤各种清理设备都应有良好的密闭、吸风除尘措施，以保持单间和周围环境的清洁卫生。重要的是，尽管麦

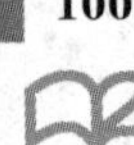

路繁简不一，但都应以清理后小麦的各项质量指标达到规定的标准为原则。

清理流程举例：

初清后小麦→筛选（带风选）→磁选→去石→精选→打麦（轻打）→筛选（带风选）→着水→润麦→磁选→打麦（重打）→筛选（带风选）→磁选→净麦仓

经过清理的小麦，杂质不超过 0.3%，其中砂石不超过 0.02%，粮谷杂质不超过 0.5%，不应含有金属杂质；灰分降低不少于 0.06%以及保证适宜的入磨净麦水分。

二、制粉工艺

小麦经过清理和水分调节，成为适合制粉的净麦。小麦制粉的目的是将小麦中的胚乳与皮层和胚分开，并把胚乳研磨成一定细度的面粉。目前世界上通用的制粉方法是先破碎麦粒，然后逐步研磨，将麸片上的胚乳刮下，同时将胚乳研细成粉。

制粉的设备包括研磨、清粉、筛理等设备。研磨设备的作用是将麦粒破碎，从麸皮上剥刮胚乳，最后将胚乳磨成面粉，常用的研磨设备是辊式磨粉机以及辅助研磨的松粉机；清粉设备的作用是将粒度大小相同的麦心、麦渣和小麸片在气流的辅助作用下按质量进行分级，清粉常用的设备为清粉机；筛理设备的作用将研磨后的物料按粒度大小进行分级，同时筛出面粉，常用筛理设备是高方平筛、圆筛以及辅助筛理的打麸机和刷麸机。

小麦制粉工艺主要是研磨、筛理分级等。

（一）研磨

研磨是制粉过程中最重要的环节，研磨效果的好坏将直接影响整个制粉效果。

1. 研磨的基本方法和原理

小麦的研磨是利用研磨机械，将麦粒剥开，从皮层上剥刮下胚乳，并把这些胚乳磨成细粉，同时还应尽量保持皮层的完整，以保证面粉的质量。研磨的基本方法有挤压、剪切、剥刮和撞击四种。

研磨就是通过对小麦的挤压、剪切、剥刮和撞击作用，使小麦逐步破碎，从皮层将胚乳逐步剥离并磨细成粉，研磨的主要设备为辊式磨粉机和撞击磨粉机。目前，辊式磨粉机被大多数厂家采用。

2. 研磨系统

在分级制粉过程中，按照生产先后顺序中物料种类的不同和处理方法的不同，将制粉系统分成皮磨系统（B）、渣磨系统（S）、心磨系统（M）和清粉系统（P），它们分别处理不同的物料并完成各自不同的功能。

（1）皮磨系统

制粉过程中的最前面的几道是皮磨系统，它的作用是将麦粒剥开分离出麦渣、麦心和粗粉，保持麸片不过分破碎，以便使胚乳和麦皮最大限度地分离，并提出少量的小麦粉。在磨制标准粉时，皮磨系统既要出较多的面粉，也要提取一定数量的麦渣、麦心；而磨制等级粉时，则要出大量的麦渣、麦心。

皮磨系统的工作好坏直接关系到麸皮刮净的程度、粗粒和面粉的质量以及渣磨、心磨系统的工作状态。因此，它是粉路中最基本的系统，处于最重要的位置。大型粉厂用五道皮磨，1～2 皮为前路皮磨，3～4 皮为中路皮磨，5 皮为后路皮磨。

(2)渣磨系统

渣磨系统是处于皮磨和心磨之间的研磨工序,制粉流程短的可不设。其任务是处理皮磨或其他系统分离出的带有麦皮的胚乳颗粒——麦渣。通过渣磨系统,将麦渣通过轻碾的方法,将麦渣上的表皮从胚乳颗粒上剥离,从中提出品质较好的麦心和粗粉,送入心磨系统磨制成优质面粉,并将提出的麸屑送往相应的系统处理。

根据生产不同等级的面粉的要求,渣磨系统的任务也不相同。在加工标准粉时,其任务以出粉为主,提麦心为辅;在加工特别粉时,则偏重于提取麦心,并将其送往心磨系统。

(3)清粉系统

清粉系统是利用风筛结合作用,将皮磨和其他系统提取的麦渣、麦心、粗粉连麸粉粒和麸屑的混合物分开,送往相应的研磨系统处理。

(4)心磨系统

心磨系统的任务是将皮磨、渣磨和清粉系统取得的麦心和粗粉研磨成具有一定细度的面粉,通过筛理,提出面粉,并分离出一定量的细麸皮。

各系统碾磨后筛出的面粉总的规律是前路质量好,后路质量差;前路数量多,后路数量少。

(二)筛理

在制粉过程中,小麦经磨粉机逐道研磨后,获得颗粒大小及质量不一的混合物料。将这些混合物利用筛理设备将其按粒度大小分级的工序称为筛理。经过筛理而分离的大小物料,分别送入下一道磨继续进行剥刮和研轧。在制粉过程中,各道筛理设备若不能将磨下物中的面粉及时提出,将使后续设备负荷增大,产量降低,动耗增加,研磨效率下降;若对磨下物不进行分级就可能使后续各系统流量分配不平衡。

在研磨低精度、粒质较粗的小麦粉时,则可采用较少的研磨道数,也无需高度分级;对小麦粉的质量要求越高,粉的粒度越细,则研磨道数越多,分级也越细。

筛理设备通常有平筛和圆筛两种。平筛是面粉厂的主要筛理设备。其作用是将各研磨系统的磨下物进行筛理,筛出面粉并将各在制品按粒度分级后,分别送往相应的系统进一步处理。圆筛是另一种筛理机械。它主要是有一个沿水平轴旋转的圆筒形筛面,物料靠筛筒内的打板击向筛面而得到筛理。圆筛的筛理作用比平筛的筛理作用强烈,适宜于筛理水分大或潮湿的吸风粉、粘性大的刷麸粉或成团的物料,筛面不易堵塞。缺点是筛理面积小(在相同占地面积下),筛面利用率低,产量小,分级种类少,一般制粉厂均将其作为辅助筛理设备,在中小型厂中,也可作主要筛理设备。

专门处理麸片的设备,则有刷麸机和打麸机。刷麸机和打麸机是利用旋转的刷帚或打板的作用,把黏附在麸皮上的粉粒分离下来,并使其穿过筛孔成为筛出物料,而麸皮则成为筛内物料。刷麸和打麸工序设在皮磨系统尾部,是处理麸皮的最后一道工序。

小麦经研磨制成不同质量和不同大小的颗粒,这类研磨物料统称为在制品。利用筛理机械的筛理,可将在制品分为:

①麸片:呈片状带有不同程度胚乳的表皮。

②麦渣:带有麦皮的较大胚乳颗粒。

③粗(细)麦心:混有麦皮的较小(更小)的胚乳颗粒。

④粗粉：未磨细成粉的粉粒（加工特制粉时的在制品）。

根据上述的物料，小麦制粉过程所用的磨，便可分为皮磨、心磨和渣磨；筛便有不同粗细度筛网的筛。

3.清粉

(1)清粉的目的

平筛对筛理物是按粒度分级的，在分出相同粒度的物料中，通常包含着纯净胚乳粒、连麸胚乳粒和细麸皮粒等三种质地不同的物料。通过筛理难以将这三种物料分开。在磨制质量较高的面粉时，如将上述各种性质不同的物料混在一起研磨，必将影响面粉质量。而清粉则是利用筛理和风选的共同作用，对平筛筛出的各种粒度的粗粒，粗粒进行再一次提纯与分级，得到粒度一致，纯度更高的粗粒、粗粉和麦心。提高了研磨系统的面粉质量，提供品质优良的在制品。

(2)清粉的设备

清粉所使用的设备为清粉机。清粉是筛理和吸风作用相结合进行的，清粉设备主要由筛格和吸风装置组成。工作时，筛格震动，分离物料并抖松筛上物料，增加吸风清理效率。气流从筛绢下向上将物料中的细小麸皮及连麸粉吹起，并分别进入不同的收集器。清粉机一般设有二道，位于一皮、二皮磨之间。

4.粉路

将研磨、筛理、精粉、刷麸和打麸等工序组合起来，把经过清理和水分调节而适宜制粉的净麦，按一定的产品等级标准磨制成粉的整个生产工艺过程，称制粉工艺流程，简称粉路。由于小麦的品种不同，面粉种类和出粉率要求不一，制粉流程的组合及各工序的技术指标和操作方法有很大差异。粉路直接影响小麦加工的产量、产品质量、出粉率、动力消耗及单位成品成本等技术指标。因此，按照小麦制粉的基本规律，合理地组合粉路是小麦加工取得良好生产效果的重要因素。

粉路中各系统的设置与所生产面粉的精度要求有密切关系。面粉加工精度越高，要求在制品的分级越细，配备的研磨系统越长，工艺流程（粉路）越复杂。反之精度越低，则在制品分级越粗，系统较短，粉路也就简单。如磨制标准粉（在制粉过程中，把前后系统的好粉和次粉混合在一起，不分等级地组成一类面粉，称标准粉）时，由于其精度低、粒度粗、灰分较高，粉路较简单，一般只设皮磨、心磨两大系统，不用或少用渣磨系统，不设置清粉系统；而磨等级粉（在同一粉路中生产两种以上等级面粉的制粉过程）时，主要是生产优质面粉（特一粉、特二粉）。一般设皮磨、渣磨、心磨和清粉系统，有的还设尾磨（是专门研磨心磨系统分离出含表皮较多的粗的胚乳，从中提取面粉，在加工等级粉时，尾磨位于心磨系统的中后路）。

三、等级粉及专用粉生产工艺特点

面粉按加工精度和用途不同分为等级粉和专用粉两大类：(1)等级粉：按加工精度不同可分为特制粉、标准粉、普通粉三类；(2)专用粉：专用粉是利用特殊品种小麦磨制而成的面粉；或根据使用目的的需要，在等级粉的基础上加入食用增白剂、食用膨松剂、食用香精及其他成分，混合均匀而制成的面粉。专用粉的种类多样，配方精确，质量稳定，为提高劳动效率、制作质量较好的面制品提供了良好的原料。

(一)等级粉生产

同时生产两种以上等级面粉的制粉过程，称等级粉生产。等级粉生产主要生产特制粉。特制粉要求精度高、粒度细、灰分低(表5-1)，因此在制粉过程中分工较细，粉路较长。一般设皮磨、渣磨、心磨和清粉系统，有的还设尾磨(是专门研磨心磨系统分离出含表皮较多的粗的胚乳，从中提取面粉，在加工等级粉时，尾磨位于心磨系统的中后路)。

清粉系统是将皮磨、渣磨及其他系统所出粗粒中混杂的麸屑分离出来，精选出质量好的渣粒和较纯的麦心。渣粒送至渣磨系统继续剥出好麦心，麦心则由心磨系统磨制成优质的面粉。一般用清粉机来完成清粉的任务。

生产特制粉，小麦清理要加强，在粉路方面必须采取一系列降低麦皮破碎及提高麦心强度的措施。前路皮磨强调提取粗粒，并保持麸片完整；不希望出较多的粉，以便将粗粒送往清粉系统。渣磨系统的主要作用也是从渣粒中提取纯麦心送往心磨系统处理。心磨道数要增加，增长至6～9道。出粉重点在心磨，最后将前路好粉合并成特制粉，后路的面粉则集中成标准粉或普通粉。

表5-1　各类小麦粉的灰分、面筋质、含水量的规定

等级	灰分(%，以干重计)	面筋质(%，以湿重计)	水分(%)
特制一等	≤0.70	≥26.0	13.5±0.5
特制二等	≤0.85	≥25.0	13.5±0.5
标准粉	≤1.10	≥24.0	13.0±0.5
普通粉	≤1.40	≥22.0	13.0±0.5

另外，各等小麦粉含砂量均不得超过0.02%，磁性金属物不得超过0.003g/kg，脂肪酸值不得超过8%(以湿基计)。我国等级粉生产，为兼顾生产好粉和标准粉，可出特制粉55%，标准粉25%，细麸10%，麸皮7%；我国旧式生产线，出标准粉83%，细麸10%，麸皮7%。

(二)专用粉生产

面粉可以制成各式各样的食品，而每种食品对面粉质量的要求是不一样的，专用小麦粉，即为了满足不同面制食品的加工特性和不同品质要求而生产的小麦粉，如面包粉、糕点粉等。目前我国面粉品种仍较少，很少有专门的食品用粉，而国外的面粉品种比较齐全，如有面包粉、饼干粉、家庭用粉和其他用粉等。对于各种粉的蛋白质含量，水、粒度、强度以及灰分等各方面的要求也不相同。如面包粉要求蛋白质含量较高，保证营养，强度高，发气性好，吸水量大；而饼干要求切断面细、酥、软，其强度、蛋白质可低些，色泽要求不高。所以，不同质量的面粉就需一定质量的小麦进行加工。

专用粉与通用粉之间的主要不同在于用途的针对性不同，对于各种粉的蛋白质含量、水分、粒度、强度以及灰分等各方面的要求也不相同。为满足用户的要求，可以对品种和质量不同的小麦采取分别加工，然后通过小麦粉配制的方法生产各种不同用途的专用粉，因此专用粉又称配制粉。

参考文献

[1] 周惠明等.小麦制粉与综合利用[M].北京:中国轻工业出版社,2001.

[2] 沈建福.粮油食品工艺学[M].北京:中国轻工业出版社,2002.

[3] 李新华等.粮油加工学[M].北京:中国农业大学出版社,2002.

[4] 林作楫.食品加工与小麦品质改良[M].北京:中国农业出版社,1993.

[5] 姚惠源.稻米深加工[M].北京:化学工业出版社,2004.

[6] 刘英.谷物加工工程[M].北京:化学工业出版社,2005.

[7] 周显青.稻谷精深加工技术[M].北京:化学工业出版社,2006.

[8] 罗学刚.农产品加工[M].北京:经济科学出版社,1997.

[9] 顾尧臣.现代粮食加工技术[M].北京:中国轻工业出版社,2003.

[10] 叶敏.米面制品加工技术[M].北京:化学工业出版社,2006.

[11] 孙金堂,孙光华.稻米的精深加工和综合利用[J].粮食与饲料工业,2005,(1):2～4.

[12] 张晖.稻米资源综合利用和深加工新进展[J].粮食科技与经济,2004,(2):38～40.

[13] 振环.稻米深加工概述[J].粮食与油脂,2004,(11):36～38.

第六章　焙烤食品加工

焙烤食品泛指用面粉及各种粮食及其半成品与多种辅料相调配，经过发酵或直接用高温焙烤，或油炸而成的一系列香脆可口的食品。其品种花色多，营养丰富，风味诱人，食用方便，主要包括饼干、面包、糕点、月饼、方便面、膨化食品等。

焙烤食品分为许多类，而每一类又分为不同的花色品种，它们之间既存在着同一性，又有各自的特性。归纳起来焙烤食品一般具有以下特点：①所有焙烤制品均以谷类原料为基础原料；②大多数焙烤制品以油、糖、蛋等作为主要辅助原料；③所有焙烤制品的成熟和定型均采用焙烤工艺；④焙烤制品不需调理就能直接食用，是一种冷热皆宜的方便食品；⑤所有焙烤制品均属固态食品。

第一节　焙烤食品的主要原辅料

一、面粉

面粉是焙烤制品的主要原料，其性能在很大程度上决定着产品生产的工艺和品质，而由于小麦品种、产区、气候、磨粉设备和方法不同，其性能会有很大差异。

(一)面粉的化学组成及工艺性能

面粉主要化学成分有蛋白质、碳水化合物、脂肪、矿物质、水分、纤维素和酶等，其含量随小麦品种及制粉方法和面粉等级而异，一般面粉的成分含量见表6-1。

表6-1　面粉的主要化学成分含量　　单位：%

品种	水分	蛋白质	脂肪	糖类	灰分	其他
标准粉	11～13	10～13	1.8～2	70～72	1.1～1.3	少量维生素和酶
精白粉	11～13	9～12	1.2～1.4	73～75	0.5～0.75	

1.蛋白质

面粉中蛋白质的含量与小麦的品种、成熟度、面粉的加工技术和等级等因素有关。蛋白质在籽粒中的分布是不均匀的，它们主要分布在胚乳中，而以胚乳外层含量最高。所以，随磨粉方法不同所制得的面粉中的蛋白质含量有所差异，出粉率高的标准粉中的蛋白质含量高于出粉率低的特制粉。

面粉中蛋白质的含量和质量不仅影响面粉的营养价值，而且还是构成面筋的主要成分，因此它与面粉的烘烤性能有着极为密切的关系。在各种谷物面粉中，只有小麦面粉的蛋白质能吸水而形成面筋。各种焙烤食品都是基于小麦粉的这种特性而生产出来的。

在小麦面粉中加水，用手工或机械糅合即得到粘聚在一起并具有粘弹性的面团，面团在水中搓洗时，淀粉、可溶性蛋白质、麸皮渐渐离开面团而悬浮或溶解于水中，最后只剩下一块有粘弹性和延伸性的软胶状物质称为粗面筋。粗面筋含水65%～70%,故又称湿面筋。湿面筋烘去水分即为干面筋。面筋富有弹性和延伸性,能保住面粉在发酵时产生的二氧化碳气体,使烘焙的产品多孔而松软。根据面粉中湿面筋的含量,可将面粉分为以下四等:

强力粉:湿面筋含量在30%以上;

中力粉:湿面筋含量在26%～30%;

中下力粉:湿面筋含量在20%～25%;

弱力粉:湿面筋含量在20%以下。

一般,强力粉适宜制作面包,中力粉适宜制作面条、馒头,弱力粉适于制糕点、饼干。

面粉中的蛋白质根据溶解性的不同可分为麦胶蛋白、麦谷蛋白、麦球蛋白、麦清蛋白及酸溶蛋白五种。其种类及含量见表6-2。麦球蛋白、麦清蛋白及酸溶蛋白溶于水或稀盐液中,称可溶性蛋白质,也称非面筋性蛋白质。麦胶蛋白和麦谷蛋白不溶于水和稀盐溶液中,称为不溶性蛋白质,麦胶蛋白与麦谷蛋白约占面粉中蛋白质总量的80%以上,是形成面筋的主要成分,也称面筋性蛋白质。麦胶蛋白具有良好延伸性,但缺乏弹性;麦谷蛋白富有弹性,但缺乏延伸性。

表6-2 面粉中各类蛋白质的种类及含量

类别	面筋性蛋白质		非面筋性蛋白质		
名称	麦胶蛋白	麦谷蛋白	麦球蛋白	麦清蛋白	酸溶蛋白
含量/%	40～50	40～50	5.0	2.5	2.5
提取介质	70%乙醇	稀酸、稀碱	稀盐溶液	稀盐溶液	水

调制面团时,面粉遇水,麦胶蛋白和麦谷蛋白迅速吸水涨润,根据经验数据:面筋的吸水量为干蛋白的180%～200%,而淀粉吸水量在30℃时仅为30%。面筋性蛋白质的涨润结果是在面团中形成坚实的面筋网络。在面筋的网络中,除主要成分是麦胶蛋白和麦谷蛋白外,还包括有淀粉粒及其他非溶性物质,这种网状结构即所谓面团的湿面筋。它和所有胶体物质一样,具有特殊的粘性、延伸性等特性。蛋白质的吸水过程及其所形成的面筋质的性能,在焙烤工艺中具有重要意义。

面筋工艺性能与面筋含量是两个不同的概念,并不一定面筋的含量高其工艺性能就好,反之亦然。评定面筋质量和工艺性能的指标有延伸性、弹性、韧性和比延伸性、可塑性。面筋的形成除了与蛋白质含量有联系外,还和面团温度、静止时间、酸碱度、面粉质量等有关。不同烘焙食品对面筋的工艺性能有不同的要求。制作面包要求弹性和延伸性都好的面粉;制作糕点、饼干则要求弹性、韧性、延伸性都不高,但可塑性良好的面粉。

2.淀粉

碳水化合物是面粉中最主要的化学成分,占面粉重量的75%。淀粉是面粉中最主要的碳水化合物,占面粉重量的67%左右。糖约占碳水化合物总量10%,所占的比例虽小,却既是酵母的碳源,又是焙烤面食色、香、味形成的基质。

面粉中的淀粉是以淀粉粒的形式存在的,淀粉粒由直链淀粉和支链淀粉构成。一般支链淀粉约占80%,直链淀粉占20%左右。直链淀粉易溶于温水中,而且几乎不显示黏度,而支链淀粉则易形成黏糊。淀粉是不溶于冷水的,当淀粉微粒与水一起加热,则淀粉吸水膨胀,其体积可增大近百倍,最后淀粉粒破裂,形成均匀的粘稠状溶液,这种现象称为淀粉的糊化。糊化时的温度称为糊化温度。小麦淀粉在50℃以上时开始膨胀,大量吸收水分,当温度升高至65℃以上时开始糊化,形成粘性的淀粉溶胶。糊化淀粉称为α—淀粉,未糊化的淀粉称为β—淀粉,其不易被酶分解。面类食品的由生变熟,实际上就是β—淀粉变成α—淀粉。经熟制的面食中的α—淀粉在冷却或储藏过程中,会逐渐变成β—淀粉,这就是淀粉的老化。淀粉的老化会使面包、蛋糕等制品的品质劣变。

小麦在磨粉时会产生部分破损淀粉。破损淀粉在淀粉酶或酸的作用下,被分解为糊精、麦芽糖、葡萄糖。淀粉的这种性质在面包的发酵、烘焙及其营养等方面具有重要意义。面团发酵时需要一定数量的破损淀粉,但面粉中的破损淀粉过多,做出的面包体积小,质量差。淀粉损伤的允许程度与面粉中蛋白质含量有关。最佳淀粉损伤程度在4.5%～8%。

面粉中的淀粉及可溶性糖有重要作用,特别是对面团的发酵更为重要,表现在以下几个方面:① 淀粉在酶的作用下水解成麦芽糖及单糖、糊精,其中前两者是酵母菌生长发育的营养源,能促进发酵速度;② 残留在面团中的未被发酵使用的糖分,在产品进行烘烤时,发生反应而产生着色作用;③ 淀粉在调制面团过程中能起调节面筋涨润度的作用,控制面筋的形成,使面团的粘度、弹性和结合力降低,从而改善面团的可塑性。如饼干生产中,常添加5%～10%的淀粉以降低韧性面团弹性或酥性面团的面筋含量。一般以小麦或玉米淀粉为佳,大米淀粉次之。面包生产中一般不使用淀粉质原料。

3. 脂肪

面粉中脂肪含量较少,通常为1%～2%。主要由不饱和脂肪酸组成,易因氧化和酶水解而酸败,因此,磨粉时要尽可能除去脂质含量高的胚芽和麸皮部分,以减少面粉中的脂肪含量,使面粉的安全储藏期延长。

4. 矿物质

面粉中的矿物质是用灰分来表示的。面粉中灰分含量的高低,是评定面粉品级优劣的重要指标。我国国家标准也将灰分作为检验小麦粉质量的重要指标之一,如特一粉灰分含量＜0.7%,特二粉灰分含量＜0.85%,标准粉灰分含量＜1.10%,普通粉灰分含量＜1.40%。由于灰分本身对面粉的焙烤特性影响不大,且灰分中都是一些对人体有重要作用的矿质元素,随着人们营养意识的提高和对可食资源的充分利用的需要,将灰分含量作为面粉质量标准之一逐渐失去它的必要性。近年来,特别是在欧洲,普遍采用粉色试验代替灰分试验。

5. 水分

我国的面粉质量标准规定特一粉和特二粉的水分含量为13.5(±0.5)%,标准粉和普通粉的水分含量为13.0(±0.5)%。面粉中的水分含量过高,面粉在贮藏时易结块并发霉变质;水分含量过低时,会导致面粉颜色深,颗粒粗。面粉含水量是调制面团加水量的依据,加水量过多,造成面团较软,弹性减弱;反之则硬,连接力小。

6. 维生素

面粉中维生素含量较少,不含维生素D,一般缺乏维生素C,维生素A的含量也较少,维生素B_1、维生素B_2、维生素B_5及维生素E含量略多一些。在焙烤过程中部分维生素会被破坏。为了弥补面粉中维生素的不足,常在面粉中添加一定量的维生素,以强化面粉的营养。

7. 酶

面粉中重要的酶有淀粉酶、蛋白酶、脂肪酶、脂肪氧化酶等，对焙烤工艺影响较大的是淀粉酶和蛋白酶。淀粉酶在发酵面团中可使淀粉转化为麦芽糖和葡萄糖，为酵母发酵提供能量，在烘烤中可大大改善面包的品质。在搅拌发酵过程中，蛋白酶的水解作用可以降低面筋强度，缩短和面时间，使面筋易于完全扩展。脂肪酶在面粉储藏中的分解作用易使面粉产生酸败，降低了面粉的品质。

(二)面粉的种类

我国根据面粉加工精度来分，即为特制一等粉、特制二等粉、标准粉、普通粉。1988年又颁布了高筋小麦粉和低筋小麦粉。随着人民生活水平的不断提高和食品工业的发展，已逐步发展专用粉生产。专用粉的品种可以按不同的用途对蛋白质和面筋质的要求分为：面包专用粉、面条专用粉、馒头专用粉、糕点饼干专用粉、强化面粉、全麦粉以及家庭用粉、自发粉、预拌粉等。

二、糖

(一)烘焙制品中常用的糖

在制作烘焙制品时，糖是一种重要的不可或缺的原料。常用的糖有蔗糖、饴糖和淀粉糖浆、果葡糖浆、蜂蜜等。目前，有的焙烤制品中还添加了糖醇、功能性低聚糖等物质，使糖又增加了一样功能——保健功能，例如低聚木糖、低聚异麦芽糖等，它们不能被人体消化酶所消化吸收，而是直接进入肠道为双歧杆菌所利用，使双歧杆菌增殖。

(二)糖在焙烤食品生产中的作用

1. 增加制品的甜味

糖使产品具有甜味，能增强食欲。

2. 可以改善制品的色、香、味、形

在面包等焙烤成熟的制品中，由糖参与的焦糖化反应和美拉德反应，可使产品表面形成金黄色或棕黄色，并产生诱人的焦香味，同时加糖制品经冷却后可以保持外形，并有脆感。

3. 提供酵母生长与繁殖所需营养

在生产面包和苏打饼干时，需要采用酵母发酵。酵母生长和繁殖需要碳源，可以由淀粉酶水解淀粉来供给，但在发酵初期，由于大分子淀粉的水解需要一定时间，此时酵母主要利用配料中加入的糖为营养进行生长繁殖，从而加快发酵速度，并使制品内部孔隙饱满，品质好。

4. 调节面团中面筋的胀润度

糖具有较强的吸水性，在面团调制过程中糖不仅吸收蛋白质胶粒之间的游离水，也会使蛋白质胶粒外部浓度增加，对胶体内部的水分会产生反渗透作用，从而降低蛋白质胶粒的吸水性，即糖的反水化作用，造成调粉过程中面筋形成量降低，弹性减弱。在生产中，根据制品的需要可充分利用这一点。例如生产酥性饼干时，可适当提高加糖量来控制面筋性蛋白质的吸水量，降低面筋形成数量来增加面团可塑性，获得酥软的口感特征。

5. 保鲜和抗氧作用

糖具有吸湿性，对某些制品可以保持内部柔软化，起到保鲜之功用，并且还原糖是天然的抗氧化剂，能起抗氧化作用，这也正是一般酥性饼干不加抗氧化剂也不易蛤败的原因。

三、油脂

(一)焙烤制品中常用的油脂

油脂是焙烤食品除糖以外的又一重要原料。油脂不仅增进了烘烤食品的色、香、味和营养价值，而且在烘烤制品的生产工艺中也起着重要作用。焙烤食品的用油要求：稳定性好、起酥性好、熔点适合、气味愉快。

1. 食用植物油

食用植物油中主要含有不饱和脂肪酸，其营养价值高于动物油脂，但加工性能不如动物油脂和人造固态油脂，植物油使用较高时易使制品出现“走油”现象。

常用的植物油有大豆油、棉籽油、菜油、花生油、芝麻油、玉米胚芽油、棕榈油等。

2. 动物油

大多数动物油都具有熔点高，可塑性强，起酥性好的特点。天然动物油中常用的是奶油和猪油。猪油、奶油虽有较好的起酥性及较高的吸收率，但其稳定性极差，使产品不耐藏，且易引起产品酸败，所以现在常使用人造奶油。

3. 氢化油

氢化油又称硬化油，是将油脂在高温下通入氢气，在催化剂作用下，使油脂中不饱和脂肪酸达到适当的饱和程度，从而提高了稳定性，改变了原有性质的一类油脂。其可塑性、粘稠度、乳化性和起酥性都优于一般的油脂，特别是具高度的稳定性，不易氧化酸败，是焙烤制品较理想的原料。

4. 人造奶油

人造奶油是指精制食用油添加适量的水、乳粉、色素、香精、乳化剂、防腐剂、抗氧化剂、食盐、维生素等辅料，经乳化、急冷捏合而成的具有天然奶油特色的可塑性油脂制品。人造奶油具有良好的涂抹性能、口感性能和风味性能，乳化性能和加工性能比奶油好等，它已成为世界上焙烤食品加工使用最为广泛的油脂之一。

5. 起酥油

凡能使烘烤食品起显著酥松作用的油脂，称为起酥油。起酥油是精炼的动、植物油脂、氢化油、酯交换油或这些油的混合物，经混合、冷却、塑化而加工出来的具有可塑性、乳化性等加工性能的固态或流动性的油脂产品。起酥油与人造奶油的主要区别是起酥油中没有水相。在国外起酥油的品种很多，几乎可用于所有的面制食品，尤其是在面包、饼干、糕点中使用最为广泛。表 6-3 为各种油脂的焙烤物理性能。

表 6-3 各种油脂的焙烤物理性能

类型	熔点(℃)	乳油性	稳定性	起酥性	性质	适用范围
猪板油	36～42	尚可	尚好	很好	较可塑性	面包、苏打饼干
氢化猪油	39～46	相当好	好	好	可塑性	面包、各种饼干
人造奶油	35～38	相当好	好	相当好	易碎	甜、咸饼干
椰子油	24	劣	优	劣	液状易发硬	夹心饼干
硬化油	35～40	尚可	优	劣	很硬、易碎	夹心饼干
起酥油	43～49	优	不定	好	不定	高油脂糕点

(二)油脂在对焙烤食品的影响

1. 提高营养价值,补充能量

油脂可增加焙烤食品的营养价值,特别是各种必需脂肪酸、脂溶性维生素、磷脂、甾醇等。同时,油脂发热量高,可以补充人体的能量。

2. 改善制品的风味与口感

各种油脂都有自身独特的风味,加入焙烤食品后不仅保持原来的特有风味,特别是经过烘烤,在水、高温以及缺空气条件下,油脂必然有少量分解成甘油和脂肪酸,脂肪酸在醇存在下,可发生再酯化,生成如乙酸乙酯的菠萝香味、丁酸乙酯的香蕉芳香等,使面包等产品产生特有芳香,改善口感。

3. 改善焙烤食品的品质

由于油脂具有可塑性、起酥性和融合性,在面团中添加时,可极大地改善制品的品质。如在搅拌面团时,油脂分布在蛋白质或淀粉周围形成油膜,限制了面粉的吸水作用,从而控制了面团中面筋的胀润性。此外,由于油脂的隔离使已经形成的面筋不易彼此黏和形成面筋网络,从而降低了面筋的弹性和韧性,提高了面团的可塑性。油脂还可在焙烤食品中起到润滑剂的作用,油脂能在面筋和淀粉之间的分界面上形成润滑膜,使面筋网络在发酵过程中的摩擦阻力减小,有利于膨胀。

另外,油脂可以包含空气及发酵过程中产生的 CO_2 气体,使制品体积增大,由于油脂包裹气体后形成大量均匀的气泡,所以使制品内色泽好。对于成品,油脂可在面筋和淀粉之间形成界面,形成单一分子的薄膜,可以防止水分从淀粉向面筋的移动,从而防止淀粉老化,延长制品保存时间。

总之,由于油脂的可塑性、起酥性和融合性,使得制品组织均匀、柔软,口感良好。对于含油量高的饼干、糕点,尤其显得酥松可口。

四、蛋与蛋制品

蛋品是生产面包、糕点等的重要原料,尤其是在蛋糕和高档面包中用量很大。鲜蛋包括鸡蛋、鸭蛋、鹅蛋等,焙烤食品中应用最多的是鸡蛋。在鲜蛋不足时,可以使用蛋制品。蛋制品种类很多,在焙烤食品中所用的蛋制品多为冰蛋、蛋粉、湿蛋黄、蛋白片等。蛋在焙烤食品中有以下作用:

1. 蛋白的起泡性

蛋白是一种亲水性胶体,具有良好的起泡性,在糕点生产中具有特殊的意义,尤其是在西点的装饰方面。蛋白经过强烈的搅拌,可将混入的空气包围起来而成为泡沫,由于

受表面张力制约，迫使泡沫成为球形。由于蛋白胶体的物质具有黏性，将加入的其他原材料附着在蛋白泡沫周围，使泡沫体变得浓厚坚实，增强了泡沫的机械稳定性。当制品在烘烤时，泡沫内的气体受热膨胀，增大了产品的体积，使制品疏松多孔并有一定弹性和韧性，因此，蛋在焙烤食品中起膨胀、增大体积的作用。

2. 改善制品的色、香、味和增进营养价值

由于蛋品中含有丰富的营养成分，添加蛋品可以提高焙烤食品的营养价值。在制品表面涂上一层蛋液，经焙烤后呈现诱人的金黄色，表皮光亮，外形美观，加蛋的面包、糕点成熟后具悦人的蛋香味，并且结构疏松多孔，体积膨大而柔软。

3. 蛋黄的乳化性

蛋黄中磷脂含量较高，且磷脂具有亲油和亲水的双重性质，是一种理想的天然乳化剂。它能使油、水和其他原料均匀地分布在一起，促进制品组织细腻，质地均匀，疏松可口，具有良好的色泽。

4. 蛋的凝固性

蛋白在热的作用下可变性凝固，形成坚实的结构，不仅可协助面粉形成制品的骨架，而且有利于制品的成型。对筋力弱的面粉或添加豆面的面粉，在生产挂面时，可加入适量的蛋液来强化制品的骨架结构。蛋糕柔软、膨松结构主要取决于蛋的多少和蛋的搅拌质量。

五、乳与乳制品

乳与乳制品因具有很高的营养价值、良好的加工性能及特有的奶酪香味，是面制食品，尤其是高档焙烤食品的重要原料之一。常用的乳及乳制品有鲜乳、奶粉、炼乳、奶油（黄油）及干酪等。乳在面制食品中有以下的工艺性能：

1. 改善焙烤食品的色、香、味

加乳焙烤食品呈显诱人的有光泽的乳黄色，这是由于含有的乳糖的作用，其乳糖不能被酵母利用，在烘烤时与氨基酸发生褐变反应，使产品色泽美观，在焙烤食品中添加乳制品可赋予产品牛奶的特殊芳香。

2. 提高焙烤食品营养价值

面粉是焙烤食品的主要原料，但面粉在营养上的先天不足是赖氨酸十分缺乏，维生素含量相对较少。乳粉中含有丰富的蛋白质和几乎所有的必需氨基酸，维生素和矿物质亦很丰富。

3. 改进面团的工艺性能

乳粉中含有的大量蛋白质可提高面团的吸水率、搅拌耐力和发酵耐力，特别是对于低筋面粉，效果更为明显。

4. 改善制品组织结构，延缓制品老化

由于乳粉增强了面筋筋力，改善了面团发酵耐力和持气性，从而使制品组织均匀、柔软、疏松并富有弹性。添加乳粉增加了面团的吸水率和成品面包体积，使制品老化速度减慢。

六、疏松剂

在焙烤食品生产中，能使制品体积膨大、结构疏松的物质，称为疏松剂，亦称膨松剂。按其来源分为生物膨松剂和化学疏松剂。化学疏松剂主要用于饼干、糕点等多糖多油脂的食品中，生物疏松剂则主要用于面包、苏打饼干等食品中。

(一)化学疏松剂

化学疏松剂是利用化学药剂在烤炉中受热分解或中和反应，释放出大量气体，使组织膨松，内部形成均匀微密的多孔性结构，从而使产品达到具有膨松酥脆的特点。包括碳酸氢钠(小苏打)，碳酸氢铵(NH_4HCO_3)以及复合疏松剂(有机酸盐与小苏打并用)。

对化学疏松剂要求：以最小的使用量能产生最多的 CO_2 气体；在冷的面团中较稳定，入炉烘烤，能迅速而均匀地产生大量气体；成品中所残留的物质，必须无毒、无味、无臭和无色；以及价格低廉，使用方便。

(二)生物疏松剂

生物疏松剂主要是酵母。酵母的主要组成成分是蛋白质，另外还含有大量的 B 族维生素。在焙烤食品中，酵母在适宜的条件下，产生大量的 CO_2 气体，可使面包疏松多孔，体积增大；并在发酵时产生的一系列产物，给面包增添特别的风味。

目前，常用酵母有三种：鲜酵母、活性干酵母和即发活性干酵母。面包酵母的主要质量指标是发酵力，即在一定时间内，在一定的温度和一定的面团种类中，发酵排出的 CO_2 的毫升数。发酵力越高，产品的质量就越好。

七、水

水是焙烤制品不可缺少的重要原料，有的焙烤制品的用水量占面粉的 50%以上。不同焙烤食品制作中加水量差别很大。用水的数量和质量既影响面食的加工工艺，又影响成品质量。

水在焙烤制品生产中，能溶解各种干性原辅料，使各种原辅料充分混合，成为均匀一体的面团；可以使面粉蛋白质吸水、胀润形成面筋网络，构成焙烤制品的骨架以及可以使淀粉吸水糊化，有利于人体消化吸收；调节水温可控制面团温度，以利于酵母生长繁殖的需要；此外，在烘烤时水又作为传热介质等。

焙烤食品生产用水，应选用符合我国生活饮用水的质量标准的水。面包用水比较严格，要求用中等硬度(8°～12°)，这样的水可增强面筋的筋性，pH 值为 5～6；糕点生产用水，一般情况下，没有硬度的限制，正常的饮用水即可使用。

八、食盐

食盐是制作面包的基本配料之一，虽然用量不大，但不可缺少。食盐能引出原料的风味，衬托发酵后的酯香味，与砂糖的甜味互补，使制品风味更加突出；一定量的食盐有利于酵母的生长，提高发酵速度，但用量过多则会抑制酵母的生长繁殖，能降低发酵速度，因此，可通过增加或减少盐的用量，来调节控制面团发酵速度；食盐可促进面筋的吸水能力，增加面筋的韧性和弹性，使面筋质地紧密，提高面团的持气能力；可使面包组织细密，蜂窝壁薄且透明，从而改善面包的颜色和色泽。

食盐的添加量应根据所使用面粉的筋力，配方中糖、油、蛋、乳的用量及水的硬度具体确定。食盐一般是在面团即将形成时添加。

九、其他

(一)香精和色素

1. 香精

适量地添加食用香精，可以提高制品的风味，掩盖某些原料带来的不良气味。在焙烤制品中，饼干是使用它们最广泛的品种。面包中除少数品种使用一些香兰素香精外，大部分品种不使用香精。

一般，饼干中常用的有水果味香料及香兰素、奶油、巧克力、可可、桂花、蜂蜜等香精油。用量约为0.05%～0.15%。

2. 色素

饼干中一些特色品种如夹心饼干，巧克力饼干，蛋卷等中常有应用。色素有助于改善饼干的外观，使之鲜艳夺目，色调和谐，以增强人们的食欲。面包中则使用得较少，糕点的花朵装潢上常使用。一般在使用色素前多将它们配成溶液使用。

(二)强化剂、面团改良剂

1. 强化剂

用于焙烤类食品的强化剂要求符合国家有关标准，如无毒及其他副作用，价低，供应方便；添加后不影响制品的固有风味和质量；对热稳定。

强化剂可以在原料中添加，或者在加工过程中添加，又可在成品中混入。

2. 面团改良剂

有面包面团改良剂和饼干面团改良剂。

面包生产中，对于品质正常的面粉，不必使用面团改良剂，只有当面粉品质不正常或湿面筋含量低，筋力又弱的面粉投产时，才使用它，其目的在于改良面筋品质，提高面团的保气能力，加快发酵过程，缩短发酵时间，有些改良剂还可以增加面包体积，改善面包内部组织结构和外皮色泽，提高面包质量。

饼干生产中酥性面团常产生粘辊筒、帆布、印模等问题，通常用卵磷脂降低面团粘度，改良制品的酥松度，卵磷脂在烘烤时因分解和焦化而使饼干上色，还作为抗氧增效剂。

第二节　面包生产

面包是一种经过发酵的烘焙食品，是将小麦面粉、酵母、水、盐和其他辅料(如鸡蛋、油脂等)加水调制成面团，再经过发酵、整形、成型、烘烤等工序而制成的组织松软、富有弹性的制品。其营养丰富，组织膨松，易于消化吸收，芳香可口，食用方便，易于机械化和大批量生产，深受广大消费者的喜爱。

一、面包的分类

面包的种类繁多,分类方式也多。

(一)按风味分类

按面包的风味可分为主食面包、花色面包、调理面包和丹麦酥油面包等。

(二)按面包柔软度分类

按面包柔软度分类可分为软式面包、硬式面包等。

(三)按面包形状分类

按面包形状可分为枕形、圆形、棱形、三角形、夹层型、包馅型及各种花样面包。

(四)按地域用料特点分类

按地域用料特点可分为法式面包、意式面包、德式面包、俄式面包、英式面包、美式面包。

此外,还可按加糖量和加盐量的不同分为甜面包和咸面包;按配料不同可分为高级面包和普通面包;按成形方法的不同分为听形面包和非听形面包;按添加的特殊原料可分为果子面包、夹馅面包、油炸面包及全麦面包、杂粮面包等。举世闻名的汉堡包和热狗,就属于夹馅面包,有圆形和菱形的,夹料为牛肉饼、小红肠等多种,是国外受欢迎的主食品之一。

二、面包生产的配方

面包配方的合理拟定,关系到产品的营养价值和工艺性能。所以,对面包的配方必须给予足够的重视。

面包配方中的基本原料是面粉、酵母、水、食盐,辅助材料有砂糖、油脂、蛋品、乳品、改良剂等。在拟定配方时,各种原辅料的用量由面包的品种和原辅料的性能决定,其比例必须恰当。面包的配方一般是以小麦粉的用量为 100 作为基准,其余的各种原料,用占小麦粉的百分数来表示。

原料的配比一般还需遵循以下原则:要符合食品安全;符合当地人群的口味;要充分利用当地原料的优势;要适合当地的消费水平等基本原则,并根据面包对色、香、味、营养成分、组织结构等方面要求来确定。表 6-4 为各种面包原辅料配方实例。

表 6-4　各种面包原辅料配方实例

原料	主食面包(烘焙%)	蛋奶面包(烘焙%)	咸味面包(烘焙%)	椰子面包(烘焙%)	葡萄干面包(烘焙%)
高筋粉	100	100	100	100	100
酵母	0.8	1.5	0.9	1	1
食盐	0.4	0.4	2	1	1.5
白砂糖	8	18	6	15	12
奶粉	—	9	3	4	5
植物油	—	1	8	3	7
鸡蛋	—	18	5	4	6
	—	牛奶香粉 0.5	牛奶香粉 0.5	椰蓉 10	葡萄干 15
水	55	55	55	55	55
改良剂	0.5	0.4	0.4	0.5	0.5

三、面包的生产工艺

(一)面包制作方法

面包制法一般分为三类:以发酵作用为基础的传统方法,以机械作用为基础的面团快速机械起发法及发酵与机械作用结合的混合法。

1. 以发酵作用为基础的传统方法

它包括一次发酵法,二次发酵法及三次发酵法。

(1)一次发酵法

一次发酵法又称直接发酵法,其基本做法就是将所有的原料全部加入,调粉后经过一次发酵而制出面包的方法。

一次发酵法特点:面包生产周期短,生产效率高,节省人力、动力和设备,面包口感和风味较好,酸度低。但是,酵母用量大,生产灵活性差,质量不如二次发酵佳。面包体积不够大,蜂窝壁厚,面包易老化,不耐贮藏。这种生产方法适用于生产规模小的厂家,即生产出来马上投放市场。

(2)二次发酵法(又称中种法、分醪法)

是美国 19 世纪 20 年代开发成功的面包制作法。首先将部分面粉(30%～70%)及全部酵母和适量水调制成"中种面团",进行第一次发酵,发酵完成后再将剩余的原辅料全部加入,进行主面团调粉,调制面团后进行第二次发酵,这种方法称二次发酵法。

二次发酵法特点:面团充分吸水,生产的面包质量好,面包瓤膜薄,制品软,组织细腻,蜂窝壁薄,富有弹性,面包体积大,色泽好,发酵风味浓,香味足;老化速度慢,贮存保鲜期长;生产容易调整,节省酵母用量。但生产周期长,效率低,需要设备、劳力、车间面积较多。目前我国多数食品厂采用二次发酵法。

(3)三次发酵法

三次发酵法是最古老的发酵方法,它调制面团是分三次投料,因操作麻烦,一般不采用。

我国一些城镇的食品厂用酒花引子制面包时,一般都采用三次发酵法。其特点:生产周期长,生产效率低,耗能多,已逐渐被淘汰。

2. 以机械作用为基础的面团快速机械起发法

它是当前世界上最先进的面包快速生产法,是根据快速搅拌产生能量而促使面团起发的原理而设计的。这种方法的操作是在面粉中加入大量的酵母和氧化剂,进行强烈的机械搅拌,把调粉和发酵两个工序结合在一起,在调粉中完成发酵,无需再单独进行发酵。

特点:生产效率高,生产周期短,出品率高;在调粉的同时就完成了发酵,所以减少了生产设备和车间面积;产品风味有独到之处;还可使用面筋含量低的面粉制作面包;此法机械化程度高,面包不与人手接触,保证了面包的卫生。但缺乏发酵产品特有的口感和香气、产品易老化、成本高。

3. 发酵与机械作用结合的混合法

它吸取前两种方法的优点,并加以综合而成的新生产方法。此法产出的面包具有一定的发酵香味,慢削性能比发酵法好,生产周期短,效率高。

(二)面包基本工艺流程

制作面包最常用的是二次发酵法,其工艺也最为典型。二次发酵法的工艺流程如下:

原辅料的处理→第一次调制面团→第一次发酵→第二次调制面团→第二次发酵→整形→醒发→烘烤→冷却→包装→成品

1.原辅料的处理

在面包生产中,原辅材料的处理是一个重要工序。原料经过合理处理后,才能符合生产工艺要求,为提高产品质量创造条件。原辅料处理包括面粉的处理、酵母的活化、水质的调整及其他原辅材料的处理。

(1)面粉的处理

小麦面粉是生产面包的主要原料,其品质的好坏决定面包的生产工艺和面包的质量。在生产前应根据季节不同而适当调节面粉温度,使之适合工艺要求,满足发酵的最佳温度。冬季将面粉提前2～3d搬入车间或暖房中以提高粉温;夏季则存放于低温干燥和通风良好的地方,以便降低其温度。面粉使用前需过筛吸铁,既可清除杂质,打碎团块,又可混入空气。

(2)酵母的活化

酵母是通过呼吸和发酵作用产生二氧化碳来膨松面团,所以它本身质量的好坏对面包生产有十分重要的影响。制作面包常用的酵母有鲜酵母、活性干酵母和即发活性干酵母三种。除即发活性干酵母可直接使用外,鲜酵母和活性干酵母在使用前都需要进行活化处理,鲜酵母活化方法如下:

将鲜酵母放于5倍重量的温水(25℃～28℃)中,加入少量糖,用木棒搅拌,把酵母块搅碎溶化,放置20～30min,当表面出现大量气泡时即可投入生产使用。干酵母的活化方法与鲜酵母相同,只是所需时间更长些。

(3)水的处理

面包生产用水一般以中等硬度最为适宜,即8°～12°,pH值为5～6,不满足上述条件的水均应进行处理,否则会造成制品的缺陷。对硬度过大或过小的水,可分别加碳酸钠或硫酸钙等来处理。对于不适合面包生产的碱性水和酸性水,可分别用乳酸和碳酸钠进行中和。再经沉淀过滤、调节水温,即可使用。

(4)其他几种辅料的处理

①糖与盐的处理

白砂糖粉碎成糖粉或将其用温水溶化后经过滤再使用;糖浆也要过滤。盐需用水溶化过滤。

②油脂

普通液态植物油、猪油等可直接使用。而奶油、人造奶油、氢化油等油脂在低温时硬度很高，可以用文火加热，或用搅拌机搅拌，使其软化，这样使用时可以加快调面速度，使油脂均匀分布在面团之中。加热软化时，要掌握火候，不宜使其完全溶化，否则会破坏其乳状结构，降低成品质量。

③奶粉

必须先用适量的水将奶粉调成乳状液后使用。注意不要将奶粉直接投入调料机中，以免奶粉结块，而影响面团调制的均匀性。

2. 面团的调制

面团调制俗称和面或调粉，是指将处理过的原辅料按配方要求的用量，并根据一定的投料顺序，调制成具有适宜加工性能面团的操作过程。它是影响面包质量的决定性因素之一。

(1)面团调制的目的

面团调制的目的有：①使所有的原辅料充分分散和均匀混合，形成质量均匀的整体；②加速面粉吸水、胀润形成面筋的速度，缩短面团形成时间；③扩展面筋，促使面团具有良好的弹性和延伸性，改善面团加工性能；④使空气进入面团中，尽可能地包含在面团内，并且尽量达到均匀分布的目的；⑤使面团达到一定的吸水程度、pH值、温度，提供适宜的养分供酵母利用，使酵母能最大限度地发挥产气能力。

(2)调制的六个阶段

根据面团在调制过程中的物理性质的变化，可将面团的调制分成如下六个阶段：

①拌和阶段

干性材料与湿性材料相互混合，水化作用仅在面粉表面发生，面筋未形成。面团湿润不均匀，外表湿粘、粗糙，以手触摸时面团较硬且无弹性和延伸性，很粘。

②吸水阶段

此阶段面粉已完成了全部吸水任务，面团成为一体，水化作用基本结束，并有部分蛋白形成面筋，但尚未达到成熟。这阶段特性：面团已不粘搅拌器和调粉机壁了。用手捏面团，仍有粘性，手拉面团无良好的延伸性，易断裂，缺少弹性，表面湿润。

③面筋扩展阶段

随面筋的形成，面团有很大的弹性，表面逐渐趋于干燥，较光滑且有光泽，有弹性，较柔软，用手拉面团，具有延伸性但仍易断裂。

④完成阶段

此阶段面筋已完全形成，具有良好的延伸性，面团干燥、柔软且不粘手。这时面团随搅拌钩的转动又会再黏附在缸壁，但当搅拌钩搅离开时又会随钩而离开，并会发出“噼啪”的打击声和“嘶嘶”的粘缸声。此时面团的表面干燥而有光泽，且面团内部细腻整洁无粗糙感；用手拉面团时有良好的弹性和延伸性，面团非常柔软并且能拉出一块很均匀的薄膜状而不断裂破碎。此阶段为最佳状态，即可停止调粉，开始发酵。此阶段是大多数面包产品面团搅拌结束的适当阶段。

⑤搅拌过度阶段

若继续搅拌，则面筋超过了搅拌耐度逐渐开始断裂。面团开始黏附在缸边而不随搅拌钩的转动离开，面筋胶团中吸收的水分溢出，面团表面就会出现游离水浸湿现象，并开始出现粘性，流动性增强，面团明显变得柔软及弹性不足，用手拉成薄膜后，产生流散状的下垂现象。面团到此阶段会对制品的质量产生不良影响。这个阶段称为搅拌过度阶段，此时又称危险期。

⑥破坏阶段

若继续搅拌，就会使面团结构破坏。面团开始水化，越搅越稀，面团变成半透明且流动性很大。搅拌钩已无法再将面团卷起，面团开始水化且表现非常湿而黏手，用手拉取时手掌上会有一丝丝的线状透明胶质出现，已洗不出面筋。这时面筋已彻底被破坏，称之为破坏阶段，这种面团已不能用于面包的制作。

3. 面团调制技术

面团调制和面团发酵有密切联系，也是影响产品质量、面包制作的两个关键性环节。

投料顺序根据面团的发酵方法来确定。面团的发酵方法常用的有一次发酵法和二次发酵法。

(1)一次发酵法的面团调制技术

一次发酵法调制面团的投料顺序是将全部的面粉和水投入和面机内，再将砂糖的水溶液及其他辅助材料一同加入和面机内，开始搅拌后加入已准备好的酵母溶液，待混合片刻后面筋未充分扩展时加入油脂，在搅拌完成前 5～6min 加入盐，继续搅拌至面团成熟。调制时间为 15～20min。

(2)二次发酵法的面团调制技术

二次发酵法调制面团是分两次进行的，第一次是将全部面粉的 30%～70%及全部酵母溶液和适量的水调制成软硬适当的均匀面团，待其发酵成熟后，即进行第二次调制面团。第二次调制是将第一次发酵成熟的面团放到和面机中，加入剩余的原辅材料和适量的水搅拌，最后加入油脂调至成熟，再进行第二次发酵。第一次和第二次调出的面团温度分别是 27℃～29℃和 28℃～32℃。

(三)面团的发酵

面团发酵是酵母利用面团中的糖类与其他营养物质，在氧气的作用下进行生长繁殖，产生大量 CO_2 气体和其他物质，使面团起发、膨松、富有弹性，并赋予成品特有的色、香、味、形的过程。是继搅拌后面包生产中的第二个关键环节。

1. 面团发酵的目的

面包发酵的目的为：①使酵母大量繁殖，产生 CO_2，促进体积膨大；②面团中积累发酵产物，赋予产品芳香和风味；③使面团具有良好的延伸性和多孔结构；④增强面团的持气能力。

2. 面团发酵的基本原理

面团发酵中过程，产生了许多生化变化。

(1)酵母的变化

面团调制时所加入的酵母数量远不足面团发酵所需。因此采用二次发酵法时，第一次面团发酵的目的就是使酵母大量增殖，为二次发酵、最后醒发积累后劲和发酵力。

从面团调制开始酵母就利用单糖和低氮化合物开始繁殖，产生大量的新芽孢。酵母在发酵过程中生长繁殖所需的能量，主要依靠糖分解时所产生的热能来供应。面团发酵温度控制在 28℃～30℃，利于酵母繁殖。

(2)面团发酵过程中可溶性糖的变化

面团内所含的可溶性糖有单糖和双糖。其中单糖类主要是葡萄糖、果糖，双糖主要是蔗糖、麦芽糖、乳糖。一般情况下，面粉中的单糖是很少的，而酵母的发酵仅能利用单糖。面团发酵中所需单糖的来源：一是配料中加入的蔗糖在酵母分泌的转化酶的作用下生成葡萄糖，另一方面，淀粉经一系列水解成葡萄糖。

面团发酵中，当各种糖共存时，其被利用的顺序是不同的，酵母首先利用葡萄糖进行发酵，而后才能利用果糖。酵母不能利用乳糖，但乳糖对面包的着色起着良好的作用。

面团在发酵中所积累的气体有两个来源：酵母呼吸作用和酒精发酵。

(3)面团发酵中酸度的变化

面团酸度的变化，主要是由乳酸发酵引起的，还有醋酸发酵及酪酸发酵在同时进行，在面包生产中应尽量避免这后两种发酵。

面团发酵中的产酸菌主要是嗜温性菌，当面团发酵在28℃～30℃进行时，产酸量不大。如果在高温下发酵，它们的活性增强，会大大增加面包的酸度。而面团的pH值与面包的持气性和容积大小密切相关。当pH值为5.5时，面包容积最佳。故在面团发酵管理上一定要控制pH值不低于5.0，否则面包体积减小。

(4)面团发酵中风味物质的形成

面团发酵的目的之一是通过发酵形成风味物质，在发酵中形成的风味物质大致有以下几类：

酒精：酒精发酵形成的。

有机酸：以乳酸为主，并含有少量醋酸、蚁酸、酪酸等。

酯类：是以酒精与有机酸反应而生成的带有挥发性的芳香物质。

羰基化合物：包括醛类、酮类等多种化合物。它们是面包风味重要成分，要经过较长时间才能生成，故二次发酵生产的面包则香气充足。

3.面团发酵技术(二次发酵法)

二次法的面团发酵有两次主要的发酵过程。第一次发酵是将第一次调制完毕的面团放入发酵室内发酵，发酵室温度为27℃～29℃，湿度为70%～75%，发酵2～4h，待面团发酵成熟后，就可进行第二次调粉、发酵。

第二次发酵是将第一次发酵成熟的面团，放在调粉机内，加入剩余的原辅基料，调制成面团后，在28℃～32℃下2～3h即可发酵成熟。

面团成熟度与面包质量有密切关系。用成熟面团制得的面包，皮薄有光泽，瓤内的蜂窝壁薄弱，半透明，有酒香和酯香；用成熟不足的嫩面团制得的面包，面包容积小，皮色深，瓤内蜂窝不均匀，香味淡；用成熟过度的面团制得的面包，皮色淡，有皱纹，灰白色，无光泽，蜂窝壁薄，有大气泡，有酸味和不正常的气味。因此，判别面团的适宜成熟度，是面团发酵技术中的重要环节。

(四)面团的整形

将发酵好的面团做成一定形状的面包坯叫做整形，包括分块、称量、搓圆、静置(中间醒发)、做形、装盘或装模等工序。整形室所要求的适宜条件为：温度25℃～28℃，相对湿度60%～70%。

1.面团的分块和称量

面团的分块和称量是按照成品的重量要求，把发酵好的大块面团分割成小块面团，

并进行称量。分块和称量工序有手工操作和机械操作两种。一般面包坯在烘烤中将有10%～12%的重量损耗,故在分块和称重时,必须把这一重要损耗计算在内。

面团在分块和称量期间,面团还继续着发酵过程,面团的气体含量、相对密度和面筋的结合状态都在发生变化,所以在分块工序中最初的面团和最后的面团的性质是有差异的。为了把这种差别限制在最小限度,分块和称量应在尽量短的时间内完成,最理想是15～25min以内完成。

2. 搓圆和静置

搓圆是将切块后不规则的小面块搓成圆球状,使面包内部组织结实均匀,表面光滑。再经过12～18min静置,使紧张面团得以缓和松弛,酵母恢复活性,持气性增强,面团柔软,易于成形,不粘附机器。搓圆分为手工搓圆和机械搓圆。

3. 做形和装模

做形是将静置的面团,经过机械或手工加工成产品要求的形状。操作方法有:滚、搓、包、捏、卷、擀、箍、挤、切、割、叠、编等。操作者根据品种的需要,采用不同的操作手法,可制作出形态各异、口味不同的面包制品,然后就可装模(或烤盘),进入醒发阶段。

(五)醒发

又称成型、最终发酵,整形完毕后的面包坯要经过醒发才能烘焙。醒发的目的是消除在整形过程中产生的内部应力,使面筋进一步结合,增强其延伸性;酵母进行最后一次发酵,进一步积累产物,使面包坯膨胀到所要求的体积,以使成品疏松多孔。

醒发在醒发室中进行。醒发条件为:温度掌握在36℃～38℃,最高不超过40℃,相对湿度为80%～90%,以85%为适宜,时间一般为40～60min。

为了增加面包皮的光泽、丰润、皮色美观等,可在醒发后入炉烘烤前,在面包坯表面刷上一层蛋液。

(六)烘焙

成型后的面包坯应立即送入烤炉进行烘焙。烘焙是决定面包最终价值的关键工序,生产流水线上,其他所有的设备能力均要以烤炉的能力为基准来衡量,因此烤炉是决定产量的主要设备。

烘焙过程中,面包坯在炉内经高温作用发生一系列的物理、生化变化及微生物学的变化。在这个过程中,直到醒发阶段仍在不断进行的生物活动被终止,微生物及酶被破坏,不稳定的胶体变成凝固物体,淀粉、蛋白质的性质也由于高温而发生凝固变性;焦糖、类黑色素及其他使面包产生特有香味的化合物,如羰基化合物等物质生成。这些变化的结果是使面包坯由“生”变“熟”,从而使面包坯成为组织膨松、富有弹性、表面呈金黄色、香甜可口的制品。

1. 烘焙工艺

(1)面包的烘焙过程

面包烘焙应采用三段温区控制的方法。

①第一阶段:亦即入炉的初期阶段。面包坯在炉温宜低而相对湿度(60%～70%)较高的条件下烘焙,要求这个阶段的炉温是面火要低,以防面包坯表面很快固结,一般控制在120℃左右;底火要高,使面包坯底面大小固定,体积增大,一般控制在200℃～220℃,

不要超过 260℃。

②第二阶段：本阶段是面包的成熟阶段。此时面火可达 270℃，使面包很快定形，面包内部达到 50℃～60℃，面包体积已基本达到成品体积要求，面筋已膨胀至弹性极限，淀粉已糊化，酵母活动已停止。因此，该阶段需要提高温度使面包定形。面火、底火可同时提高，面火为 200℃～250℃，底火可控在 270℃～300℃，烘焙时间约为 3～4min，使面包定形成熟。

③第三阶段：此阶段是使面包上色、增加香气、提高风味的主要阶段。此时，面包已经定形并基本成熟，炉温可降低到面火为 180℃～200℃，底火为 140℃～160℃，面包坯经过三个阶段的烘焙，即可生成色、香、味俱佳的面包。

(2)面包的烘烤时间

烘焙时间长短受烘烤温度、面包大小、炉内湿度、面包种类、模具和烤盘、面包形状等因素的影响。

若烘焙温度一定，可据面包坯的大小和形状来确定。一般情况下，面包坯的重量越大，烘烤温度不应太高，烘烤时间就越长；同样重量的面包坯，圆形的比长形的烘烤时间要长，厚的比薄的时间长；装模面包比不装模面包所需烘焙时间要长。使用较多砂糖、鸡蛋等辅料的点心面包，极易上色，入炉温度必须降低，通常为 175℃～180℃，烘焙时间适当延长，否则易出现外焦里不熟的现象。

以上是烘焙过程，可以看出，面包烘烤的关键在于正确掌握烘烤温度及时间，应据具体情况来确定，比如面包种类、大小、配料等。对于烘烤成熟的面包要及时出炉，以免面包表面烤焦，影响成品质量。

2. 面包表皮在烘焙中的褐变

面包在烘焙中产生的金黄色或棕黄色的表面颜色，主要由以下两种途径来实现：

(1)美拉德反应

面包坯中的还原糖如葡萄糖和果糖，与氨基酸之间产生羰氨反应，产生有色物质。这个过程称为美拉德反应。美拉德反应的结果，不仅使表面产生悦目的颜色，而且产生芳香味。这种香味是由各种羰基化合物形成的，其中醛类起着主要作用。在美拉德反应中产生的醛类，包括糠醛、羟甲基糖醛、乙醛、异丁醛、已—甲丁醛、甲醛、苯乙醛、已—羟基丙醛、丙酮醛等，赋予面包香味的还有醇和其他成分。

(2)焦糖化反应

糖在高温下发生的变色作用称为焦糖化反应。参加焦糖化反应的糖包括酵母发酵剩余的蔗糖、麦芽糖、果糖、葡萄糖等。

此外，鸡蛋、乳粉、饴糖、果葡糖浆等均有良好的着色作用。

(七)面包的冷却与包装

1. 冷却

刚出炉的面包温度很高，皮温在 180℃以上，中心温度达 98℃左右，而且皮脆瓤软，没有弹性，经不起压，如果立即进行包装，因受到挤压或机械碰撞，必然会造成面包表皮断裂、破碎或变形。同时，由于温度高，热蒸气不易散发，易在包装内结成水滴，使皮和瓤吸水变软，则面包不经压，易变形，同时也给微生物的繁殖创造了条件，使面包易变质。因此必须将其中心冷却至接近室温时方可包装。

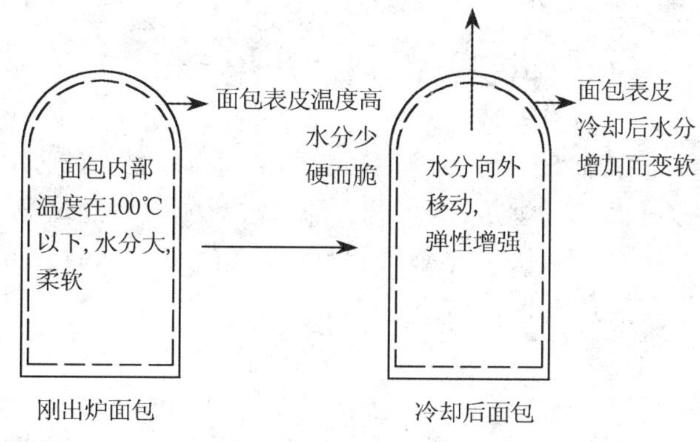

图 6-1　面包冷却机制模型

冷却的方法有自然冷却和通风冷却两种。由于自然冷却所需的时间太长，所以普遍采用通风冷却。面包冷却场所的适宜条件：温度 22℃～26℃，相对湿度 75%，空气流速 180～240m/min。

2. 包装

冷却好的面包如长期暴露在空气中，其水分易散发，使成品变硬老化，失去面包松软适口的特点和特有的风味。因此，应及时包装。这样可避免失水变硬，保持面包的新鲜度及其清洁卫生和增进美观。

四、面包质量管理

(一)面包的老化及防止

面包在贮藏和运输的过程中最显著的变化就是“老化”，也称陈化、硬化或固化。面包老化后口味变劣，组织变硬，易掉渣，失去风味，口感粗糙，下咽困难，其消化吸收率降低。

可以通过调整温度，选择适当的原材料，使用乳化剂等添加剂，采用合适的加工条件和工艺以及包装等措施来延缓面包老化。

(二)面包的腐败及预防

1. 瓤心发粘

面包瓤心发粘，是由普通马铃薯杆菌和黑色马铃薯杆菌引起的。

预防方法：检查原材料；工具应经常进行清洗消毒；厂房定期消毒；适当提高面包的 pH 值。

2. 面包皮霉变

面包皮发生霉变是由霉菌作用引起的。可采用下述措施防止霉变：对厂房、工具定期进行清洗和消毒；定期使用紫外线灯照射和通风换气；使用防腐剂，用 0.05%～0.15%醋酸或 0.1%～0.2%乳酸，在防霉上有良好效果。

第三节 饼干生产

饼干是以小麦粉(可添加糯米粉、淀粉等)为主要原料,加入(或不加入)糖、油脂及其他原料,经调粉(或调浆)、成型、烘焙(或煎烤)等工艺制成的口感酥松或松脆的食品。其营养丰富,水分含量少,体积小,块形完整,便于包装和携带。从食用角度和方便性来说,饼干是一种营养价值高、食用方便的大众食品。

一、饼干分类

目前,我国已对饼干分类进行了规范,标准中按加工工艺把饼干分为了13类,具体分类情况如下:

1. 酥性饼干

以小麦粉、糖、油脂为主要原料,加入膨松剂和其他辅料,经冷粉工艺调粉、辊压或不辊压、成型、烘烤制成的表面花纹多为凸花、断面结构呈多孔状组织、口感酥松或松脆的饼干。

2. 韧性饼干

以小麦粉、糖(或无糖)、油脂为主要原料,加入膨松剂、改良剂及其他辅料,经热粉工艺调粉、辊压或辊切、冲印成形、烘焙制成的造型多为凹花、外观光滑、表面平整、一般有针眼、断面结构有层次、口感松脆的饼干。

3. 发酵饼干

以小麦粉、油脂为主要原料,酵母为膨松剂,加入各种辅料,经调粉、发酵、辊压成形、烘焙而成的松脆具有发酵制品特有香味的烘焙食品。

4. 薄脆饼干

以小麦粉、油脂为主要原料,加入调味品等辅料,经调粉、成型、烘焙而成的薄脆的烘焙食品。

5. 曲奇饼干

以小麦粉、油脂、糖、乳制品为主要原料,加入其他辅料,经调粉,采用挤注、挤条、钢丝切割方法中一种形式成型、烘烤制成的具有立体花纹或表面有规则波纹的酥化食品。

6. 夹心饼干

在两片饼干之间夹以糖、油脂或果酱为主要原料的各种夹心料的多层夹心食品。

7. 威化饼干

以小麦粉(或糯米粉)、淀粉为主要原料,加入乳化剂、膨松剂等辅料,经调浆、浇注、烘烤而制成多孔状松脆片子,在片子之间夹以糖、油脂为主要原料的各种夹心料的多层夹心食品。

8. 蛋圆饼干

以小麦粉、糖、鸡蛋为主要原料,加入膨松剂、香料等辅料,经搅打、调浆、浇注、烘烤制成的松脆食品,俗称蛋基饼干。

9. 粘花饼干

以小麦粉、白砂糖或绵白糖、油脂为主要原料,加入乳制品、蛋制品、疏松剂、香料等辅料，经调粉、成型、烘烤、冷却、表面裱粘糖花、干燥制成的松脆焙烤食品。

10. 蛋卷

蛋卷是以小麦粉、糖、鸡蛋为主要原料，加入膨松剂、改良剂、香精等辅料，经调浆(发酵或不发酵)、浇注或挂浆、烘烤、卷制而成的松脆食品。

11. 煎饼

煎饼是以小麦粉、糖、油(或无油)、鸡蛋为主要原料，加入膨松剂、改良剂、香精等辅料，经调浆(发酵或不发酵)、浇注或挂浆、煎烤而成的松脆食品。

12. 水泡饼干

以小麦粉、糖、鸡蛋为主要原料，加入膨松剂，经调粉、多次辊压、成型、沸水烫漂、冷水浸泡、烘烤制成的具有浓郁蛋香味的疏松、轻质的饼干。

13. 其他

除以上 12 类之外的饼干，均属其他类。

二、饼干生产的配方

饼干生产的所用的原辅料与面包相似，所不同的是饼干使用的面粉是低筋粉，而且饼干生产中需用较多的香精、香料、色素、抗氧化剂、化学疏松剂等。各种饼干的常用基本配方见表 6-5 至表 6-7。

韧性饼干配方中油糖使用量较少，标准配比为油：糖＝1：2.5，油＋糖：小麦粉＝1：2.5左右。酥性饼干的配方中油：糖＝1：1.35～2，油＋糖：小麦面粉＝1：1.35～2。

表 6-5　韧性饼干配方

原料	基本配方	普通韧性	牛奶饼干	动物饼干	钙质饼干
面粉 / kg	94	94	94	94	94
淀粉 / kg	6	6	6	6	6
精炼油 / kg	12	8	-	10.7	6.7
猪油 / kg	-	1.5	18	-	4
磷脂 / kg	1	-	-	2	1.6
白砂糖粉 / kg	30	21	31	31	18.7
淀粉糖浆 / kg	3～4	4			1.0
全脂奶粉 / kg	3	-	1.3	-	-
鸡蛋 / kg	-	-	1.3	-	-
食盐 / kg	0.3～0.5	0.43	0.2	-	0.43
小苏打 / kg	0.7	0.8	1.0	1.0	0.8
碳酸氢铵 / kg	0.4	0.5	0.4	0.4	0.4
碳酸氢钙 / kg	-	-	-	-	1.0
香油 / kg	0.1	-	-	1.6	-
抗氧化剂 / g	1.2	1.2	2.8		1.6
柠檬酸 / g	2.4	2.4	5.6	3.2	3.2
亚硫酸氢钠 / g	-	4.5	4.5	4.5	4.5
奶油香精 / ml	-	-	50	-	-
香兰素 / g	-	-	24	-	-
水果香精 / ml	适量	35		60～100	40～80
水	适量	适量	-	-	-

表 6-6　几种酥性饼干配方

原料名称	酥性饼干基本配方	普通酥性饼干品种		高档酥性饼干品种	
		牛奶	甜趣	巧克力	奶油
面粉 / kg	93	93	93	90	90
淀粉 / kg	7	7	7	10	10
糖粉 / kg	32～34	28.4	33.6	36	36.7
葡萄糖浆 / kg	—	4.0	—	3.0	1.33
起酥油 / kg	14～16	—	16	14	21.3
奶油 / kg	—	2.0	—	12	6.67
猪油 / kg	—	15	—	—	—
磷脂 / kg	1	1	1	—	—
全脂奶粉 / kg	4	4	—	6.67	6
鸡蛋 / kg	—	—	—	—	4
食盐 / kg	0.5	0.33	—	0.83	0.5
香精 / ml	适量	—	—	巧克力 200	奶油 300
香兰素 / g	—	—	60	33	33
可可粉 / kg	—	—	—	12	—
小苏打 / kg	0.6	0.67	0.6	0.33	0.33
碳酸氢铵 / kg	0.3	0.33	0.33	0.17	0.17
BHT / g	—	2.67	2.67	4.67	5.33
柠檬酸 / g	—	4.0	5.3	9.33	10.67
水	适量	适量	适量	适量	适量

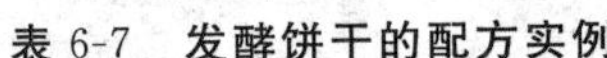

表 6-7　发酵饼干的配方实例

原料名称	饼干品种			
	基本配方	无夹油酥苏打	夹油酥苏打	甜苏打
面粉 / kg	100	100	100	100
起酥油 / kg	16	16	16	20
磷脂 / kg	1	1	—	0.6
糖粉 / kg	—	—	—	3.0
淀粉糖浆 / kg	—	2.2	2.0	—
全脂奶粉 / kg	2	—	—	—
鸡蛋 / kg	4	—	—	—
食盐 / kg	1	1.6	1.8	1.6
小苏打 / kg	0.5	0.6	0.5	0.4
鲜酵母 / kg	0.5	0.6	0.4	0.4
香兰素 / g	—	44	20	40
抗氧化剂 / g	1.6	2	2.5	2.7～3
柠檬酸 / g	3.2	4.5	4.4～8	2.7～8
亚硫酸钠 / g	—	18	16	16

三、饼干生产工艺

(一)饼干的生产工艺流程

饼干的基本工艺流程为：

原辅材料的选择与处理→面团调制→辊轧→成型→焙烤→冷却→包装→成品

但不同各种类型的饼干生产工艺差别较大，这里主要介绍韧性饼干、酥性饼干、苏打饼干的生产工艺。

1. 韧性饼干生产工艺流程

韧性饼干在国际上被称为硬质饼干，一般采用中筋小麦粉制作，而面团中油脂与砂糖的比率较低，为使面筋充分形成，需要较长的时间进行调粉，以形成韧性极强的面团，其工艺流程如图 6-2 所示。

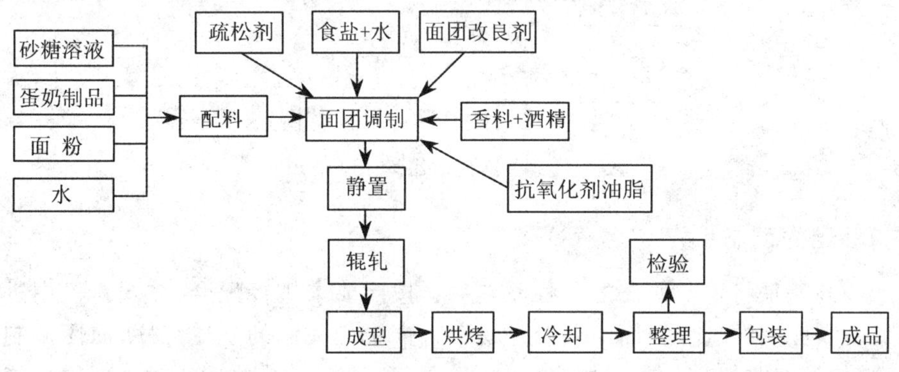

图 6-2 韧性饼干生产工艺流程

2. 酥性饼干生产工艺流程

酥性饼干外观花纹明显、结构细密、孔洞较为显著、呈多孔性组织、口感酥松，属于中档配料的甜饼干，其工艺流程如图 6-3 所示。

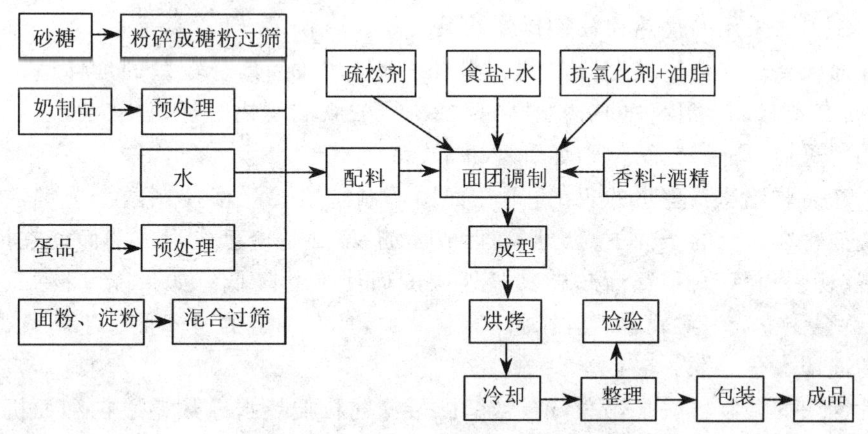

图 6-3 酥性饼干生产工艺流程

3. 苏打饼干生产工艺流程

苏打饼干生产工艺流程如图 6-4 所示。

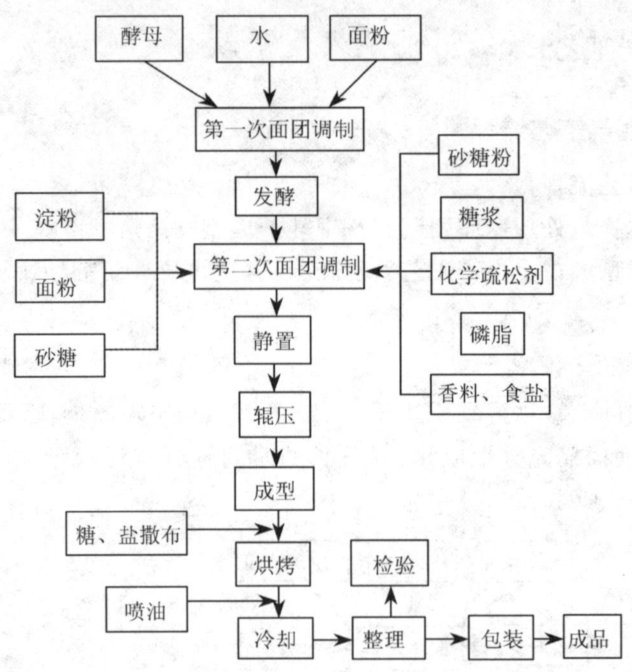

图 6-4　发酵饼干生产工艺流程

(二)面团的调制

面团调制就是将生产所需的各种原辅材料按照要求进行配合,在调粉机中进行搅拌混合形成所需面团的过程。面团调制是饼干生产中最关键的一道工序,面团调制得当与否,关系到成品的花纹、形态、酥松度、表面光滑程度及内部结构等,对成型操作能否顺利进行也有很大影响,甚至起决定性影响。饼干面团在调制过程中,面筋蛋白并没有完全形成面筋,不同的饼干品种,面筋形成量是不同的,而且阻止面筋形成的措施也不一样。

1. 韧性面团的调制

韧性面团俗称热粉,这是因为调制完毕的面团温度较酥性面团温度高而得名。韧性面团的调制方法采用的是热粉韧性操作法。

韧性面团要求在蛋白质充分水化的条件下调制面团,具有较好的延伸性、适度的弹性、柔软而有光润、一定程度的可塑性。韧性饼干的胀润率比酥性饼干大得多。因此,韧性饼干的容重轻、口感松脆,但不如酥性饼干酥。

韧性产品要想达到理想的目的,则在面团调制阶段要严格控制两个关键性的问题:第一是使面粉在适宜的条件下充分胀润形成面筋;第二是使已经形成的面筋在搅拌机的不断撕裂、切割和翻动下,逐渐超越其弹性限度而使弹性降低。如果能掌握好这两个关键,面团就会变得较为柔软,面筋的弹性显著减弱,具有一定的可塑性。于是就得到了最佳状态的面团。

韧性面团的调制方法是:先将油、糖、乳、蛋等辅料加热水或热糖浆在和面机中搅匀;再加面粉进行调制(如要使用改良剂,应在面团初步形成时加入);然后在调制过程中分先后加入膨松剂与香精,继续调制,直至面团达到要求时即可进入下道工序。

在调制过程中,为保证获得良好的工艺性能,面团含水量应保持在 18%～21%之间,这样就可达到韧性饼干面团的要求,即韧性面团要柔软;韧性面团的温度较高,常控制在

38℃～40℃；常需使用一定量的淀粉水填充剂，用量为5%～10%；一般调制时间较长，约40min以上，较长的调制时间可保证蛋白质充分胀润，形成面筋后再经机械拉伸而失去筋力，可以防止面坯收缩变形。调制成熟后，需静置15～20min，以降低面团弹性。如调粉不足，面团的弹性大，成型后饼干易变形；调粉过度，面团的延伸性和表面的光洁度受破坏，成品的表面不平没有光泽等。

2. 酥性面团的调制

酥性面团要求温度低。酥性面团的调制俗称冷粉，酥性面团的调制方法采用的是冷粉酥性操作法。

酥性面团要求在控制蛋白质水化条件下调制，有较大程度的可塑性和略有粘性弹性；成品有良好的花纹，形态不变形，烘烤后具有一定的胀发性。要达到上述目的最主要的是在面团的调制过程中控制面筋的吸水率，使面筋具有一定的胀润程度，以保证产品的质量和生产的顺利进行。调制酥性面团的同时，要求严格控制加水量和面团的温度、搅拌的时间等。水量稍多、温度稍高、搅拌的时间稍长都能破坏面团的酥性结构。

酥性面团的调制方法：将油、糖、乳品、蛋品及膨松剂等辅料与适量的水充分搅拌均匀形成乳浊液；再将面粉加入，调制6～12min；香精要在调制成乳浊液之后或在加面粉的同时加入，以免香味过量挥发损失。

在调制过程中，须注意投料顺序，以限制面筋蛋白质吸水，控制面筋形成程度；一般面团温度控制在26℃～30℃，面团水分含量一般为13%～18%为宜，且调粉时添加水要一次加足，不可随便加水；调粉时间和静置时间：调粉时间一般5～10min，静置时间为10～15min。

3. 苏打饼干面团的调制

苏打饼干面团的调制有其特殊性，因要进行酵母发酵，因此在调制时其工艺条件应注意对酵母发酵的影响，一般采用二次发酵法发酵。

(1)第一次调粉和发酵

第一次调粉：面粉量占总量的40%～50%，酵母量占0.5%～0.7%，加水量占面粉的40%～45%，调4min和制成团，温度28℃～32℃(冬天)，25℃～28℃(夏天)。

第一次发酵的目的是为了恢复和增强酵母发酵活力，并使其充分繁殖，为第二次发酵做好充足准备，缩短第二次发酵时间；酵母的呼吸作用和发酵作用所产生的CO_2使面团疏松，成海绵状结构；使面团的弹性降低到理想状态。第一次发酵时间约4～10h，应根据情况决定。

(2)第二次调粉和发酵

将其余面粉和油、盐、饴糖、奶粉、鸡蛋和其他原辅料，加入发酵完成的面团中进行第二次调粉，至均匀，一般5min即可。第二次调粉中粉温应保持在冬天：30℃～33℃，夏天：28℃～30℃。使用的粉应为弱质粉，用水量应根据第一次进行调整。

第二次发酵虽然面团中油、盐、糖、碱等存在限制了酵母活力，但由于酵母量很大，发酵潜力也很强，故发酵时间一般仅3～4h即可完成。

其主要目的是：使面团在酵母发酵产气作用下，形成疏松的海绵状组织，进一步降低面筋的弹性使饼干制品口感松、酥、脆、香。

(三)面团辊轧

调制后要经辊轧，将面团经多道压辊、多次折叠、转向90°压制成一定厚度的面带，便于冲印或辊印成型，并通过机械作用使面带发生物理变化，改善面带品质。烘烤后饼干形态完整、质地均匀、口感疏松。苏打饼干必须经过辊轧，韧性面团有的需要辊轧，有的不需要辊轧，而酥性和甜酥性饼干采用辊印成型而省略了这一工序。这是因为酥性面团是软性或半软性面团，面团中含油、糖量多，弹性极小，可塑性较大，所以可以直接用成型机辊筒压成面片。同时辊压会增加面团的硬度，致使制品的酥松度降低，所以酥性面团一般不采用这道工序。

辊压时，面团因受压力向纵向延伸。如果始终朝一个方向来回辊压，面团的纵向张力会大大超过横向张力，将会使成型后的饼坯纵向发生收缩变形。所以辊压时面片要多次折叠并旋转90°角，使面片的纵向和横向张力一致。保证成型后饼干不收缩，不变形。

对韧性饼干而言，辊压次数一般为9～13次，并多次折叠，同时旋转90°才符合工艺要求。苏打饼干对辊轧要求较高，一般来回辊轧11次，共折叠4次，其中转折3次。在辊轧时还在面层中包进油酥面，一般包2次，每次包两层。

(四)成型

1.冲印成型

是适用较为广泛的成型方法，其适应性强，能适应多种大众化产品的生产。如粗饼干、韧性饼干、苏打饼干，对于低油脂的酥性饼干也可生产。

其工作过程是用帆布带输送面片经过冲模、冲头、下冲后完成饼干成型，并使饼干坯与冲头分离。对冲印成型的要求增高，面片不能辊筒，不粘帆布、冲印清晰、头子分离顺利，饼干坯落下时无卷曲现象等。

2.辊印成型

是适合于生产高油脂品种的成型方法，不适合生产韧性和苏打饼干。此法生产效率较高，没有头子，设备占地面积小，噪音小，但适应生产范围较小，仅适应于生产含油脂在12%以上的饼干。

3.辊切成型

是综合前两种方法的优点而发展起来的成型方法。其前半部分采用冲印成型的多道压延辊。成型机构是由印花辊、切块辊及橡胶辊组成。此成型方法具有广泛的适应性，可用来生产苏打、韧性、酥性、甜酥性等多种不同类型的品种。

(五)烘烤

成型以后的饼坯，移入烤炉，经过高温短时间加热后发生一系列变化，使生坯变成烘烤熟的具有多孔海绵状的松脆产品，体积增大、色泽诱人、香味扑鼻是饼干制作中重要的工序之一。

烘烤的温度和时间，随饼干品种与块形大小的不同而异。一般烘烤温度保持在230℃～270℃左右，不得超过290℃。如果烘烤炉的温度较高，可以适当缩短烘烤时间。炉温过高或过低都会影响成品质量，过高容易烤焦，过低会使成品不熟，色泽发白。韧性饼干宜采用较低温度、较长时间的烘烤，一般为4～6min；酥性饼干及甜酥性饼干采用高温短时间的烘烤，一般为3.5～4.5min，对于油糖辅料较多的酥性饼干，在入炉初期的膨胀、定型需要高温。后期的脱水、上色宜采用低温；苏打饼干则入炉初期，底火大、上火低、进入烘烤中区，要求上火渐升而底火渐小。最后阶段，炉温低于前面各区域。

（六）冷却、包装

烘烤完毕的饼干，其表面层与中心部的温差很大，外温高，内温低，温度散发迟缓。为了防止饼干外形收缩与破裂，必须冷却后再包装。在春夏秋季，可采用自然冷却法。如要加速冷却，可以使用吹风，但空气的流速不能超过2.5m/s。因为空气流速过快，会使水分蒸发过快，饼干易破裂。冷却最适宜的温度是30℃～40℃，室内相对湿度为70%～80%。

四、饼干质量管理

在实际生产过程中普遍存在饼干质量问题：表面起泡、粗糙不平、凹底或凸面、饼干破裂、变形、口感硬、不松或口味差、色泽不好、外焦里不熟或内部含水量不足等。要达到规定的饼干质量标准及物理结构，应该从原辅料的选取、配方组成、工艺、设备选型、烤炉长短及温区配置等因素去分析研究。每项因素都直接影响饼干的质量。因此饼干生产工艺是一门综合性技术，它牵涉到数、理、化、热、力、发酵、气体、机械、工艺等学科。每个因素、每道工序都互相牵制，既要有配方的合理调配，又要有各工序的工艺配合，才能做出理想的饼干。

第四节　方便面生产

方便面，又称快食面、即食面、即席面。它是以小麦粉为主要原料，经和面、熟化、复合压延、切条折花等制工序成生面条再经蒸煮使面条充分糊化，然后用油炸或热风干燥方式脱水，制成方便面。食用时只需用开水冲泡3～5min，加入调味料即可制成各种不同风味的面条。食用方便、风味多样、营养丰富、卫生安全、便于携带、价格低廉。

方便面的花色品种很多，一般都以所附带的调味汤料来命名，如鸡汁方便面、咖喱牛肉方便面、香菇方便面、虾味方便面等。所以，按调味品的加入方式可分为原味面和另附汤料面。从生产工艺来分，只有油炸和非油炸两种。油炸方便面是面条蒸熟后通过油炸制成，使面条产生了很多微孔，在浸泡时热水容易渗透进去，复水性能好，用沸水浸泡3min即可食用。但由于面条含油20%左右，容易氧化变质，保存期较短，且生产成本较高。而非油炸方便面是在蒸熟后用热风干燥制成。由于它未经油炸，面条没有产生微孔，浸泡时热水的渗透性差，复水性能不如油炸方便面好。因而最好煮沸3min食用。它的优点是由于无油，不易酸败变质，保存期较长，生产成本也低一些。按包装形式来分，又可分为袋装面和杯（碗）装面两种。

一、方便面的原辅料

1. 面粉

面粉是方便面生产的主要原料。用作油炸方便面的小麦粉，加工精度要求达到特制一等粉的标准，面筋含量为32%～34%，筋力较强；用作非油炸方便面的小麦粉，面筋含量要求达到28%～32%。

2. 油脂

对油炸方便面来说，油脂质量占到方便面质量的20%左右，占总成本的50%左右。油脂的品质对方便面的品质和货架期都有重要影响。

油炸方便面用的油脂要求性质稳定、口味好、价格低、保存性好、烟点高。目前大部分是使用棕榈油。

棕榈油所含亚油酸、亚麻酸低于其他植物油，因而化学性质比较稳定，在低温和高温下发生氧化、分解反应的速度相对较慢。

3. 水

生产上使用的水要求符合GB5749－2006《生活饮用水卫生标准》，并且是软水。使用前用离子交换器把水软化一次。如水硬度较大，则水中的金属离子Ca^{++}、Mg^{++}等与蛋白质结合会使面筋失去延伸性；与淀粉结合会影响正常的糊化，并会使制品变色，特别是热风干燥面更容易出现这种现象。

4. 食盐

适量添加食盐，可使面粉在和面时吸水快而均匀，容易使面团成熟，并增强面团的弹性。另外，还可防止发酵，抑制酶活性的作用。

一般使用精制食盐，添加时先将其溶于水，溶解后再用泵来加入面粉中。浓度根据面粉的种类、季节及加水量等因素而定，一般为1.5%～2.0%，食盐过量能降低面团的粘合力，使面条变得脆弱。

5. 碱

同样，使用时需先溶解成碱水后加入。

添加碱水可使面团具有独特的韧性、弹性和滑性及特殊的风味，使面条不糊汤，具有良好的微黄色泽，且食时爽口。

我国使用的碱水成分为Na_2CO_3、K_2CO_3，日本还有Na_3PO_4、Na_2HPO_4（次磷酸钠）等。油炸方便面的用碱量为面粉的0.15%～0.3%，热风干燥面的用碱量为面粉的0.3%～0.5%。

6. 增稠剂

增稠剂的种类很多，常用的有羧甲基纤维素。使用增稠剂可以缩短和面时间，增加面团延展性，增加面条的弹性，减少吸油量，用量为面粉的0.2%～0.4%。

二、方便面的生产工艺

（一）工艺流程

小麦粉
水
面团改良剂（盐碱水）

}和面→熟化→复合压延→切条折花→蒸面

→ 着味→切断成型→油炸→冷却→包装→带味油炸面
↑
调味液汤料　　　　汤料
↓
切断成型→油炸或热风干燥→冷却→包装 { 附汤料油炸方便面 / 附汤料热风干燥方便面 }

(二)操作要点

1. 和面

和面又叫合面、揉面，是将原辅料放入调粉机中，经过一定时间的搅拌而形成面团的过程。它是面条生产的头道工序，其效果优劣直接影响下几道工序的操作和产品质量。因此，必须准确控制加水量、加盐量、和面时间和温度。方便面面团加水量一般在28%～30%，和面时面团温度应在20℃～25℃左右，搅拌速度70r/min，和面时间为15～20min。

和面的工艺要求：面粉中的蛋白质、淀粉均匀地充分地吸水，料坯应呈松散而具有一定粘性的豆腐渣状的颗粒、干湿一致、色泽均匀、不含生粉，手握成团，轻轻揉搓又能散开。

2. 熟化

所谓熟化俗称"醒面"或"存粉"，就是在低温下"静置"0.5h左右，以改善面团的黏性、弹性和柔软性。通过熟化使水分最大限度地渗透到蛋白质胶体粒子的内部，使之充分吸水膨胀，互相粘连，形成较好的面筋网络组织，进一步改善面团的工艺性质；通过低速搅拌或者静置，消除面团的内应力，使面团内部结构稳定，促进蛋白质和淀粉之间的水分自动调节，达到均质化，起到对粉粒的调质作用；对复合压片工序起到均匀喂料的作用。

熟化最好在静态和较低的温度下进行。但为保证连续生产和防止面团结块，一般都采用低速搅拌的方法。熟化是在熟化机中进行的。一般熟化时间为15～45min，多为30min。

3. 复合压延

熟化后的面团先通过两组轧辊压成两条面带，再通过复合机合并为一条面带，这就是复合压延。通过复合压延，使面带成形，使面筋的网络组织达到均匀分布，使面带具有一定的强度和韧性，以保证面条的质量。

合片后面带由5～6组直径逐步缩小、转速逐步增加的压延轧辊进行连续压延到所需厚度(0.8～1.0mm)。面片通过每组轧辊，厚度逐步减小，面团组织逐步分布均匀，强度逐步提高。

压延后的面片应是：厚薄均匀、平整光滑、完整无破边、色泽均匀、具有一定的韧性和强度。复合压延对于保证生产稳定和产品质量具有重要的作用。复合压延过程见图6-5所示。

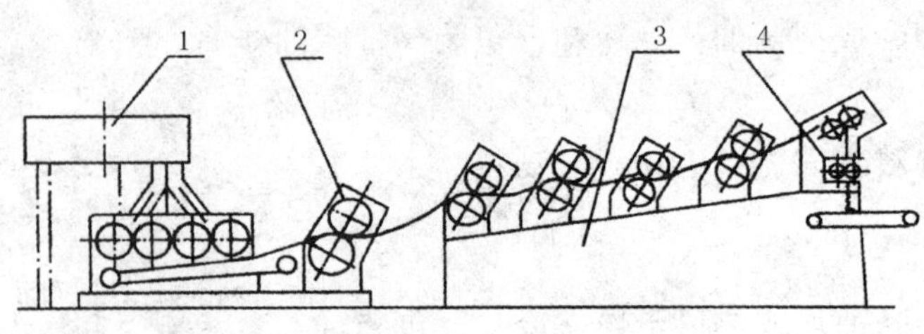

1.熟化喂料机　　2.复合轧片机组
3.连续轧片机组　4.成型器

图 6-5　复合压延过程示意图

4. 切条折花

是生产方便面的关键工序之一。经该工序制成波峰竖起、彼此紧靠的块状面条，不仅形状美观，而且脱水干燥快，切断时碎面少，在储藏和运输中不易破裂。食用时复水时间短，对包装也有利。

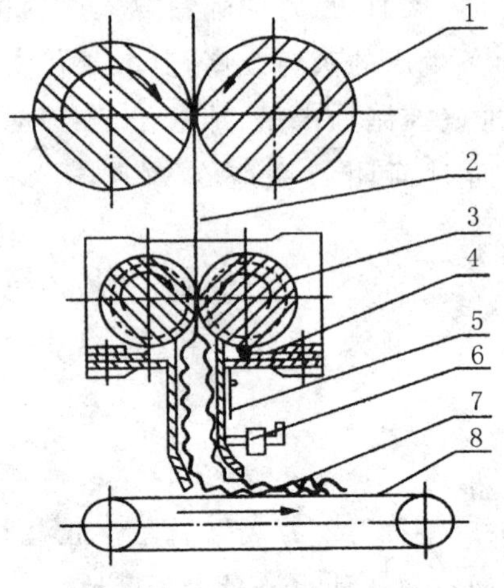

1.末道轧辊 2.面带　3.面刀 4.铜梳　5.成型导箱
6.调整压力的重锤 7.已成波纹的面块 8.可调速的不锈钢丝成形网带

图 6-6　切条折花成型装置示意图

其基本原理是在切条机(面刀)下方，装有一个精密设计的波浪形成型导箱。切条后的面条进入导箱后，与导箱的前后壁发生碰撞而遇到抵抗阻力，又由于导箱下部的成型传送带的线速度慢于面条的线速度，从而形成了阻力面，使面条在阻力下弯曲折叠成细小的波浪形化纹。由于存在速度差，使通过导箱的面条受到一定的阻力而前后往复摆动，扭曲堆积成一种波峰竖起，由于波形传送带的连续移动就连续形成花纹。面条线速度和波形传送带线速度的速度比将影响波纹的大小，速度比大，波纹就小，反之，波纹就越大。一般，速度比为 6～8∶1。切条折花成型装置示意图 6-6 所示。

5. 蒸面

蒸面是影响产品食用品质的重要因素之一，它是使波纹面层在一定温度下适当加热，在一定时间内使生面条中的淀粉糊化，蛋白质产生热变性，由生面制成熟面。面条的糊化度应达到 80%以上。适当延长蒸面时间，提高面条的糊化度，可改善面条的食用品质。蒸面是在连续式自动蒸面机上进行的，波纹面块放置在不锈钢丝编织的输送带上，进行蒸煮。

蒸面时间须掌握好，时间不足或过长都会影响面条的韧性。一般蒸面用的蒸气压力 1.5～2 kg/cm^2，96℃～98℃，时间 60～90s。在生产上，一般要在 90～120s，气压在 1～3kg/cm^2，以保证糊化程度在 80%以上。

6. 定量切断成型

方便面的定量切断，是将重量转换成一定的长度（双折）来计量的。所以每块面的重量随花纹的紧密或稀松而变化，花纹密则重，反之则轻。因此，要求面块花纹的紧密和稀松程度保持稳定，否则，若花纹变化，面块松紧不一，势必给定量工作带来不良影响。

采用定量切断二折装置，它有连续切片、自动定量、折叠成型和分排输送四个作用。从连续蒸面机出来的熟波纹面带通过一对作相对旋转切刀和托辊，按一定长度被切断；与此同时，曲柄连杆机构上作往复运动的折叠板正好插在被切断面块的中部送入折叠导辊与分排输送带之间，面块被折叠进来。如图 6-7 所示。

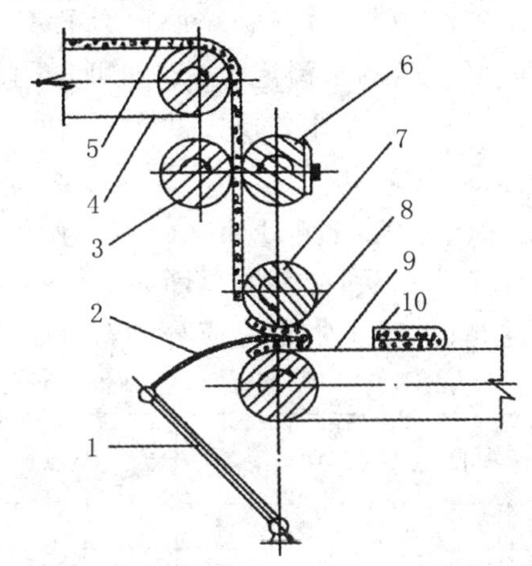

1.连杆 2.折叠板 3.切刀托辊 4.输送带 5.已蒸熟的面带 6.切刀 7.折叠导辊 8.正在折叠中的面块 9.分排输送网带 10.已折叠成型的面带

图 6-7 定量切断及折叠装置示意图

7. 干燥

干燥是方便面生产的关键技术，干燥的目的是通过快速脱水，固定 α—化淀粉结构，防止面条回伸，同时固定组织和形状，便于保存和运输。干燥方法有油炸干燥与热风干燥两种。前者属于高温短时干燥，产品膨松、多微孔、复水性好，食用时口感好；后者干燥温度较低，干燥时间较长，产品没有膨化现象、无微孔、复水性差，食用时需要较长的浸泡时间。

油炸干燥是将面块放入油槽中，面块被高温油所包围，面条内水分迅速汽化逸出，一般油温控制在 145℃～150℃，油炸时间 70～80s，油炸工艺要求：油炸均匀，色泽一致，面块不焦不枯，水分在 10%以上，含油率 20%左右；热风干燥是用低湿度的热空气使面条中的水分汽化。一般干燥机内温度为 70℃～90℃，相对湿度低于 70%，干燥时间 35～45min，干燥后的方便面的水分低于 12.5%，一般在 8%～10%之间。采用此法时，面条切条工序应均匀制成较细的面条，这样有利于缩短干燥时间，改善成品品质。此法所得制品在贮藏中不会因油脂氧化而变质。

8. 冷却与包装

油炸或热风干燥后的面块，须进行冷却才能进行包装。其目的是为了便于包装和贮藏，防止产品变质。冷却方法有自然冷却和强制冷却两种，在连续生产中多使用后者。强制冷却是用冷却机完成的，是借助鼓风机、风扇等使空气流动加速，使产品在冷风下迅速降温散热。

要求冷却后的产品温度应接近室温或稍高，冷却后进行质检，合格者配上汤料，再进入自动包装机中包装，要求包装整齐、密封不破不漏，两端切口平直。

袋装一般用玻璃纸和聚乙烯复合塑料薄膜，也可用聚丙烯和聚酯复合塑料薄膜；杯

装方便面一般用聚丙烯塑料为包装材料。

三、方便面的质量管理

油炸方便面由于面条蒸熟后通过油炸，使面条产生很多微孔；在浸泡时热水很容易渗透进去，复水性能好，用沸水浸泡3min即可食用。但由于面条含20%左右的油脂，容易氧化变质，保存期短。非油炸方便面基本不含油，保质期长，但复水性能相对较差。

方便面国家标准GB17400－2003要求：方便面色泽呈该品种特有的颜色，无焦、生现象，正反两面可有深浅差别；气味正常、无霉味、哈味及其他异味；外形整齐，花纹均匀，不得有异物、焦渣；面条复水后，应无明显断条、并条，口感不夹生，不粘牙等。

方便面的理化指标、微生物指标应分别符合表6-8、表6-9的规定。

表6-8 方便面的理化指标

项目	指标	
	油炸面	非油炸面
水分/(g/100) ≦	8.0	12.0
酸价(以脂肪计)(KOH)/(mg/100) ≦	1.8	—
过氧化值(以脂肪计)/(g/100g) ≦	0.25	—
羰基价(以脂肪计)/(meq/kg) ≦	20	—
铅(Pb)/(mg/kg) ≦	0.5	
总砷(以As计)/(mg/kg) ≦	0.5	

表6-9 方便面的微生物指标

项目	面块	面块和调料
菌落总数/(cfu/g) ≦	1000	50000
大肠杆菌/(MPN/100g) ≦	30	150
致病菌(沙门氏菌、金黄色葡萄球菌、志贺氏菌)	不得检出	

参考文献

[1] 李新华等. 粮油加工学[M]. 北京：中国农业大学出版社，2002.

[2] 李里特等. 焙烤食品工艺学[M]. 北京：中国轻工业出版社，2002.

[3] 刘江汉. 焙烤工业实用手册[M]. 北京：中国轻工业出版社，2003.

[4] 沈建福. 粮油食品工艺学[M]. 北京：中国轻工业出版社，2002.

[5] 张守文. 面包科学与加工工艺. 北京：中国轻工业出版社，1996.

[6] 高福成. 方便食品[M]. 北京：中国轻工业出版社，2000.

[7] 马涛. 饼干生产工艺与配方[M]. 北京：化学工业出版社，2007.

[8] 罗学刚. 农产品加工[M]. 北京：经济科学出版社，1997.

[9] 朱蓓薇. 方便食品加工工艺及设备选用手册[M]. 北京：化学工业出版社，2003.

[10] 薛文通. 新版面包配方[M]. 北京：中国轻工业出版社，2002.

[11] 金茂国，黄卫宁译. 饼干加工工艺(第三版)[M]. 北京：中国轻工业出版社，2006.

[12] 王如福，李汴生. 食品工艺学概论[M]. 北京：中国轻工业出版社，2006.

第七章　淀粉的制取与加工

第一节　淀粉的理化性质及生产原料

淀粉是大部分植物的主要营养贮藏物质，在种子、根和茎中含量最丰富。尤其是谷类如稻米、小麦、玉米等；马铃薯、木薯、甘薯等薯类的组织中大量贮存。由于淀粉原料来源广泛，种类多，产量丰富，特别是我国以农产品为主，资源极为丰富，而且价廉。

一、淀粉的结构

（一）淀粉粒的形状和大小

淀粉在胚乳细胞中以淀粉粒状态存在，不同来源的淀粉粒形状、大小和构造各不相同。因此，可借显微镜观察来鉴别淀粉的来源和种类。

在偏光显微镜和扫描电子显微镜下观察，淀粉粒的形状大致上可分为圆形、椭圆形和多角形三种。一般含水量高的原料，淀粉粒比较大而整齐，且多呈圆形或椭圆形，如马铃薯淀粉颗粒；含水量低的淀粉粒小且常呈多角形，如玉米、大米淀粉粒等。常见几种淀粉颗粒的大小见表 7-1。

淀粉颗粒具有结晶性结构。颗粒的一部分具有结晶性结构，分子间具有规律性排列。另一部分为无定形结构，分子间排列杂乱，没有规律性。淀粉颗粒具有一定的渗透性，水及水溶液能自由渗入颗粒内部。

表 7-1　不同淀粉颗粒大小

淀粉	大小范围(μm)	平均范围(μm)
玉米	5～25	15
马铃薯	15～100	33
木薯	5～35	20
甘薯	15～55	30
小麦	2～35	—
高粱	5～25	15
大米	3～8	5

（二）直链和支链淀粉

淀粉是有葡萄糖组成的多糖高分子化合物，有直链状和支链状两种分子。淀粉的化学结构通式为$(C_6H_{10}O_5)_n$。

直链淀粉是由 α－1，4 葡萄糖苷键连接的线性葡聚糖，支链淀粉是由 α－1，4 和 α－1，6 糖苷键连接的具有分支结构的葡聚糖。直链淀粉在水溶液中并不是线性分子，而是在分子内氢键的作用下分子链卷曲成螺旋状，每个螺旋含 6 个葡萄糖残基。支链淀粉易分散在冷水中，直链淀粉则不易分散在冷水中。天然淀粉粒完全不溶于冷水。在68℃～80℃时，直链淀粉在水中溶胀而形成胶体，支链淀粉则仍为颗粒。不同品种粮食作物的直链淀粉和支链淀粉含量见表7-2。

表7-2　不同品种淀粉的直链和支链淀粉含量

粮食作物	直链淀粉含量(%)	支链淀粉含量(%)
玉米	27	73
粘玉米	0	100
高粱	27	73
粘高粱	0	100
稻米	19	81
糯米	0	100
小麦	27	73
马铃薯	20	80
木薯	17	83
甘薯	18	82

(三)淀粉的糊化

将淀粉乳加热，淀粉颗粒会吸水膨胀，这主要是发生在淀粉颗粒的无定形区域；淀粉的结晶区域仍保持颗粒结构。随着温度上升，淀粉颗粒吸收更多水分，体积膨胀更大，达到一定温度，高度膨胀的淀粉间互相接触，变成半透明的粘稠状，成为淀粉糊，这种现象称为糊化。淀粉发生糊化的温度称为糊化温度。淀粉乳糊化，透明度增高，颗粒的偏光十字消失。如果温度达到使淀粉颗粒开始消失，此时的温度即是糊化开始的温度；如果约98%的淀粉偏光十字消失，则此时的温度为淀粉糊化完成的温度，不同来源淀粉的糊化温度见表7-3。

表7-3　几种不同种类淀粉的糊化温度(℃)

淀粉种类	膨胀开始温度	糊化开始温度	糊化终了温度
甘薯种类	52	60	65
马铃薯淀粉	50	59	63
小麦淀粉	50	61	65
大米淀粉	54	59	61
玉米淀粉	50	55	63

不同种类的淀粉在性质方面存在差别，如粘度、粘韧性、透明度、抗剪切力、稳定性、凝沉性等，见表7-4。

表7-4　几种不同种类淀粉糊的性质

淀粉种类	抗剪切稳定性	粘度	粘韧性	透明度	凝沉性
玉米	高	中	短	不透明	强
粘玉米	低	中高	长	半透明	很弱
小麦	中	中低	短	不透明	强
高粱	中	中	短	不透明	强
大米	中	中低	短	不透明	强
马铃薯	低	很高	长	半透明	中
木薯	低	高	长	半透明	弱
甘薯	低	高	长	半透明	中

（四）淀粉的凝沉

糊化后的淀粉溶液在低温下放置较长时间以后，会由透明变得浑浊，并产生沉淀。这些现象称作淀粉的凝沉，也称作回生。

稀淀粉糊放置一段时间，溶解的链淀粉分子间趋向平行排列，经氢键结合成结晶结构，不溶于水，并会逐渐变混浊，最后形成白色沉淀下沉，水分从其中析出，胶体结构破坏。这主要是由于溶解状态又重新凝结而沉淀，这种现象称为凝沉。

（五）淀粉的吸附

许多有机及无机化合物可被淀粉吸附。由于直链和支链淀粉分子的形状不同，对一些物质的吸附也有差别。例如：对碘的吸附，淀粉遇碘显蓝色，这是早已知道的现象。但实际上淀粉与碘的呈色反应随淀粉分子的结构和大小而不同，支链淀粉遇碘只产生紫红色。颜色的深浅与淀粉分支的长短和分支的密度有关。

二、淀粉的化学性质

由于淀粉分子上有许多羟基，它可被氧化剂氧化，也可被无机盐及有机酸酯化，与酸作用可生成各种不同的产物。

（一）与酸作用

淀粉在酸的作用下水解产生分子量不同的各种中间产物，这些物质称为糊精。在淀粉水解的最初级阶段所产生的糊精分子大小和特性均与淀粉无多大区别，如遇碘显蓝色或紫色。进一步水解，糊精的分子量会继续减小，遇碘变成褐色，而后显红色，最后则不会与碘发生作用，从而不显色。

淀粉→淀粉糊精→红糊精→无色糊精→麦芽糖→葡萄糖

（二）淀粉的成酯、成醚作用

淀粉分子可与无机盐或有机酸生成酯。在工业上通常用淀粉与甲酸、乙酸、丙酸及一些高级脂肪酸作用，生成各种用途的淀粉酯。例如淀粉与乙酸作用生成淀粉的乙酸酯。

（三）淀粉的氧化

淀粉随氧化条件及氧化剂的不同而生成不同的产物。常用的氧化剂有高碘酸及次氯酸等。双醛淀粉就是通过高碘酸氧化所制得的。

三、淀粉生产的原料

作为生产淀粉的原料，必须具备淀粉含量高、易于提取、加工成本低、容易贮藏及副产品利用价值高等特点。因此，用作生产淀粉的原料，主要有薯类、谷类和豆类等。

（一）禾谷类

在禾谷类作物中，玉米、小麦等是生产淀粉的重要原料。特别是玉米，是工业化生产淀粉的主要原料。玉米具有淀粉品位高、质量好、生产成本低以及副产品利用价值高等特点。目前，玉米淀粉的产量和质量，常因品种不同而有所差异。一般黄玉米较白玉米的淀粉含量高，粉质玉米较角质玉米的淀粉含量高。

(二)薯类

薯类作物种类很多,作为生产淀粉的原料主要有甘薯、木薯和马铃薯等。小型淀粉厂多用薯类作原料。

(三)豆类

豆类淀粉的主要原料有绿豆、豌豆和蚕豆。豆类含淀粉约35%,豆类淀粉中直链淀粉的含量较多,赋予豆类制品较多的弹性和韧性。除此之外,还含有较多的油脂和蛋白质使淀粉原浆中蛋白质的含量多,影响淀粉的分离和沉降,在加工时,常用特殊的酸浆沉淀法制取豆类淀粉。

(四)其他类淀粉

以菱、莲藕、荸荠、橡子、百合、慈菇、西米等为原料加工成的淀粉,多用于食品工业;橡子淀粉主要在纺织业中作浆料使用。

第二节　淀粉的制取

一、淀粉制造一般工艺过程

淀粉原料中含有蛋白质、纤维素、油脂和无机盐等多种成分。制造淀粉就是利用工艺手段除去这类物质,而取得较为纯净的淀粉制品。因此淀粉的制取实质上是一种物理的分离过程。淀粉具有不溶解于冷水和比重大于水的两个基本特性,这是淀粉得以提取的基本原理。

淀粉制造的一般工艺过程包括原料处理、原料浸泡、破碎、分离胚芽、纤维和蛋白质、淀粉的清理、干燥和成品的整理。其中,淀粉成品白度的提高是淀粉制取与加工的最重要的组成部分。

(一)原料处理

淀粉原料中常常夹有泥沙、石块和杂草等杂质,在加工前必须将其清除。常用的方法有清洗和清理两种。

(二)原料浸泡

浸泡的目的除软化颗粒、降低组织结构强度外,还有破坏蛋白质网络结构、洗涤和除去部分水溶性物质的作用。

浸泡方法要根据生产厂的规模而定。小规模生产厂一般采用单桶浸泡法,即将原料倒入浸泡桶中,加入浸泡水和浸泡剂,经过一定时间后放水排料。较大规模的工厂一般采用逆流式浸泡,即用几十只或十几只浸泡桶串联使用,在第一只桶内加入原料,而最后一只桶内放出浸泡完成的原料。浸泡水循环浸泡,重复使用。

(三)破碎

破碎的目的是破坏淀粉原料的细胞组织,使淀粉颗粒从细胞中游离出来,以利提取。破碎设备种类很多,常用的有刨丝机(用于鲜薯破碎)、锤片式粉碎机(用于粉碎粒状原料)、爪式粉碎机(用于颗粒细、潮湿、粘性大的物料)、砂盘粉碎机(可磨多种原料)等。

(四)分离胚芽、纤维和蛋白质

谷物原料中的玉米带有胚芽,胚芽中含有大量脂肪和蛋白质,而淀粉含量却很少,所以在生产中,经过粗碎后,必须先分离胚芽,然后再经磨碎,分离纤维和蛋白质等。胚芽的吸水力强,吸水量可达本身重量的60%,膨胀程度高,含脂肪多,所以比重较轻,例如玉米胚芽比重约为1.03,而胚体比重为1.6,因此,可以利用两者比重不同进行分离。常用的分离胚芽的设备有胚芽分离槽和旋液分离器。

分离纤维大都采用过筛的方法,又称为筛分工序。筛分工序包括分离胚芽、粗纤维和细纤维、回收淀粉等环节。常用的筛分设备有平摇筛和六角筛等。

分离蛋白质方法主要有静止沉淀法、流动沉淀法和离心分离法等。

(五)淀粉的清理、干燥和成品整理

清洗淀粉最简单的方法是将淀粉乳放入沉淀桶或池中,加清水搅拌后,静置沉淀。大型淀粉厂多用真空吸滤机清洗淀粉。现代淀粉厂大都采用干燥机连续干燥,常用的干燥机有转筒式干燥机、气流式干燥机等,但多以气流式干燥机为主。淀粉成品整理的方法与干燥方法有关,通常采用筛分和粉碎等工序。

(六)淀粉白度的提高

1. 高锰酸钾法

高锰酸钾配成5%的溶液,按淀粉乳容积(30°Bx左右浓度)添加,一般0.1%~1%(v/v),反应温度40℃~45℃,时间10~30min。

2. 次氯酸钠法

先将淀粉乳调节至pH值为4~7,温度28℃~52℃,加入次氯酸钠漂白,最后调节pH=7,一般次氯酸钠加量为0.5%~2.0%。

3. 漂白粉漂白法

漂白粉一般有效氯含量为28%,用量为1%~10%,可将淀粉预先用酸调节至pH=4,然后再进行漂白。

4. 亚硫酸漂白法

用量为0.3%~1.0%,值得注意的是最终成品SO_2含量不能超标。

二、淀粉的生产实例

(一)马铃薯淀粉的生产

马铃薯是我国制造淀粉的主要原料之一,特别是在东北和华北地区主要以马铃薯为原料生产淀粉。欧洲也出产大量的马铃薯淀粉,美洲也有生产,但数量不多。

1. 马铃薯淀粉加工工艺过程

薯块→洗涤→破碎→筛理→淀粉乳→淀粉粕→沉淀→浆水→洗涤→漂白→脱水→湿淀粉→干燥→粉碎→筛理→包装→成品

2. 操作要点

(1)原料的选择

用来生产淀粉的马铃薯原料，应选择单位产量高、抗病性强、薯块较大、淀粉含量高、淀粉颗粒大小均匀、可溶性蛋白质少、皮薄、凹凸少、纤维含量低、新鲜未发芽的马铃薯的淀粉。

(2)洗涤

洗涤用水无特殊要求，但从破碎工序开始起，其他后续工序加工用水都应使用软水。

(3)破碎和筛理

由于薯块的淀粉粒悬浮于薄壁细胞的细胞汁中，所以较谷物淀粉容易分离。通常薯块破碎程度越大，出粉率越高，一般要求薯块破碎度在90%以上。为彻底破坏细胞组织，一般需磨制2～3次，每磨一次用筛子筛理一次，以除去磨碎物中的纤维，未磨碎的组织和杂质。筛下物即为粉乳，筛上物则倒入下一道磨子内。

破碎和筛理时都需要喷水，以利于磨碎和洗出淀粉粒，同时也有利于物料的管道输送。破碎时的用水量约为原料重的2倍，用于筛理的水约为原料重的4倍，最后所得稀淀粉乳的浓度约为4°～7°Bx。

(4)淀粉粒的沉淀

通过筛理等工序以后所得的淀粉乳，是一种含有淀粉粒、粗纤维、蛋白质的乳状胶溶液，并含有多种可溶性的糖类、有机酸等物质，以及微生物和酶。影响薯类淀粉沉淀的因素有淀粉乳的浓度、淀粉粒大小和比重及pH值。

在淀粉粒较大、比重较大、淀粉粒浓度较小和适宜的pH值下，淀粉粒沉淀较快。沉淀时间要求在8h内完成，否则会引起微生物的繁殖而影响淀粉的质量和产量，马铃薯淀粉粒较大，在淀粉乳较稀薄时(4°～7°Bx)用斜槽即能取得预期的效果。但在原料品质较差时，如薯块生长不充实，部分腐烂，经长期贮藏，加工季节气温过高而引起发酵时，则沉淀缓慢，致使淀粉产量和品质下降。为加速沉淀须调节淀粉乳的pH值，马铃薯汁液的pH值应在4.2～4.4左右。由于马铃薯蛋白质的等电点约在pH值为5.4左右，若淀粉乳pH值低于5.4时，可略加碱液调整，使蛋白质微粒尽快脱水凝固，破坏蛋白质胶溶液而使淀粉粒沉淀。

(5)洗浆和漂白

将从斜槽的沉淀槽中取得的淀粉加工稀释到18°Bx，用泵输送到洗涤槽，用水洗涤2～3次，排去废液，重新加水稀释到18°Bx，送脱水工段。对于原料差，粉色较暗的淀粉，则在最后一道洗涤后进行脱色漂白。漂白剂用漂白粉或SO_2。

①用漂白粉漂白

漂白粉的用量依淀粉乳的浓度而异，一般18°Bx淀粉乳100L约需漂白粉40～50g。

漂白前先配成漂白粉溶液。使用前，在30℃左右的温水中加入漂白粉，配成4°～4.5°Bx的溶液，搅拌后，加盖静置15h后，取其上清液备用。

漂白时，漂白粉溶液加入淀粉乳中，连续搅拌40～60min，漂白后静置2h左右，使淀粉沉淀，然后除去上层清液，反复用水洗涤以除去残余氯，或静置沉淀后加入少量硫代硫酸钠溶液除去残余氯。

检验淀粉中是否尚有余氯存在，可取少量淀粉乳液滴入浓度5%的KI溶液，不变色，表明无氯存在；若呈黄色棕黄色，说明有氯存在。若有残余氯存在，则需再加硫代硫酸钠

溶液,以除尽残余氯为止。

②亚硫酸漂白

亚硫酸是还原剂,具有能抑制氧化变色和使色素脱色的作用,还能改变淀粉乳 pH 值,促使蛋白质沉淀和抑制发酵。使用时,先将 H_2SO_3 稀释到约含 SO_2 为 2.5%的溶液中,每吨原浆的淀粉乳约需该浓度的 H_2SO_3 溶液 0.6L～0.8L。

(6)脱水

淀粉乳用布包裹并以机械方式脱水后即为湿淀粉,湿淀粉外观湿润洁白,结成块,不发酸,切面光滑。

(7)干燥

干燥时,先将淀粉团块破碎,自然干燥约需 3～6d。人工干燥时,产品温度应控制在 40℃～58℃,干燥的淀粉含水量降到 20%为止。

(8)筛理

干燥结束后,取出摊凉,再用粉碎机粉碎。最后通过孔径为 0.11mm 的绢筛筛理,以除去小粉块,包装成袋,即为成品。

(二)玉米淀粉生产

玉米淀粉是以玉米粒为原料,通过亚硫酸浸泡,破碎筛分、分离洗涤、脱水烘干制成的产品。玉米淀粉主要用于医药、食品、化工、纺织等行业,可生产饴糖、高麦芽糖浆、葡萄糖、变性淀粉等;也可用作酶制剂味精、生产的原料。玉米作为淀粉加工原料,有其独特的优点:加工不受季节限制;玉米淀粉的质量较好;玉米籽粒中淀粉含量达 64%～78%,若采用先进工艺,则淀粉得率高;玉米制淀粉过程中产生的浆液比薯类少,易于回收。

1.玉米淀粉加工工艺过程

以玉米为原料制造淀粉的方法很多,但基本生产过程为:

玉米→清理→浸泡→粗碎→胚芽分离→磨碎→分离纤维→分离蛋白质→清洗→离心分离→干燥→玉米淀粉。

2.操作要点

(1)原料选择

选择清除杂质,颗粒饱满,无虫蛀,无霉变的玉米粒。

(2)玉米的浸泡和破碎

采用逆流法或扩散法浸泡,将新配制的 H_2SO_3 溶液(SO_2 含量为 0.25%～0.3%)倒入一系列浸泡罐中浸泡玉米,按逆流倒罐方式,浸泡时间最长的,依次向浸泡时间较短的移动、倒罐。用此法,浸出物浓度可达 7%～9%,浸出物进一步浓缩时消耗的蒸气比静止法少得多。浸泡后的玉米采用二次破碎工艺,使胚芽与胚乳分离,胚芽全部分离出来。经浸泡后,玉米胚芽约含 60%水分,具有很大的弹性,同时胚芽、表皮和胚乳之间的连接力减弱,玉米胚乳中蛋白质与淀粉之间的连接也变弱,破碎时较容易从玉米粒中分离出来。同时,破碎时胚乳淀粉质部分被磨成碎粒,可从中释放约 25%的淀粉。

(3)胚芽的分离与洗涤

玉米粒经过一次破碎,大部分胚芽与胚乳分开,通过漂浮罐捞出胚芽,再进入二次破碎,经过两次破碎,胚芽全部分离出来。分离出来的胚芽,在振动筛上通过连续水喷淋,洗去胚芽表面粘附的淀粉乳、麸质等,经过离心机初步脱水至胚芽中含水量小于36%。

(4)浆料的研磨

经破碎和分离胚芽,由于淀粉颗粒和麸质及各种皮中含有大量淀粉的胚乳碎粒等组成的破碎浆料,需经过一级和二级冲击磨精细磨碎。其目的是最大限度地释放蛋白质和纤维素相结合的淀粉,为分离创造条件。

(5)渣滓的筛分和洗涤

浆料磨碎之后形成的悬浮液,含有游离淀粉、麸质的细小颗粒和纤维素(细渣和粗渣)。用七级压力筛进行粗细残渣与淀粉悬浮液的分离,渣滓经过六级逆流洗涤,洗净附着的淀粉。

(6)淀粉与麸质的分离

淀粉与麸质的分离在碟式离心机内进行,由于淀粉粒的粒径和比重均比蛋白质粒大,它在悬浮液中的沉降速度比蛋白质粒快,可用离心分离机高效地使淀粉与蛋白质分离。

(7)淀粉的洗涤和机械脱水

为除去可溶性及不溶性蛋白质,降低淀粉酸度和提高悬浮液浓度,采用十级旋流器逆流洗涤。洗涤后,淀粉用卧式刮刀离心机进行机械脱水,直至湿淀粉的含水量为38%~40%。

(8)淀粉的干燥

采用气流式干燥,由螺旋输送器按所需数量(取决于成品淀粉的含水量)送入疏松器。在疏松器内,湿淀粉经机械脱水,再被送入预先净化并加热至140℃的热空气进行干燥。

得到的产品再经过进一步的筛分、分装等工序便得到玉米淀粉成品。

(三)豆类淀粉生产

1. 豆类淀粉加工工艺流程

豆类淀粉加工工艺流程如下:

豆类原料→清理→浸泡→磨碎→过滤→沉淀→干燥→豆类淀粉。

2. 操作要点

(1)选料

豆类淀粉以绿豆为原料最佳,其次为蚕豆,其他为豇豆、豌豆、赤豆、杂豆等,此处以绿豆为例。

(2)浸泡

应分二次浸泡。第一次浸泡绿豆与用水量为1∶120(w/w)。夏季水温为60℃,冬季用100℃开水,浸泡4h。使豆子吸收一定量水分,待浸泡水被绿豆吸干,然后用水冲去绿豆中的泥沙杂质。洗净后,再用冷水将豆粒进行第二次浸泡,如果室温浸泡,夏天用时约6h,冬天约18h,使绿豆的皮能见横裂状即可。如豆粒的裂纹太大则为浸得过熟,没有裂纹则太生,太生或太熟都对成品的得率和质量有影响。

(3)磨碎

将浸泡后的绿豆用磨磨碎。上磨时,一边进豆一边掺水,原料在上磨时约掺水量为1∶5(w/w)。掺水均匀,可使绿豆磨得均匀细腻。

(4)过滤

采用80目筛眼的平筛过滤，去除豆渣，筛面上用喷管洒水二、三遍，使豆渣内的淀粉充分洒滤出来，喷洒水的用量为原料的150%。

(5)沉淀

沉淀采用酸浆沉淀，夏季加酸浆7%，冬季加酸浆10%，在缸内约15min即行沉淀，然后将粉面上的清水撇净，留下较浓的浆水。

将较浓的浆水用泵提到80目筛眼小平筛上，进行第二次过滤，以进一步清除豆浆内的豆粕。

将经过第二次过滤的浆水置入缸内，加入浆水量的80%～100%的水，搅拌后，待其自然沉淀。夏季需耗时约8h，冬季约18h。待自然沉淀完全分离淀粉层，然后进一步干燥、包装，即可得到绿豆淀粉成品。

第三节 淀粉糖制品

一、淀粉糖的含义和分类

淀粉糖是以淀粉为原料，在催化剂作用下经水解反应生成的葡萄糖、果葡糖、麦芽糖及其混合物的总称。

淀粉糖的性状，因水解的程度不同，糖化率有很大差别。淀粉糖的成分大致有糊精、麦芽糖、葡萄糖三种。其制品的性状随其成分的比例而变化。淀粉分解程度通常以DE(葡萄糖值)值表示。

淀粉糖是淀粉在酸或酶的作用下水解得到的产物。淀粉糖有20多种果葡糖浆，是一种可以替代蔗糖的产品，并在发酵性、保湿性、口感等方面要优于蔗糖。所以越来越多的食品加工行业使用果葡糖浆来替代蔗糖。但淀粉糖在某些方面不能完全替代蔗糖，同时蔗糖在某些应用领域也不能取代淀粉糖。

目前一般分类方法是按转化程度高低分类，分为低转化(20DE值以下)、中转化(38～42DE值)、高转化(60～70DE值)淀粉糖。

工业上生产的淀粉糖的品种很多，淀粉糖产品大致可分为：液体葡萄糖(葡麦糖浆)、结晶葡萄糖(全糖)、麦芽糖浆(40%～45%麦芽糖)、高麦芽糖浆(50%～60%麦芽糖)、超高麦芽糖浆(大于80%麦芽糖)、低聚异麦芽糖、麦芽糊精、果葡糖浆等。

(一)液体葡萄糖(葡麦糖浆)

液体葡萄糖是控制淀粉水解停止在一定的程度，所得水解液包括葡萄糖、麦芽糖、低聚糖和糊精等组成的混合糖浆，其主要成分为葡萄糖和麦芽糖，也可更准确地称为葡麦糖浆。

液体葡萄糖按转化率可分为高、中、低三大类。工业上产量最大、应用最广的中等转化糖浆，其DE值为30%～50%，其中DE值为42%左右的又称为标准葡萄糖浆。高转化糖浆DE值为50%～70%，低转化糖浆DE值在30%以下。不同DE值的液体葡萄糖在性能方面有一定差异，如甜度、粘度、吸湿性、渗透性、发酵性等，这些性质又和糖的应用范围有关。

(二)葡萄糖(全糖)

葡萄糖是淀粉完全水解的产物,由于生产工艺的不同,所得葡萄糖产品的纯度也不同,一般可分为结晶葡萄糖和全糖两类。

酶法水解淀粉所得葡萄糖液纯度高,甜味纯正,能省去结晶工序直接喷雾成颗粒状产品,称为"全糖",其主要组成为葡萄糖,还有少量低聚糖等。也能冷却浓糖浆成块状,切削成粉末产品。甜度不如蔗糖,仅是70%(但两者的混合物其甜度增效达95%)。这类产品纯度不及结晶葡萄糖,但适于若干种食品和其他工业应用。在食品工业中可作为甜味剂代替蔗糖,还可作为生产食品添加剂焦糖色素、山梨醇等产品的主要原料;在发酵工业上,可作为微生物培养基的最主要原料,广泛用于酿酒、味精、氨基酸、酶制剂及抗生素等行业;全糖还可作为皮革、化纤、化工等行业的重要原料或添加剂。

(三)麦芽糖浆(饴糖、高麦芽糖浆、超高麦芽糖浆)

麦芽糖是由两个葡萄糖残基通过α-1,4-葡萄糖基连接而成的二糖,是麦芽糖浆的主要成分。液化淀粉经过酶作用制得不同含量的麦芽糖糖浆,从而形成不同的糖浆类别。

麦芽糖浆是以淀粉为原料,经酶或酸酶结合法水解制成的一种淀粉糖浆和液体葡萄糖(葡麦糖浆),麦芽糖浆中葡萄糖含量较低(一般在10%以下),而麦芽糖含量较高(一般在40%~90%),按制法和麦芽糖含量不同可分别称为饴糖、高麦芽糖浆、超高麦芽糖浆等。

(四)低聚异麦芽糖

低聚异麦芽糖(异麦芽低聚糖)又称分枝低聚糖,是指由葡萄糖基以α-1.6糖苷键结合而成的单糖数在2~5不等的一类低聚糖,其主要成分是:异麦芽糖、异麦芽三糖、潘糖等。低聚异麦芽糖在自然界中极少以游离状态存在。

(五)麦芽糊精

麦芽糊精是指以淀粉为原料,经酸法或酶法低程度水解,得到的DE值在20%以下的产品。其主要组成部分为聚合度在10以上的糊精和少量聚合度在10以下的低聚糖。该产品与淀粉经干法热解得到的糊精在性质和结构上有较大的区别。美国把以玉米淀粉为原料的麦芽糊精产品称为"麦特灵",其系列产品DE值为5%~20%,相应商品名为MD50、MD100、MD150、和MD200。

麦芽糊精甜度低、粘度高、溶解性好、吸湿性小、增稠性强、成膜性好。

二、淀粉糖的基本性质

(一)甜味

甜味是淀粉糖的重要性质。甜味的标准是以蔗糖的甜度为标准,比较其他糖的相对甜度。

糖品的甜度随浓度增高而增加,但增高的程度因糖品不同而有差异,不同糖混合在一起,可以互相提高甜度。几种淀粉糖品的相对甜度见表7-5。

表 7-5　几种淀粉糖品的相对甜度

糖品	相对甜度	糖品	相对甜度
蔗糖	1.0	淀粉糖浆(42DE)	0.5
果糖	1.5	淀粉糖浆(52DE)	0.6
葡萄糖	0.7	淀粉糖浆(62DE)	0.7
麦芽糖	0.5	淀粉糖浆(70DE)	0.8
果葡糖浆(42%)	1.0		

(二)溶解度

糖品的溶解度因品种不同而异，果糖最高，蔗糖次之，葡萄糖再次之。溶解度随温度增高而上升。

(三)结晶

蔗糖易于结晶，晶体能长得很大。葡萄糖也易于结晶，但晶体细小。果糖难结晶。葡麦糖浆是葡萄糖、低聚糖和糊精的混合物，不能结晶，并能防止蔗糖结晶。这种结晶性质的差别与应用有关系。例如，生产硬糖不能单独用蔗糖，熬煮到水分 1.5%以下，冷却后蔗糖结晶、碎裂，不能得到坚韧、透明的产品。旧式的制硬糖果的方法是加有机酸，在熬糖过程中使蔗糖一部分水解转化(约 10%～15%)，防止蔗糖结晶。新型的制硬糖果方法是混用 42DE 的葡麦糖浆以防止蔗糖结晶，工艺简化，效果较好，用量为 30%～40%。生产硬糖果要求固体糖溶液、浓度和过饱和度都很高，蔗糖却仍可以保持溶解状态，不会发生结晶析出。葡麦糖浆不含果糖，吸潮性较转化糖低，具有较好的储存性。同时由于葡麦糖浆含有糊精能增加糖果的韧性、强度和粘性，使糖果不易碎裂。

(四)吸潮性和保潮性

吸潮性是指在空气湿度较高的条件下吸收水分的性质。保潮性是指在较高湿度下吸收水分和较低湿度下散失水分的性质。不同种类食品对于糖品吸潮性和保潮性的要求不同。例如，硬糖果需要吸潮性低，避免遇潮湿天气吸收水分导致溶化，所以用蔗糖或低或中转化糖浆为宜。转化糖和果葡糖浆含有吸潮性强的果糖，不宜使用。但软糖果则需要保持一定的水分，以避免在干燥天气时变干，应用高转化糖浆和果葡糖浆为宜。面包、糕点类食品也要保持松软，应用高转化糖浆和果葡糖浆为宜。果糖的吸潮性为各种糖品中最高的。葡萄糖吸潮性因异构体不同而不同。

(五)渗透压

较高浓度糖液能抑制许多微生物生长，糖液是一种重要的保存食品的方法。如 50%浓度的蔗糖能抑制细菌和霉菌的生长，这是因为糖的渗透压高，吸起微生物菌体内的水分，从而使其生长受到抑制。糖的渗透压随浓度增高而增高。单糖的渗透压是二糖的 5 倍，所以葡萄糖和果糖比蔗糖具有较高的保藏食品的效果。

(六)粘度

葡萄糖和果糖的粘度较蔗糖低。淀粉糖浆的粘度随转化程度而变，转化程度高则粘度低，反之则高。葡麦糖浆的粘度较高，应用于多种食品中，可利用其粘度，提高产品的稠度和可口性。例如，水果罐头、果汁饮料和食用糖浆中应用葡麦糖浆以增高其稠度。雪糕类冷冻食品中应用葡麦糖浆，特别是低转化糖浆，以提高其粘稠性，使其更为可口。

(七)发酵性

酵母能发酵葡萄糖、果糖、麦芽糖和蔗糖等,但不能发酵较大分子的低聚糖和糊精。有的食品需要发酵,如面包、糕点等;有的食品则不需要发酵,如蜜饯、果酱等。葡麦糖浆发酵后分为葡萄糖和麦芽糖,其量随着转化程度增高而增高。生产面包类发酵食品适合使用发酵性较高的高转化糖浆和葡萄糖为宜。

(八)化学稳定性

葡萄糖、果糖和葡麦糖浆都具有还原性,在中性和碱性情况下化学稳定性低,受热易分解生成有色物质,也易与蛋白质类含氮物质起焦化反应产生棕黄色焦糖。葡萄糖在pH值3.0最稳定,果糖在pH值3.3最稳定。温度升高,糖的分解速度增加,大约温度每上升10℃则分解速度增加2～3倍。尤其是果糖稳定性更低,温度每上升10℃,分解速度增高约5～10倍。蔗糖不具有还原性,在中性和微碱性情况下化学稳定性高,但在pH=9以上受热易分解成有色物质。蔗糖也不易与含氮物质起反应产生有色物质。

面包和糕点等烘焙类面食应用的果葡糖浆,在烘焙过程中生成焦黄色的外壳,风味可口。果糖的焦化性比葡萄糖强。果糖的吸潮性较高,有助于面包,糕点保持水分,放置时不易变干。

生产硬糖果颜色愈浅愈好,这就需要选取用热稳定性较高的糖,如中转化葡麦糖浆、麦芽糖浆等。麦芽糖的热稳定性较高。含麦芽糖量高的高麦芽糖浆更适用于糖果生产。用中转化糖浆生产硬糖果,熬糖温度一般为130℃,用高麦芽糖浆可提高熬糖温度到约155℃。氢化糖浆的热稳定性更高,与含氮物质共热也不变色。

(九)抗氧化性

糖溶液具有抗氧化性,有利于保持水果的风味、颜色和Vc,不会因氧化反应而发生变化。这是因为氧气在糖溶液中的溶解量较水溶液低很多的缘故。应用糖溶液可降低Vc的氧化反应10%～90%,其氧化程度随糖溶液浓度,pH值和其他条件而不同。

三、淀粉糖制作的工艺流程

(一)饴糖的制作工艺

1.基本原理

麦芽和糖化曲中有活跃的淀粉酶,可使淀粉水解为糊精、麦芽糖。其中α－淀粉酶在淀粉链内部水解α－D－1,4葡萄糖苷键,切去直链淀粉分支以外的任何部分,生成小分子糊精及少量α－型麦芽糖和α－型葡萄糖。一般链越长水解速度越快。β－淀粉酶水解淀粉的α－D－1,4葡萄糖苷键,将直链淀粉100%地水解为麦芽糖。但作用于支链淀粉时,产物为β－麦芽糖和分支糊精。两种酶的联合作用,可加速淀粉的糖化速度,并使淀粉的85%～95%水解为麦芽糖。

此外,糖化剂还含有β－淀粉酶和脱支酶。前者可使上述两种淀粉酶作用于支链淀粉,剩下的分支点水解为葡萄糖;后者能水解支链淀粉中α－D－1,6葡萄糖苷键,使支链淀粉变为直链状糊精。

2.生产工艺

(1)麦芽法的固体生产流程

原料处理→糖化→浸出→蒸发浓缩→成品处理

①原料处理:将碎大米淘净、加水浸泡 3～12h,沥干蒸熟。

②糖化:将米饭移入拌料器中翻散、冷却至 75℃,然后摊平,再加入 6%～9%磨细的麦芽浆作为糖化剂,并拌均匀。当品温降至 55℃～60℃时,移入热糖化缸,面层再加少许麦芽浆及热水,最后封盖。糖化温度前期为 60℃,后期可提高到 65℃～70℃。

③浸出:糖化完毕,先放出底部糖汁,然后取 2～2.5 倍的上批二次汁,加热至 70℃,加入缸内浸泡养浆 2h,然后滤出得一次汁,再用 2～2.5 倍的一次汁加热至 85℃浸泡头渣 1h,过滤即得二次汁。最后加入足量的沸水,洗净糖分及糊精即可。

④蒸发浓缩:所滤的原汁与一次汁混合之后蒸发浓缩,当浓度达 38°Bx 左右时,即可停止蒸发。

⑤成品处理:浓缩后的饴糖出锅时还可用细布过滤一次,以进一步除去杂质,冷却后即得 42°Bx 的成品。

(2)麦芽法的液体工艺流程

氯化钙 淀粉酶 麦芽或麸皮 糖渣

↓ ↓ ↓ ↑

大米→粉碎→调浆→液化→糖化→过滤→浓缩→饴糖

(干物质 75%～77%)

①原料准备 大米经清理后,先进入淘洗桶,加水浸泡 1h,沥干水、冲净,放入磨粉机加水研磨成浆。

②调浆 将粉浆泵至调浆罐,同时调节至浓度为 18～20°Bx,并用稀碱液调节 pH 值为 6.6～6.2,再加入 0.35%的预先溶好的 $CaCl_2$ 溶液。然后加入 α—淀粉酶,使用量为 100IU/g 大米粉,并充分搅拌 30min。

③液化 液化操作与其他相同,液化温度一般为 85℃～90℃,时间为 10～15min。

④糖化 糖液打入糖化罐后,需进行循环冷却。当温度降至 62℃时,加入 1.5%预先粉碎好的大麦芽或麸皮。搅拌均匀后,在温度 60℃～62℃条件下糖化 3h 至还原糖值达 38%时终止糖化。

⑤压滤与浓缩 糖化完成后,打开蒸气升温,使温度升至 80℃,以终止糖化。再使糖液流入压滤机进行压滤和洗槽。压滤液先行开口浓缩,再送入列管式真空浓缩罐进行真空浓缩。

⑥产品质量色泽淡黄,微微透明,味甜无异味,浓度 42°Bé/20℃左右,DE34～50,酸度 0.5%以下(乳酸计)。

(3)玉米酶法生产饴糖技术

直接用玉米粉酶法生产饴糖是利用干玉米脱出胚芽,磨成 80～140 目的细粉,用自来水调成乳状,加细菌 α—淀粉酶进行糊化,再加麦芽进行糖化、脱色、过滤、蒸发浓缩制成。

(二)葡萄糖的制作工艺

各种淀粉都可以作为生产葡萄糖的原料,其生产工艺有酸法和酶法两种。

1. 酸法制造葡萄糖

淀粉糖化液的主要精制工序为中和、过滤、脱色,使其成为澄清、透明、无色的精制糖化液,用于生产糖浆和结晶葡萄糖。

2.酶法制造葡萄糖

酶法制造葡萄糖工艺如下：

淀粉→调粉→液化→糊化→中和→压滤→浓缩→脱色→压滤→离子交换→浓缩→结晶→干燥→葡萄糖

(三)低聚异麦芽糖的制作工艺

低聚异麦芽糖的工艺流程：

淀粉→调浆→淀粉悬浮液(浓度30%，pH6.0)→液化(α－淀粉酶)→糖化(β－淀粉酶，α－D－葡萄糖苷酶，pH值为5.0，温度是60℃)→过滤→脱色(活性炭)→脱盐(阴、阳离子交换树脂)→真空浓缩→IMO－500→柱分离→IMO－900→喷雾干燥→IMO－900P。

第四节　变性淀粉

一、变性淀粉的含义和分类

(一)变性淀粉的含义

采用物理方法(如热、机械、放射线或高频率辐射)、化学方法(如酸、碱、氧化剂、各种反应性化合物)以及生物化学方法，使原淀粉的结构(包括淀粉分子的二级结构、三级结构和官能团结构)、物理性质和化学性质改变，从而出现特定性能和用途的淀粉产品叫变性淀粉或改性淀粉。

变性的主要作用是改变糊化和蒸煮特性，主要改变以下性质：

(1)糊化温度：解聚时糊化温度(GT)下降；非解聚时糊化温度有升高也有下降，一般淀粉分子中引进亲水基团可增强淀粉分子与水的作用，使GT下降。交联起阻挡作用，不利水分子进入，使GT升高。高直链淀粉结合紧密，晶体能高，较难糊化。

(2)淀粉糊的热稳定性：一般谷类淀粉的热稳定性大于薯类；通过接枝或衍生某些基团，从而改变基团大小或架桥，可使淀粉糊的热稳定性增加。

(3)淀粉糊的冷稳定性：淀粉结构中引入亲水基团，造成空间障碍，分子不易重排。此外亲水基团的引入使亲水作用增强，强化了与水的结合力，使淀粉脱水作用下降。

(4)抗酸的稳定性：尽可能使淀粉结构改变成为网状结构，使淀粉能耐pH值3～3.5的酸性。

(5)抗剪切力：一般抗酸的淀粉也抗剪切。

(6)复合改性：具有多种功能。

(二)变性淀粉的分类

目前变性淀粉的品种、规格达两千多种，变性淀粉的分类一般是根据处理方式来进行。

(1)物理变性：预糊化(α－化)淀粉、γ射线、超高频辐射处理淀粉、机械研磨处理淀粉、湿热处理淀粉等。

(2)化学变性：用各种化学试剂处理得到的变性淀粉。其中有两大类：一类是使淀粉分子量下降，如酸解淀粉、氧化淀粉、焙烤糊精等；另一类是使淀粉分子量增加，如交联淀粉、酯化淀粉、醚化淀粉、接枝淀粉等。

(3)酶法变性(生物改性)：各种酶处理淀粉。如 α、β、γ一环状糊精、麦芽糊精、直链淀粉等。

(4)复合变性：采用两种以上处理方法得到的变性淀粉。如氧化交联淀粉、交联酯化淀粉等。采用复合变性得到的变性淀粉具有两种变性淀粉的各自优点。

另外，变性淀粉还可按生产工艺路线进行分类，有干法(如磷酸酯淀粉、酸解淀粉、阳离子淀粉、羧甲基淀粉等)、湿法、有机溶剂法(如羧基淀粉制备一般采用乙醇作溶剂)、挤压法和滚筒干燥法(如天然淀粉或变性淀粉为原料生产预糊化淀粉)等。

在变性过程中，可以是解聚变性或是非解聚变性。淀粉衍生物是指一些分子中的吡喃葡萄糖基产生了化学结构变化的变性。常见变性淀粉如图 7-1。

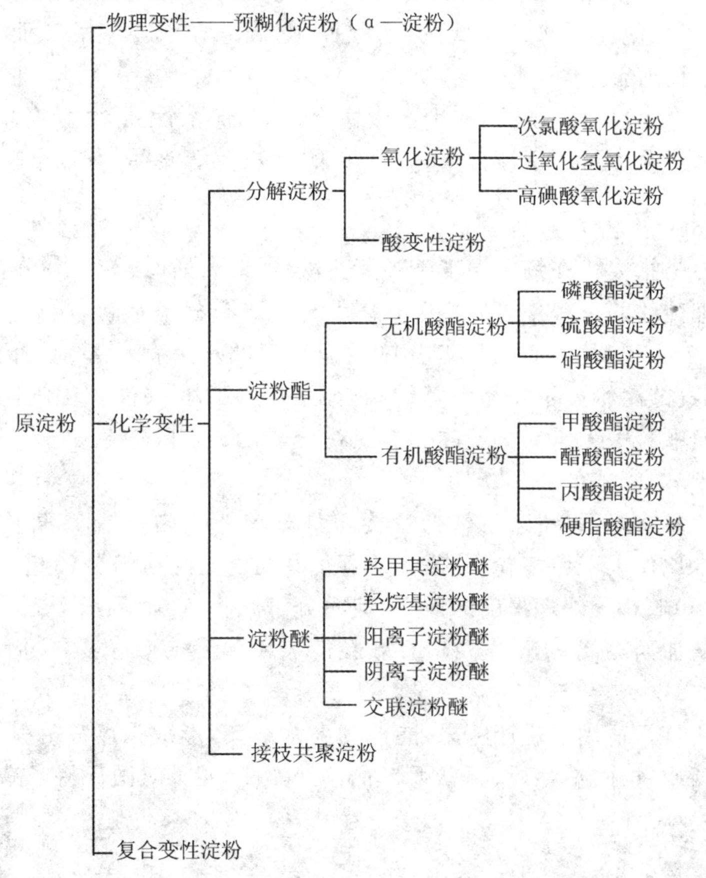

图 7-1　常见变性淀粉

二、几种常用变性淀粉

(一)预糊化淀粉

天然淀粉颗粒中分子间存在许多氢键，当其在水中加热升温时，首先水分子进入颗粒的非结晶区，水分子的水合作用使淀粉分子间的氢键断裂，随着温度上升，当非结晶区的水合作用达到某一极限时，水合作用即发生于结晶区，淀粉即开始糊化，完成水合作用

的颗粒已失去了原形。若将完全糊化的淀粉在高温下迅速干燥，将得到氢键仍然断开的、多孔状的、无明显结晶现象的淀粉颗粒，这就是预糊化淀粉。

根据生产预糊化淀粉所使用的设备不同，其生产方法可分为喷雾法、挤压膨化法、微波法和热滚法等。

(1)喷雾法：要求淀粉浆浓度控制在10%以下，一般为4%～5%。故能耗高，生产成本高。

(2)挤压膨化法：利用螺旋挤压机的原理，通过挤压摩擦产生热量来使淀粉糊化。此法能耗较低，生产成本也低，但由于受高剪切力的影响，产品粘度低，粘弹性差。

(3)微波法：此法基本上消除了剪切力的影响，但尚未见在工业上实施。

(4)热滚法：利用辊筒干燥机来进行加工生产，是传统的生产预糊化淀粉的方法。辊筒干燥机分单滚筒和双滚筒两种。双滚筒干燥机剪切力大、能耗也大，但容易操作。单辊筒干燥机剪切力、能耗较双滚筒低，但不宜控制，因此在大规模的工业生产中，双滚筒正在逐渐被单滚筒所替代。

预糊化淀粉具有冷水溶解性，在冷水中稳定性好，保水性强，并且有增粘、保型、速溶等特点。在食品工业中可用于沙拉酱、速溶布丁粉、糕点等食品，其效果较天然淀粉好。

(二)酸变性淀粉

酸变性淀粉是指淀粉在糊化温度下被无机酸局部腐蚀而改变了部分特性的淀粉。

在用酸处理淀粉的过程中，酸作用于糖苷键使淀粉分子水解，淀粉分子变小。组成淀粉颗粒的α－1,4和α－1,6两种糖苷键被酸水解的难易存在差别。由于淀粉颗粒结晶结构的影响，直链淀粉分子间经由氢键结合成晶态结构，酸渗入困难，其α－1,4键不易被酸水解。而颗粒中无定形区域的支链淀粉分子的α－1,4键、α－1,6键较易被酸渗入，发生反应。

酸变性淀粉具有以下特性：①酸变性淀粉具有较低的热糊粘度，即有较高的热糊流度。冷热糊粘度比值大于原淀粉，易发生凝沉；②酸变性淀粉组分的相对分子质量随流度升高而降低；③随着酸处理程度的增高，淀粉分子减小，碱值逐渐升高。酸解淀粉的特性粘度随流度增加而降低；④酸解反应在颗粒的表面和无定形区，颗粒仍处于晶体结构，具有偏光十字。

酸变性淀粉特别适用于生产糖果，能调制高浓度糊，形成强度高的凝胶软糖，可口性好。制造的奶糖质量好、不粘牙、不粘纸、耐嚼、富弹性，能长时间保持产品的稳定性。

(三)氧化淀粉

氧化淀粉是指利用氧化剂放出的氧原子对淀粉分子的局部氧化，使其部分性状发生改变而得到的淀粉。常用的是碱性次氯酸盐。氧化反应的作用机制是氧化剂进入淀粉团粒结构的深处，在团粒的低结晶区发生作用，在一些分子上发生强烈的局部化学反应，生成高度降解的酸性片段。这些片段在碱性反应介质中变成可溶性的，在水洗氧化淀粉时溶出。氧化淀粉的团粒结构虽无大的变化，但团粒上会出现断裂和缝隙。

氧化淀粉的特点是颗粒直径增加，色泽洁白、带负电荷、凝沉作用弱、糊化温度低、透明度好、流动性强、能形成具有一定强度的薄膜、着色性好、且性能稳定。在食品工业中适于作为填充料，也常用于软糖、软糕点及油炸食品的生产以及花生、米饼等食物的涂层，使之外观有光泽。

(四)交联淀粉

交联淀粉是淀粉的醇羟基与交联剂的多元官能团形成二醚键或二酯键,使两个或两个以上的淀粉分子之间“架桥”在一起,呈多维网络结构的反应,称为交联反应。由于交联作用,在分子之间架桥形成化学键,加强了分子之间氢键的作用。当交联淀粉在水中加热时,可以使氢键变弱甚至破坏,然而由于化学架桥的存在,淀粉的颗粒将不同程度地保持不变。

交联剂种类很多,用于制备交联淀粉的交联剂有三氯氧磷、三偏磷酸盐、乙酸、双环氧化合物、乙醛、丙烯醛等。国内最常用的交联剂有:三偏磷酸钠、三聚磷酸钠、甲醛、三氯氧磷、环氧氯丙烷。

交联淀粉的糊液粘度对热、酸和剪切力影响具有高稳定性。在食品工业中,用作增稠剂和稳定剂,如做色拉汁的增稠剂;同时,交联淀粉具有较高的冷冻稳定性和冻融稳定性,特别适于在冷冻食品中应用。在低温较长时间冷冻或冻融,融化重复多次,食品仍保持原来的组织结构,不发生变化,如酸变性淀粉经交联后是冰激凌的主要原料;经滚筒干燥后的交联淀粉可增加糕点体积,使糕点酥脆、柔软和耐贮存。

参考文献

[1] 韩雅珊. 食品化学(第2版)[M]. 北京:中国农业大学出版社,1998.
[2] 张燕萍. 变性淀粉制造与应用[M]. 北京:化学工业出版社,2007.
[3] 梁琪. 豆制品加工工艺与配方[M]. 北京:化学工业出版社,2007.
[4] 曹龙奎,李凤林. 淀粉制品生产工艺学[M]. 北京:中国轻工业出版社,2008.
[5] 陈奇伟,马晓娟,李连伟. 马铃薯淀粉生产技术[M]. 北京:金盾出版社,2004.
[6] 张力田. 淀粉糖[M]. 北京:中国轻工业出版社,2007.

第八章　植物油脂的提取与精炼

第一节　植物油料及预处理

油脂是人类食品的主要营养成分之一，是食品加工业的重要原料，而某些植物油脂(包括非食用油类)也是其他工业的重要原料。联合国粮农组织(FAO)定义的植物油料范围包括：油菜籽、大豆、花生、芝麻、葵花籽、胡麻、棉籽等。中国不仅是油料生产大国和油脂消费大国，同时也是油料油脂加工大国和油料油脂进出口大国。就油脂加工而言，我国的油脂加工能力之大、企业数量之多均属世界之最。据中国粮食行业协会的不完全统计，2007 年，全国日加工油料能力 30 t 以上的食用植物油加工企业 1 095 个，油料处理能力为 7 003.5 万 t。精炼能力为 2 346.3 万 t，食用植物油总产量为 1 898.5 万 t，精炼油产量为 1 707.3 万 t。由此可见，油脂工业在我国国民经济和人民生活中具有十分重要的地位和作用。

一、主要植物油料

1. 油菜籽

油菜籽，呈圆球形，平均直径为 1～3mm，外表有黄色、棕红色和褐色等多种颜色。油菜籽含油量为 33%～48%，含蛋白质为 20%～30%，是一种在世界各地都能种植并收获的食用高含油作物。国外已广泛推广低芥酸菜籽及低芥酸含量、低硫苷含量的双低菜籽优良品种，我国的双低油菜品种的种植，也在逐年增多。

2. 大豆

大豆的含油量为 16%～24%，含蛋白质量为 30%～50%。大豆的油脂和蛋白质品质优良，是食用植物油和蛋白质的重要资源之一。

3. 花生

花生果含仁率为 68%～72%，仁外包一层厚 0.3～0.5mm 的种皮，仁的含油量为 40%～51%，含蛋白质量为 25%～31%。花生仁也是最重要的植物油脂和蛋白质资源之一。

4. 棉籽

即棉花的种子。棉籽含壳 40%～55%，仁占 60%～45%，整籽含油为 15%～25%。棉仁含油脂为 28%～39%，含蛋白质约 30%。棉籽仁中还含有 0.8%～1.2%的棉酚，它具有一定的毒性。在取油过程中，部分棉酚会进入油脂中，使毛油不能食用。因此，棉籽毛油必须经过精炼，除去棉酚，方可食用，

5. 芝麻

芝麻种子呈扁平椭圆形，有白、黄、褐、黑等多种颜色的种子。芝麻籽含油为45%～63%，含蛋白质为19%～31%。白芝麻含油最高，黑芝麻含油最低。芝麻油因在其加工过程中所产生的芝麻酚进入了油脂当中，而具有一种特殊的芳香味。

6. 葵花籽

葵花可分为普通葵花和油葵两种。油葵籽的含油率高达45%～54%，含壳率低，其低者的含壳率在22%以下，适于制油用。普通型葵花籽含油率比油葵籽要低一些。葵花籽仁中，还含有21%～31%的蛋白质。

二、油料的预处理

油料自原料仓库取出后自投料口至进入独立取油设备前的所有工序，统称为油料预处理。油料的预处理包括：油料的清理除杂，油料剥壳去皮及仁壳分离，油料破碎、软化及轧胚，熟胚的制备以及油料生胚挤压膨化处理等。油料预处理的目的，是为了获得适合于直接压榨取油，或直接溶剂浸出取油工序所要求的各项指标参数的预处理料，即熟胚。

(一)油料清理目的和方法

1. 油料清理的目的

油料中往往混有各种各样的杂质。如在收获、晾晒、运输和贮藏中，难免会混进石块、泥土、茎叶和其他杂物，以及其他作物的种子、异种油料籽粒或瘪籽、碎籽等。

清理的目的，主要是以下三个方面：①去除不含油的杂质，减少油脂被杂质吸附而损失，从而提高出油率；②清除带有颜色或者异味的杂质，以提高油脂质量及饼粕的综合利用价值；③去除各种体积大、质地硬、数量多的杂质，以利于提高设备的处理能力，减轻设备的磨损，提高工作效率。

2. 油料清理的方法

进行油料清理时，应根据油料籽粒与杂质之间的不同物理特性，选择有效的分离除杂方法。如根据油料或杂质的颗粒的大小、比重、表面形状、弹性、硬度、磁性以及悬浮速度等方面的明显差别，来确定分离的方法，并采用合理的除杂分离工艺与设备，进行有效的分离。进行油料清理，主要有筛选、风选、磁选、研磨、粉碎、水选、比重法去石和组合清理等方法。

(二)油料的剥壳与去皮

1. 剥壳的重要性

对于含壳量高于2%的油料籽粒(即称含壳油料)，在制取油脂前通常要进行剥壳及仁壳分离处理。例如棉籽、花生果、葵花籽等油料。而含壳率低于2%的油料，只是在要求充分利用其含有的蛋白质时，才会考虑脱去其外皮。如大豆、菜籽、芝麻等。剥去皮壳后再进行油脂制取，其优点在于提高出油率、减少油分损失，提高油脂和饼粕的质量，充分发挥制油设备的生产能力，减少设备的磨损和维修费用，降低生产用电力消耗，并有利于皮壳的综合利用等。

2. 剥壳的主要方法

剥壳应根据各类油料皮壳的不同特性，例如油料的形状、大小和壳、仁间的附着情况等方面的不同,采取不同的方法。常用的剥壳方法,有搓碾、撞击、剪切和锤击等。在剥壳之后,还需要进行仁、壳分离。

(三)油料的破碎、软化与轧胚

油料籽粒在进入压榨制油成其他取油设备之前,必须先将其制备成适合于取油的料胚,以便使油脂能够被顺利和有效地制取出来。这一加工过程,包括油料的烘干、破碎、油料的软化和轧胚,对于粉状料,有时还要求造粒成型。这些加工过程、统称为料胚的制备过程。

1. 油料的破碎

破碎是针对颗粒偏大的油料籽粒而言,即利用外力将较大颗粒料,破碎成所要求小粒度颗粒料的工序。对大豆、花生仁等大粒油料来说,经过破碎后,使其粒度变小,便于后续轧胚工序的进行。

(1)破碎的目的

对于大豆、花生仁、椰子干、水压机饼块等颗粒大的油料或饼,一般都必须经过破碎后,才可以软化和轧胚。破碎的目的,在于后续油料软化时,增加油籽加热的接触面,便于水分和料温的调节,制备出优质的生胚,并使料易于进入轧胚机内轧辊间的缝隙。

(2)破碎的要求

油籽破碎的要求是,破碎料粒度均匀,颗粒大小符合规定地要求,粉末度越少越好,破碎料不可挤压过度而冒出油来,也不可结成团块。

2. 油料的软化

油料软化就是对经过破碎成小颗粒油料,尤其是对于含油量低和水分低的油料,进行适当的水分和温度调节,使油料具备后续轧胚工序所要求的最佳入机条件。因此,软化是料粒进行轧胚前的一项重要预处理工序。这对于可塑性差、质地坚硬的油料,是非常必要的。

(1)软化的作用

对油料进行软化,具有以下的作用:①通过恰当的温度与水分调节,改变油料的硬度和脆性、使料粒变软,具备适当的可塑性,达到进入轧机的指标要求,从而轧出质量好的薄片;②油料水分调节适当,轧胚时不会粘辊;③粉末度小能提高轧胚时的效率减少机器磨损和噪声。

(2)软化的方法

软化工序由水分与温度两方面的参数调节,使油籽达到轧胚所要求的可塑性特点。操作方法上,有升温去除水分和升温增加水分两种,即温度和水分的适当配合。其控制条件与油籽的含油率及含水量相关。

在具体操作时,可凭经验确定是否进行油料软化的处理和软化是否达到所要求的标准。如大豆软化后,豆瓣不应有白心、口咬不粘牙、手捏有软熟的感觉。对于新收获的油菜籽其含水分和油分都较高,一般不必进行软化。但对含水分低的油菜籽,尤其是历年陈菜籽,则需先软化后再进行轧胚。芝麻和花生仁由于含油量较高,质地较软、可塑性大,一般都不软化。

3. 油料的轧胚

轧胚,就是利用对辊或多辊式滚筒轧胚机,将预备好的颗粒状料辗轧成薄片状胚料的工序。轧胚后的薄片料称为生胚。生胚经蒸炒加工后，即为熟胚料。

(1)轧胚的目的

轧胚的目的主要有以下方面的原因：①尽量破坏油籽细胞的细胞壁，使油脂能容易地从油籽细胞内制取出来，在轧胚时，轧辊产生的强大挤压和剪切作用，在轧薄片的同时，会将油籽细胞挤破；②大大增加料胚的表面积，缩短油脂从料胚中被取出的路径；③使料胚在蒸炒过程中，易于吸水、吸热，以利于油料细胞的热破坏和蛋白质变性，从而有利于油脂的汇集并被制取出来。

(2)油料轧胚的要求

轧胚的具体要求是，轧片要薄而均匀，少成粉，不露油，手握机喂料要均匀。轧胚粉末度太大就会严重影响后续的溶剂浸出制油工序。因此应严格控制轧胚后的粉末度指标。其测定方法为，用孔径 1mm 的筛检验，以筛下物在 10%～15%为宜。为了控制粉末度，可适当增加轧胚料的水分，并控制胚片厚度。

(四)熟胚的制备

对轧胚所制得的料胚，进行加水(湿润)、加热(蒸胚)、烘干(炒胚)等处理，使其由“生胚”转变成为“熟胚”的过程，称为蒸炒。蒸炒是压榨法制油和浸出法制油生产中非常重要的工序。蒸炒的效果与质量将直接影响压榨和浸出出油率的高低，及油、粕的质量。

1. 蒸炒的作用

蒸炒工序可以起到三个方面的作用：一是使油脂较充分地制取出来；二是降低取油的动力消耗；三是便于制取品质更好的油脂。亦即凝聚油脂，调整料胚结构、改善油脂品质三个方面。

2. 蒸炒的方法

常用的蒸炒方法有两种，即湿润蒸炒和加热干炒(焙炒)。湿润蒸炒是大中型螺旋榨油机，作一次压榨制油或预榨浸出制油工艺中采用的蒸炒法。加热干炒，是机榨香麻油或简化的榨油工艺常采用的方法。

(五)油料的挤压膨化预处理

挤压膨化又称组织化或结构化，对油籽在进入溶剂浸出制油前进行挤压膨化预处理，可以显著优化浸出制油生产操作。其加工方法是：油料在专门的挤压膨化机内进行湿热处理，经过捏合、挤压(加压与加热)、胶合和减压膨化，最后冷却干燥，使油料调质、熟化成具有某种结构化的产物，再送入浸出制油工序。挤压膨化处理的作用如下：

1. 破坏油脂细胞

生胚料经短时间加热及挤压等强烈作用，迅速而彻底地破坏了油籽细胞，使油的微粒均匀扩散并凝聚。这有利于后续用溶剂的浸泡取油。

2. 改善油料渗浸性状

生胚料中的淀粉糊化胶凝，结构变化，使其变成多孔而结实的颗粒状的熟胚料，浸出时显著改善了渗透性和浸出速率。

3. 提高容重

膨化熟料的容重较生胚显著提高，这就提高了浸出器的处理量，容重通常可提高 30%～70%不等。

4. 抑制或钝化酶的活性

挤压膨化处理，可抑制或钝化油籽中一些酶的活性，有利于油料贮存与加工过程中的稳定性。

第二节　植物油脂提取

一、压榨法提取

压榨法制油是传统的油脂制取方法。是借助机械外力的作用，将油脂从油料中挤压出来的取油方法，目前是国内植物油脂提取的主要方法。

压榨法适应性强，工艺操作简单，生产设备维修方便，生产规模大小灵活，适合各种植物油的提取，同时生产比较安全。按照提油设备来分，压榨法提油有液压机榨油和螺旋机榨油两种。

压榨法存在出油率低，劳动强度大，生产效率低的缺点，并且由于榨油过程中有生胚蒸炒的工序，蛋白质变性严重，油料合理利用率低。

(一)压榨法取油的必要条件

榨油的过程，是将处理预备好的熟料胚，置于较高的压力条件下，使所含有的油脂被不断挤压出来，而料粒则被压榨成饼块的过程。榨油时，反映取油效果的指数叫出油效率，就是指榨出的油脂占油料中总含油量的百分率。

影响出油效果的必要条件，一是榨油机内的压力大小。榨油时，压力愈大，被挤出的油相对就愈多，但同时也要求充分的保持时间。二是被挤压油粘度的高低。压榨过程中，被挤压油脂的粘度愈低，压榨时的出油速度就愈快。通常以保持榨膛温度来降低粘度。二是料胚孔隙度的大小。压榨时，被施压料胚中孔隙度孔愈大，油脂离开榨饼表面的距离愈短，就愈容易被排挤出来。

(二)压榨法取油的主要工艺控制因素

所谓工艺控制因素，是指榨料进入压榨及压榨过程中，一定要掌握及控制的相关参数、条件和指标。它包括：榨料的入榨条件及其性质，榨膛内的压力，压榨经历的时间，料饼的厚度，压榨时的温度条件等。

为了尽量降低饼粕的残油率，使榨料保持合理的低水分与压榨时的较高温度是必要的。对于各品种的油料来说，其入榨料都有一个合理的水分含量，即“最优水分”。相应地也要求油料温度不能超过某一最高温度，通常以130℃～140℃为好。

(三)大中型螺旋榨油机取油工艺

根据现代工艺技术对油料的加工方法，压榨法取油工艺可分类为：一次压榨法和预榨—浸出法。所谓预榨，就是油料用浸出法取油之前进行的预处理，并取出一部分油脂，得以提高取油工效的加工方法。下面以油菜籽的一次压榨法取油工艺流程及预榨－浸出法制油工艺流程为例，对大中型螺旋榨油机取油工艺进行介绍。

1. 油菜籽的一次压榨法取油工艺

(1)工艺流程

油菜籽的一次压榨法取油工艺流程如下：

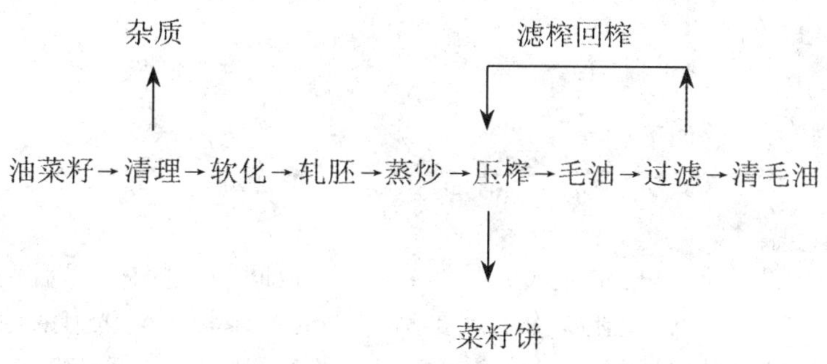

(2)操作要点

①清理:清理后,使净料中残留杂质不超过0.5%。

②软化:当年新收获的油菜籽,不需要软化,可直接进入下道工序。对于含水分低于8%的菜籽,软化后水分含量为9%,温度为50℃~60℃,软化历时10min。

③轧胚:轧的胚片厚度在0.2~0.3 mm之间。

④蒸炒:使用层式蒸炒锅蒸炒。先使生胚湿润,水分达14%~16%,再经90min蒸炒后,到出锅时出料水分降到4%~6%,温度为110℃左右。接着,进入榨机辅助蒸缸,经调整蒸炒后,入榨料水分为1.5%左右,温度达125℃~130℃。

⑤压榨 使用螺旋榨油机压榨,所得到的菜籽饼,控制其干饼残油率在7%以下。压榨所得的毛油,经初步过滤后,可送去精炼,而过滤得到的油渣则返回去与熟胚一道复榨。

2.油菜籽的预榨—浸出法制油工艺

(1)工艺流程

油菜籽的预榨—浸出法制油工艺流程如下:

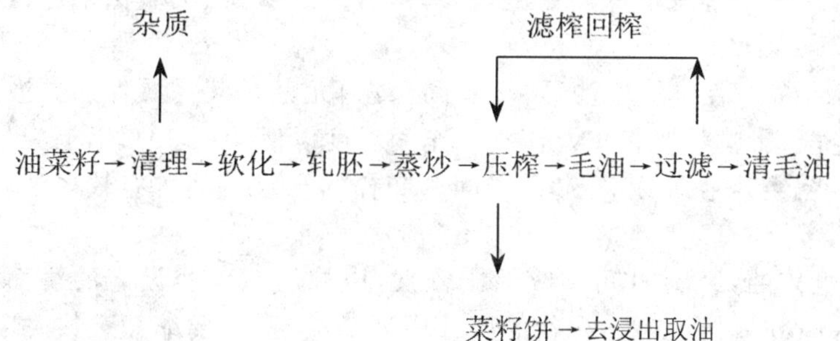

(2)操作要点

①清理:与一次压榨法相同。

②软化:与一次压榨法相同。

③轧胚:轧的胚片厚度可放至0.35mm。

④蒸炒:使用层式蒸炒锅进行蒸炒,出料口料的水分为4%~6%。温度为110℃左右。出料经榨机的辅助蒸缸调整后,入榨料水分为4%~5%,温度为110℃左右。

⑤预榨:预榨机压榨后所得到菜籽预榨饼,干饼残油率在12%左右,然后送去溶剂浸出取油车间进行浸出。预榨出的毛油过滤后,油渣回榨,清毛油送去精炼加工。

(四)液压机压榨取油

液压机压榨取油法,就是利用液体静压力传递原理,向成型的油料进行静态施压压榨,把油脂榨取出来。从制油的设备来说,液压机榨油逐渐被先进的螺旋榨油机所取代,仅对于特种油料及某些场合榨油。

1. 液压机压榨取油工艺

(1)工艺流程

液压机压榨取油的工艺流程如下:

油料→清理→压扁→炒籽→做饼→压榨→清油

(2)操作要点

液压机榨油,就是将预先在制饼机中做成的熟饼,置于榨板间的空间内、然后调节和控制液压机的压力,将油脂榨出。因此在操作上就是对榨油机本体与产生压力的液压系统两部分的操作。液压系统的操作过程是根据榨油机配套的油泵所规定的程序,进行压力的变换或控制。

液压机的操作与原来的土法榨油基本相同,都是利用顶压的方式将油脂压榨出来。每一台榨机压榨的工作程序,分成快榨、慢榨和沥油三个阶段。

操作要求是开始阶段出油要快,先上低压,后上高压,而后稳定压力开始沥油。开始压榨后,一旦开始流油了就必须做到:"勤顶轻压,先松后紧。"加压时要有节奏。当压力上升到最大工作压力时,必须有足够长的沥油时间,让油能流尽。

2. 注意事项

除压榨时的压力控制外,还要注意以下问题:

①做饼操作要符合要求。用液压机榨油,料胚成型上榨很重要。要求做到:饼片要结实耐压、受压均匀、蒸炒要达要求、饼的形状要中间略高、四周较低,单圈薄饼;装垛的饼与饼之间,放一块打孔垫板隔开,可利于流油出油;快速做饼、装垛,防止热量散失;装饼平稳整齐,不得歪斜。装垛饼块数要尽量多。装到末尾时,可施以顶压一次。松开压力后,再继续装满垛。满饼垛最好采取保温措施。做饼,有人工做饼、机械化半连续做饼两种方式。

②车间保温与趁热卸榨。液压机榨油,要求车间保温,尤其是装垛要保温。液压机压榨时间较长,易散热降温,影响油脂榨出及流动。车间温度以保持在30℃以上为最佳。车间相对湿度要略高一些,要求在65%～70%之间。卸榨的"边饼"因含有较多油脂,应趁热刨边,并送去复榨。

③压榨时间。液压机榨油,经历时间一般都比较长,压榨历时与所设定的饼面压力大小有关。压力大,压榨时间就短。每一榨料的压榨周期要缩短,就要缩短装饼、卸垛等辅助时间。

二、浸出法提取

溶剂浸出法取油,也称"固一液萃取"。它是油脂生产中一种比压榨法更为先进的制油方法。它具有出油效率高、油的质量好、加工成本低、生产环境良好、操作人员少等优点。但油脂浸出生产也存在一些缺点。例如所得浸出毛油品质相对压榨毛油要差;所使用的溶剂为易燃易爆物品,并具有一定的毒性;生产管理要求高,并增加了油脂精炼加工的难度要求。但现代油脂加工技术的发展,使上述缺点完全可以被克服。浸出毛油经过适当精炼加工,即可获得符合质量标准的成品油。

(一)浸出法取油的基本原理

植物油脂可以较好地溶解于某些有机溶剂中,如轻汽油和工业已烷等。根据这一特性,选定某一特种溶剂进行浸泡或喷淋,经过预处理的油料就可以把油料中的油脂提取出来。

(二)浸出法取油的过程

浸出法取油的基本过程是:把油料料胚或预榨饼,浸没于溶剂中(浸泡)。使油脂的绝大多数溶解在溶剂内,形成混合油。然后将所得的混合油与固体残渣(即湿粕)分离。对分离所得的混合油,再按沸点的差异进行蒸发和汽提,使其中的溶剂完全汽化变成溶剂气体而与油分离,从而制取得油脂一即浸出毛油。被汽化的溶剂蒸气则经过冷凝和冷却,予以回收,然后投入再循环使用。浸泡分离后的湿粕,其内亦含有一定数量的溶剂,经烘干脱溶,除去溶剂后得到浸出干粕,而脱溶挥发出的溶剂蒸气、同样予以回收。再循环使用。混合油中所含有油脂的重量百分数,叫做混合油浓度。

油料的浸出法取油包含油料浸泡、混合油处理、湿粕脱溶剂、溶剂回收等四个工序组成。

(三)浸出法取油所用的溶剂

浸出油工业生产中普遍使用的溶剂是工业已烷(6 号溶剂油),工业已烷能很好地溶解油脂,且含微量的有害物质,是一种良好的油脂浸出用溶剂。其缺点是:①容易燃烧,它的闪点为-21.7℃,当其挥发蒸气在空气中浓度达到 1.2%~7.5%(v/v)时可能引起燃爆;②其高浓度的溶剂蒸气对人体仍然有害,可刺激神经系统,严重时导致抽搐、头晕,甚至窒息死亡。

(四)影响浸出制油生产效率的因素

提高浸出制油效率就是提高浸出取油的速度和降低油粕中的残留油脂。因此,溶剂的性质、油料的性状、操作工艺参数等方面均影响浸出取油的效率。

1.油料性状的影响因素

高效率浸出的首要条件是让溶剂与油料充分有效地均匀接触。这是油料性状方面的因素,主要包括油料细胞组织结构破坏程度、颗粒大小、粉末度和水分等。

(1)油料细胞组织破坏程度

如果细胞是完整的,就会给溶剂浸泡提油造成很大的阻滞力,从而浸泡提不出油来。油料经轧胚、蒸炒后,有的还经预榨之后,细胞组织结构被破坏,胞膜破裂,组织结构也改变了,就为溶剂提油创造了良好条件。因此,应重视油料浸出前的预处理加工。

(2)料粒大小及粉末度

粉末度是指油料中含粉末状料的量;颗粒大小指进浸出器的预榨饼粒度大小,对一次浸出的生胚是指胚厚度。料粒过大(或是胚过厚),则提取料内部油脂需要的时间就会延长,浸出速率低,粕残油也高。对胚料也同理。另一方面,如果粉末度过大,被浸泡的料层内溶剂渗透会比较困难。

(3)油料水分

料中水分过高时,会降低溶剂对料粒内部油脂的提取力度,被浸料层中溶剂渗透变差。棉籽料水分低于 9%时,轧胚时使粉末度增加。预榨饼水分要求为 4%~6%。

2.操作工艺的影响因素

这主要是指浸出时的料、液湿度,浸出时间、混合油浓度,溶剂用量比例等可控制因素。

(1)浸出的温度

提高浸出时的温度,可提高溶剂对油脂的浸提能力,同时也降低了混合油的粘度,利于料层中溶剂的扩散和渗透,从而提高浸出效率。但浸出温度不可以超过溶剂沸点温度。一般浸出温度应控制在比溶剂沸点低 5℃～10℃。针对工业已烷沸点值,浸出温度可控制在 50℃～55℃的范围之内。

(2)浸出时间

根据对生产中浸出时间的测定,油脂浸出速度随被浸出油料中含油量的降低而降低。因此无限延长浸出时间,在经济上不合算。一般使干粕残油率达到 1%上下,有效浸出时间为 50～70min。从进料、滴干至出料的浸出,周期为 90～110min 之间。

(3)混合油浓度及溶剂比

依据油脂浸出的基本原理,要求增大混合油浓度差值,提高浸出速率,降低粕中残油,生产中则应把混合油浓度降低。但混合油浓度控制过低,将增加混合油处理中蒸发、汽提等各项溶剂回收时的能源消耗。因此,浸出器内采用溶剂(或混合油)与油料间相对应的逆流浸出浸泡(对平转式浸出器而言)的浸提方式,以提高混合油浓度。

另外,加入浸出器的新鲜溶剂的量,对混合油浓度的控制有很大影响。因此应控制单位时间内料胚与新鲜溶剂重量的适当输送比例,即溶剂比。

(4)料层高度

浸出器内料格所装盛的料层越高,设备生产能力就越大,但料层过高易使料压实结块,不利于渗滤。浸出料格的装料量,以格高的 80%～85%为佳。

根据以上分析,影响浸出效率的因素很多。因素之间错综复杂,彼此间互相联系又互相制约。对于这些因素,在生产中应灵活掌握,合理调节。值得指出的是、延长浸出过程,在粕中残油率过低时的浸出最后阶段,被提取出来的产物中,磷脂等类脂物含量显著地增多,会加大以后精炼加工的难度。

(五)浸出法制油的几种工艺类型

1.工艺过程的分类

(1)按入浸料预制方法分类

通常按进入浸出器前料(或饼)的预制方法来分类,主要有下列几类:一次浸出法,即预处理的熟胚料直接浸出制油,适宜于含油量较低的油料(如大豆等);预榨一浸出法,即预处理的熟胚,先经预压榨取出部分油脂后,对预榨饼再进行浸出制油;挤压膨化料粒的浸出法;粉末料造粒浸出法。

(2)按浸出形式分类

也可按浸出器的形式进行分类:间歇式浸出,如罐组式浸出器;连续式浸出,如平转浸出器;浸泡式浸出;喷淋式浸出,如履带式浸出器;混合式浸出,如平转浸出器,环形浸出器。

2.预榨一浸出取油工艺

预处理的料胚,在预榨阶段先行压榨出 70%～80%的料胚中的油脂。与一次压榨取油相比,该工艺的油料蒸炒和入榨温度相对较低,蒸炒时间相应缩短。压榨取油时、出料饼的厚度增大,榨膛内压力低一些,榨螺的转速高一些。预榨所得的毛油色泽浊,含脂溶性杂质少,毛油品质良好。此工艺非常适合于含油量较高的油料品种的加工制油。预榨

一浸出时，浸出效率提高，粕中残油低。

(1)菜籽的预榨一浸出

预榨时的入榨温度为115℃左右，入榨时的水分含量为4.5%～5%，预榨后饼的含油量控制在12%～14%之间。预榨所得饼经适当破碎，即可送入浸出器。送入浸出器前，加料饼的温度过高，应进行通风冷却，降温后再送入浸出器，以防止浸出器壳体内温度过高，不利于控制浸出温度。

(2)棉籽的预榨一浸出

棉籽仁壳分离后，仁料中可保留约15%～20%的含壳量，以利于预榨时形成压力，进入浸出工艺时也利于溶剂渗透。棉籽应以光籽剥壳(去短绒后)，以防混合油含有微小杂质。否则不易滤除干净。棉籽预榨饼含油量要求控制在9%～13%之间。

3.一次浸出取油工艺

一次浸出取油工艺，通常应用于低含油量的油料。

4.油料挤压膨化浸出工艺

挤压膨化的一次浸出工艺是油料在进入溶剂浸出前，对油料所做的湿热挤压处理，使其成为具有一定结构性能的有利于浸出的膨化状料粒。

三、水代法提取

(一)水代法的原理及优点

1.水代法的原理

水代法，即“以水代油”法是一种传统的提油方法。其原理是以水代油，油料经烘炒、磨碎后，加入大量沸水搅拌振荡，利用蛋白质的亲水性强而油脂亲水性弱的特性达到分离油脂的目的。即水代法制取油脂是利用油料中非油成分对水和油的亲和力不同以及油、水的比重不同，经过一系列加工工艺过程，将油和亲水性的非油物质分离后取得。

2.水代法的优点

水代法具有以下优点：①制取的油脂品质好，毛油不需要进一步精炼即可得到澄清的成品油；②出油率较高，饼粕蛋白变性少，利用率高；③设备和生产工艺简单、不需要加入有机试剂，投资少，生产规模灵活机动、安全；④经济可行，成本低廉等。

3.水代法制取油脂的工艺

(1)小磨麻油生产工艺流程：

芝麻→筛选→漂洗→润籽→炒籽→扬烟→磨籽→兑浆→搅油→振荡分油→麻渣

↓

成品←装瓶←沉淀←毛油

(2)花生小磨香油的工艺流程：

花生仁→筛选→烘烤→冷却→脱红衣→磨浆→兑浆搅油→振荡分离→撇油→包装→成品

(3)松籽油的提取工艺流程：

松籽→炒料→磨浆→沸水兑浆搅油→振荡分离→静置沉淀→分离松籽油→烘干至恒重→松籽油

(4)核桃油制取工艺流程：

核桃仁→去皮→水泡→脱水→烘烤→破碎→磨浆→兑浆→离心→核桃毛油

(5)葵花籽香油制作的工艺流程：

向日葵籽→脱壳→浸洗仁→炒仁→除烟→磨浆→兑浆搅油→振荡分离→净化澄清→葵花籽香油产品

第三节 植物油脂的精炼

油脂的精炼，应根据油脂的品种和毛油内所含杂质的种类及成品油的品质指标要求等方面来确定应采用的具体方法。

精炼的全过程包括毛油预处理(除去悬浮杂质)、脱胶、脱酸、脱色、脱臭和脱蜡等工序。可根据不同品质等级的成品油质量指标要求，采取不同的精炼步骤以及控制工艺参数。

一、毛油中机械杂质的去除

油脂精炼的第一步是对毛油进行预处理，即尽量除去(分离出)毛油中的不溶性机械杂质。尤其是机榨毛油中，含悬浮物较多。这类杂质的存在，将使毛油输送、存贮和加工等操作产生困难，直接影响到精炼油的质量与得率。常用预处理的方法，有沉降、过滤和离心分离三类设备可供选用。

(一)沉降

沉降，可在毛油池中进行(如澄油箱)。它是利用重力自然沉降，让较重的杂质沉于箱底，清油浮于上层。沉降的效率取决于机械杂质的颗粒大小和油与杂质的比重差别。一般油厂都是以沉降作为辅助措施与过滤或离心分离配合使用，以降低过滤及离心分离设备的负荷。

(二)过滤

过滤就是将悬浮的油混合物，通过过滤介质(如滤布、筛网)，使液体油脂通过，而固体物被截留于过滤介质表面，达到分离除杂的目的。影响过滤速度的因素是过滤压力、过滤介质的有效使用面积、油的湿度(决定粘度的高低)、过滤介质种类等。

(三)离心分离

离心分离是借助于离心机转鼓高速旋转所产生的离心力，来分离悬浮杂质的一种方法。离心机分离，具有生产连续化、产量大、分离效果好(清油含渣可降至0.3%以下)、节省劳力和消耗低等优点。

二、脱胶

脱除毛油中胶溶性杂质的过程叫脱胶。毛油中的胶性杂质、以磷脂为主，所以脱胶又称作脱磷。磷脂等胶状物的存在，不仅降低油脂的品质，而且在碱炼脱酸工序中能促使油脂与碱液之间产生过度的乳化作用，增加碱炼皂脚的分离难度，加重中性油的损失。同时，不利于其他精炼工序的操作。因此必须先行去除干净。

(一)水化脱胶

这是利用磷脂等胶状杂质的亲水性，把一定数量的盐溶液或稀酸溶液加入毛油中，使油中的胶体杂质吸水膨胀，凝聚成粒，比重增大，从而可进一步采用沉降法或离心分离法，将其分离除去。

适当的加水量和温度是水化工艺操作的主要条件。水化工艺分为间歇式水化和连续式水化两种。

1. 间歇式水化工艺

(1)间歇式水化工艺流程

间歇式水化工艺流程如下：

水(软水)→高位水箱
↓
过滤毛油→炼油锅→水化净油
↓
食盐→油脚锅→回收油
↓
油脚

间歇式水化工艺，按操作温度的不同，可分为高温水化、中温水化及低温水化三种。高温水化法是将毛油加热温度控制在75℃～80℃进行水化操作；中温水化温度为50℃～60℃；低温水化温度一般为常温。其中高温水化法有利于提高油脂精炼质量，用得较多。

(2)高温水化法的操作要点

①预热：盛于水化锅内的毛油在搅拌作用下，用间接蒸气加热到65℃左右。

②加水水化：加水的操作是水化最重要的阶段、要求认真控制加水的量、水与油的温度、搅拌及加水的速度等。加水量一般为油中磷脂含量的3.5倍左右。水化时，要经常用勺子在锅内取样观察，视情况灵活掌握加水量及加水速度。所加入的水一般是温度比油温稍高的热水(要求为软水)。必要时，水中溶入占油重为0.2%～0.3%的食盐，可提高水化效果。加水完毕，当胶粒开始聚集时，即改为慢速搅拌，并升温至71℃～80℃。

③静置沉降：当液面呈明显油路时，即停止搅拌，静置2～3h，直至水化油脚与油脂分离合格，放出油脚。在冬季，静置期间应保持油温82℃左右(稍开一点间接蒸气加热保温)，时间不少于4h利于减少油脚中央带的油量。沉降完毕分离时，应尽量防止油脚混入清油中。必要时宁可让油脚稍带油，用油脚再去回收油。

④加热脱水：水化净油若作成品油或贮存，必须脱除水分至要求指标。方法有常压脱水法和真空脱水法两种。脱胶油若再进行精炼，则可结合后续的工序操作再进行脱水。

⑤油脚处理：豆油的磷脂油脚，可用以制取食用浓缩磷脂等产品。普通油脚可用盐析的方法，回收其中的油脂。甚至用专门离心机回收油脂。

2. 连续水化工艺

(1)连续水化的工艺流程图如下：

水→热水罐→水泵→热水高位罐→比配机
↓
毛油→泵→毛油罐→高位罐→比配机→加热器→水化器
↓

去中间油罐→冷却器→真空干燥器→离心机→废水→油脚→油脚罐

↓

接真空系统

过滤毛油泵入毛油罐，取样化验油质量，决定脱胶的工艺条件。然后，毛油泵入高位罐，再经比配机调节流量后，加热到水化的温度80℃～85℃。在水化器中，热水也由同一台比配机泵入，水化后的油入离心机分离。离心机轻相出口油经加热器预热至85℃～95℃，再入真空干燥器脱水，油经冷却后即可成品入库。

(2)喷射水化脱胶

喷射水化脱胶是国内的一种先进的水化工艺。该工艺精炼率高，质量可靠，工艺行程短。它利用直接蒸气水化，可降低生产成本。

(二)加酸脱胶

加酸脱胶是利用加入的盐酸或磷酸等无机酸或有机酸而进行脱胶的方法。磷酸脱胶法在食用油精炼中采用较多。加酸脱胶可以将油中磷脂胶质除去得更干净彻底，甚至可有效去除不可水化的胶质，因而适合于高级食用油的精炼。

1. 与碱炼相结合的磷酸脱胶工艺

这种工艺在加磷酸处理后，紧接着就加碱碱炼，因而脱胶温度必须与碱炼初温相适应。在间歇碱炼中，初温一般较低，故应采用较低温度脱胶。如滤清毛油在锅内升温至碱炼初温，加入一定量的磷酸液并快速搅拌30min以上，然后，立刻加碱碱炼。

在连续精炼工艺中，磷酸处理需增加酸计量泵及混合器。计量后的磷酸，加入到输送毛油的管道中，再入混合器充分混合反应，紧接着就进行连续碱炼工序。

2. 以酸处理作为独立工序的脱胶

这种脱胶工艺是毛油经磷酸处理后，进行离心分离或沉降法分离，分出油脚后，再进入其他操作。

三、脱酸

油脂脱酸的目的主要是除去毛油中的游离脂防酸以及油中留存的少量胶质、色素和微量金属物质，同时也为提高后续工序的生产效率创造条件。脱酸操作是直接影响油脂精炼得率和品质的重要因素之一。工业生产上应用最广泛的是碱炼脱酸法，即化学精炼法。其次是水蒸气蒸馏脱酸法，亦称物理精炼法。

(一)碱炼脱酸

碱炼脱酸是使用一定浓度的工业烧碱溶液来中和毛油中的游离脂肪酸，使之转变生成的皂(即皂脚)而与油脂分离，以至被除去。碱炼脱酸过程中生成的钠皂，具有很高的吸附能力。它可以吸附其他杂质，如蛋白质、粘液、磷脂和色素等，将其一起从油脂中吸附分离出来。但是在碱炼脱酸的过程中，少量中性油脂也可能被碱皂化分解(即转变成肥皂)，从而增加油脂的精炼损耗量。因此，必须选择好操作条件，严格操作步骤和操作指标，尽量减少中性油皂化的反应，提高毛油精炼的得率。

1. 影响碱炼操作的主要因素

碱炼及其操作过程是比较复杂的。为了取得良好的碱炼效果，必须选择最适宜的各工艺条件，工艺条件有碱的耗用量、碱液浓度和碱炼温度等。

2. 间歇碱炼工艺

间歇碱炼是指毛油的加碱中和、皂脚分离及碱炼水洗、干燥等操作步骤是油脂分批在碱炼锅内间歇式进行操作的一种工艺。该工艺适合于小规模工厂及油脂品种经常更换的工厂采用。其工艺流程如下：

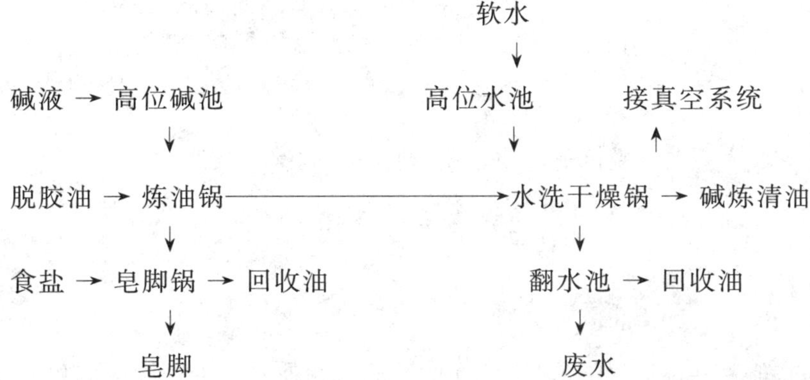

间歇式碱炼，分高温淡碱法和低温浓减法两种。高温淡碱法操作过程如下：

①预备 将过滤毛油（杂质控制在0.2%以下）泵入中和锅内，搅拌均匀，取样化验酸价，算好加水量和加碱量。用间接蒸气加热，使油升温至75℃左右，同时进行快速搅拌，转速为60r/min。

②中和 将计量的碱液均匀喷洒入油中，继续快速搅拌，使其与油充分混合。而后改为转速为30r/min的慢速，搅拌10min，同时用间接蒸气加热，使之逐渐升温。停止搅拌以后，改为通入压缩空气搅和，将油温升至90℃～95℃，鼓气约90min，至油与皂粒呈明显分离、易于沉淀时。然后停止鼓气，让皂粒沉降，静置2～3h后，待皂脚放出，中和完成。

③水洗 用与油温相近或稍高的热水进行洗涤，以除尽油中残存的皂粒等杂质。

④干燥 水洗后的油约含0.5%的水分。其干燥方法与水化净油的干燥法相同。如直接作成品油，则干燥后冷却至70℃以下过滤，方可入库。

皂脚中含有中性油，将皂脚打入皂脚锅，进行加热盐析，保持温度为60℃，静置2h后撇油回收，回收油并入下批次重新碱炼。也可用离心机直接回收皂脚内的油脂。高温淡碱法碱炼脱酸，适用于酸价低、颜色浅的毛油箱炼。

3. 连续碱炼工艺

连续碱炼工艺以碟式离心机为主机。使用最典型的碟式离心机工艺，有瑞典的Alfalaval型连续工艺和德国Westfalia型连续工艺。

4. 物理精炼法脱酸

物理精炼法是将经过处理的油脂放在高温、高真空条件下进行蒸气蒸馏，直接蒸馏出油中的游离脂肪酸、而得到脱酸净油。物理精炼法，对于椰子油、棕榈油、米糠油等低胶质油脂的精炼更为适用。该类油脂的酸价偏高时，采用化学碱炼方式脱酸，将造成中性油的过多损失。而物理精炼法，基本上只脱除游离脂肪酸。物理精炼的副产物，为可加以回收利用的游离脂肪酸，而没有碱性皂脚等废液、废水的排放。

物理精炼工艺过程一般包括两个阶段，即蒸馏前的预处理与蒸馏脱酸。采用该工艺可直接获得脱酸、脱臭的油脂。

(1)预处理 预处理包括毛油过滤、脱胶和白土(或脱色剂)脱色。进行物理精炼前,必须除去毛油中的磷脂、蛋白质、糖类、微量金属和一些热敏性色素。预处理过程非常重要,是保证成功蒸馏脱酸、生产高质量油脂的必不可少的步骤。

(2)蒸馏脱酸 蒸馏脱酸的原理及工艺条件与油脂脱臭基本相同。因此,它的操作通常在油脂脱臭塔中与油脂脱臭操作同步进行。比如棕榈油物理法连续脱酸,其工艺流程如下:

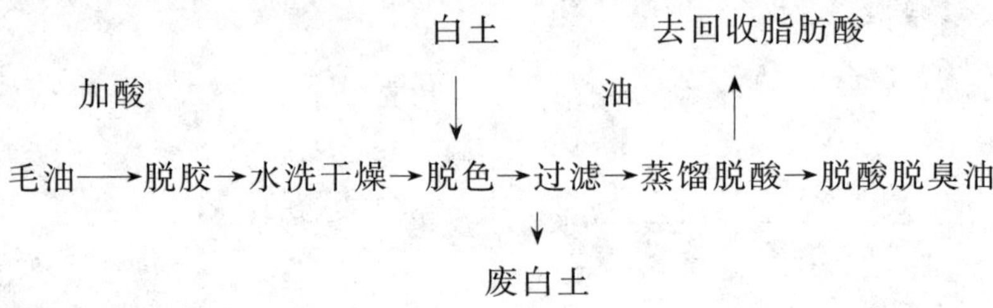

四、脱色

油脂的色泽和其他一些杂质,要经过脱色才能达到产品质量标准。同时脱色操作也为脱臭(或物理精炼)提供更有利的条件。因此精炼油脂需要进行脱色加工。

油脂脱色后要达到以下目标:①脱除油脂中的色素,保证最终产品达到色泽指标要求;②除去相关色素及微量金属,保证后续脱臭工序的效果;③进一步除去油脂中微量的残存皂胶、磷脂等胶质类杂质,及某些臭味物质,为脱臭提供最佳的条件;④除去多环芳烃和残留农药等有害成分;⑤降低油脂的过氧化值。

(一)脱色的方法

油脂工厂通常采用的脱色方法是以具有吸附色素功能的脱色剂混合到经过预处理的半成品油脂中,在保持接触反应一定时间之后,用过滤法除去分离出的脱色剂。所使用的脱色剂,通常是活性白土和活性炭。

(二)间歇式脱色工艺

在间歇脱色过程中,油和吸附剂的混合、加热、作用和冷却等,都是在脱色锅内分批进行的,也分批被过滤而分离出吸附剂。其工艺流程如下:

活性白土　接真空系统

↓　↑

碱炼油→中间罐→脱色锅→泵→压滤机→脱色油

↓

废白土

进行间歇式脱色时,脱色油脂从储油罐借助真空作用被吸入脱色锅内,在真空下加热至90℃,油脂中的空气和水分随之被脱去。再吸入经预混合好的流态脱色吸附剂(用量为占油重的1%~5%),在充分搅拌条件下(真空为绝对压力8kPa),油与吸附剂接触约20min后,冷却至70℃以下,用泵压送入过滤机中,除去油中的脱色剂,得到脱色油。

(三)连续脱色工艺

连续脱色工艺就是:脱色工序中吸附剂的定量供给,油与吸附剂的混合吸附及油与脱色剂的分离都是在连续作业的过程中进行的。

进行连续脱色工艺时，待脱色的油脂分成两路，主流一路约占 2/3 经加热器预热到 110℃～120℃后，进入脱色塔。支流一路进入顶混合罐与来自定量机的白土预混合后，被泵入脱色塔。在脱色塔内，油与白土充分接触、吸附后，混合物由脱色泵抽出，并送入两台交替使用的脱色过滤机，滤除废白土后，再经保险过滤机去除油脂中的微量白土，最后进行冷却，得到脱色油。在连续式脱色系统中，脱色与过滤是在同一个密闭的真空系统中进行连续作业的。

五、脱臭

脱臭一般是食用油脂的最后精炼工序。脱臭的主要功能是除去来自油脂中的气味和异味。纯净的油脂成分是没有气味的但加工制取的天然油脂却都具有不同程度的气味。例如，油料特有的气味、浸出毛油的异味，脱色和氢化过程中产生的异味和臭味，油脂氧化产生的蛤臭味等。在"脱臭"阶段，要求将这些不受人们喜爱的异味（统称臭味）通统予以除去。

油脂脱臭的目的是除去油脂中引起臭味的物质及易于挥发的其他物质，改善油脂的气味和色泽，提高油脂的稳定性。

（一）油脂脱臭的原理

油脂脱臭是基于油脂（甘油三酸酯）和影响油脂风味、气味、色泽及稳定性的物质间在挥发度上有很大的差异而进行的。脱臭所采用的具体方法是在高真空及高温的条件下，向油脂中喷入直接蒸气的蒸馏法。

在高真空环境中，可加大油脂与易挥发杂质组分的蒸气压差，所耗的喷射蒸馏蒸气最少，同时也可防止高温油脂的氧化，避免或减少油脂的水解。油脂的高温不仅增加了脱臭环境下的蒸气压差，同时可破坏类胡萝卜素等色素物质，即产生热敏脱色效应。蒸馏的生产过程是，在高真空下，水蒸气通过含有臭味的高温油脂层汽－液形成充分的表面接触，油脂中的臭味挥发到水蒸气的气泡中，并按其分压的比率随蒸气逸出进入真空系统被排出，从而实现油脂的脱臭。

（二）油脂脱臭的工艺

1. 间歇式脱臭工艺与脱溶工艺

间歇式脱臭是指在真空条件下，油脂在脱臭锅内分批进行加热、喷入直接蒸气和冷却等操作，来完成油脂脱臭加工。其工艺示意图如下：

接真空系统
↑
来自脱色后油→脱臭锅→冷却油脂→精过滤→脱臭成品油
↓
喷入直接蒸气

间歇式脱臭所采用的温度随不同工艺、不同油脂品种而有差异。氢化油脂的脱臭，温度宜为 204℃～246℃。加工色拉油、煎炸油，脱臭温度可稍低于氢化油，系统在残压 0.8～1.6kPa 下，全过程操作历时 8h（包括进、出料的时间），每小时喷入直接蒸气量约为油脂量的 3%。脱臭完成时，应先将油脂冷却至 70℃以下，再行破除真空，送去精过滤。

2. 油脂脱臭工艺的操作要点

①开启蒸气喷射真空泵的蒸气阀门和冷却水阀门，将脱臭锅抽真空，当真空度达到一定时，开启油阀，利用真空将脱色清油吸人脱臭锅。

②开启导热油，将锅内油加热至230℃（如作脱溶，则加热到140℃左右即可进行）升温中达到100℃时，即开启直接蒸气，使锅中油充分翻动。喷直接蒸气的时间为2～4h，整个脱臭过程中的真空，必须保持残压0.13～0.8kPa，直接蒸气喷射量约为加工油脂量的5%～15%。

③脱臭停止前30min，关闭导热油升温系统。油脱臭完成后，关闭直接蒸气，开启冷却水阀门，油冷却至70℃以下。最后，关真空泵，破真空，泵出脱臭清油即可。

④脱溶工艺 用溶剂浸出法制取的油脂，必须脱除油中的残余溶剂。产品作食用油时，油中残余溶剂脱除要求达到国家标准中规定的50mg/kg以下。对于最终产品要求进行脱臭的食用油，一般在脱臭操作的初期，即进行了脱溶操作、因而其工艺过程则需设立独立的脱溶工序。其实，脱溶就是脱臭的初级阶段。

油脂脱溶的要求如下：绝对压强≤8kPa；温度≥140℃；脱溶经历时同≥2.5～3.0h（以油脂温度达到40℃时开始计）；喷入的直接蒸气压强约0.1MPa。

3. 连续式脱臭工艺

连续式脱臭工艺的最大特点，是油脂连续地进、出脱臭器设备，注重脱臭后的热油同脱臭前的冷油进行热量的交换，以提高油中热能的回收利用，降低脱臭过程的热能消耗。大中型油脂精炼工厂，多采用连续式脱臭工艺。

六、脱蜡

有些油料制取的毛油，如葵花籽毛油、米糠毛油、玉米胚芽油及菜籽毛油，都或多或少含有一些植物蜡质。这些蜡质熔点较高，在常温下呈固态，存在于油脂中，影响油脂产品的透明度和外观。蜡又是动物体难以消化吸收的物质。生产高级食用油产品，必须将这些蜡质除去。但对于普通食用油，则只要不影响销售，可以不脱蜡。问题在于，油脂中存在蜡质数量较高时，例如葵花籽油为0.06%～0.2%，米糠油为1%～5%，将使油脂的气味、滋味变差。另外，所脱出的植物蜡质，可用作有价值的综合利用蜡源。

蜡质的存在对于油脂加工过程中的碱炼脱酸、脱色、脱臭等工序的操作，都有不利影响。常采用的脱蜡方法是：先将油冷却、再沉降、最后将蜡分离除去。其他还有冷冻结晶法和溶剂结晶法等，也可去除油的蜡质。油脂脱蜡的工艺流程如下：

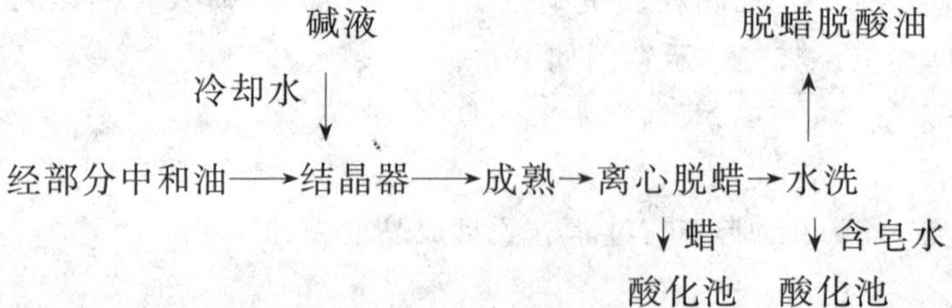

这是一种较为先进的工艺。它利用离心机来分离去蜡。而国内的传统脱蜡工艺是将精炼最后工序的脱臭油，冷却降至一定的温度，然后保温过滤，分离蜡质。过滤时不要加入助滤剂，同时也取代了最后的精过滤操作。常规法脱蜡是单一依靠冷冻进行结晶，然后分除去蜡。冷冻脱蜡操作时需注意，油脂与用于冷冻的冷却媒介之间，应以较小的温度差来进行，使油脂形成品质良好的蜡晶颗粒，以利于过滤操作的有效进行。

第四节　食用油脂制品

一、氢化油

氢化脂肪产品，可分为选择性氢化脂产品及全氢化脂产品。食用油脂的氢化，多采用选择性氢化（又称轻度氢化）。而全氢化产物多用于油化学品的制备，例如在脂肪腈产品的生产中。

常采取选择性氢化的植物油脂，如大豆油、葵花油和棉籽油等。常见的氢化食用油脂产品如下：

(1)豆油的氢化一冬化法制备高稳定性液体烹调或煎炸油。这是将豆油经部分氢化至碘价为110～115，再进行冬化分离，制得高稳定性的食用油。

(2)通过氢化将液体油转变为半固体型性油脂，以此制备多种油脂产品。

(3)用部分氢化植物油（如葵花籽油、玉米油等）。制取硬黄油的替代品。

(4)完全氢化的椰子油和棕榈仁油，用作可可脂的替代品。

二、人造奶油

联合国粮农组织(FAO)将人造奶油定义为：人造奶油是可塑性或液体乳化状食品，主要是油中水型，原则上是由食用油脂加工而成。这种食用油脂不是或者不主要是从乳中提取的。我国专业标准将人造奶油定义为：人造奶油指精制食用油脂中添加水及其他辅料，经乳化、急冷捏合成具有天然奶油特色的可塑性制品。

传统型的人造奶油一般是用来涂抹在面包上，或供焙烤及烹调之用。人造奶油应该具有奶油般的特性，即可塑性，可自由地涂抹在新鲜面包上或用于蛋糕的造型上。但人造奶油发展至今，已有很多新特色的产品了。其规格在很多方面，已超越了传统的规定，在营养价值和使用性能等方面，都超过了天然的奶油。人造奶油的生产方法，是以精制食用油或者部分氢化油为基料，添加水及其他各种辅料，经过乳化和急冷捏合，制成具有天然奶油特色的可塑性制品。

三、起酥油

起酥油是具有可塑性、起酥性和乳化性等加工性能的油脂产品。它最早时期只是作为猪油代用品，现在已远远超过这一使用范围。起酥油是用来加工糕点、面包或煎炸食品的油脂，必须具有良好的加工性能。传统的起酥油是具可塑性的固体脂肪，而现在已发展成宽塑性范围起酥油、窄塑性范围起酥油、流动性起酥油和粉末起酥油等多种产品。因此，起酥油产品的范围很广泛。

国际上对起酥油的加工角度的定义是：起酥油是一种塑性固体的典范。事实上，从加工的角度评价，起酥油可定义为：它是多种熔融的食用油脂的混合物，经过正确的配制和精心的工艺化冷却、增塑和调温处理的，工业化大批量制造的，高功能性的塑性固体油脂。

参考文献

[1] 彭阳生．植物油脂加工实用技术[M]，北京：金盾出版社，2003.

[2] 郭炎强．水代法生产葵花籽香油的研究[J]，郑州工程学院学报，2003，24(1)：77～79.

[3] 刘森，裘爱泳，苗卓等．水代法制取核桃油工艺的研究及有效成分分析[J]，中国油脂，2004，29(3)：13～16.

[4] 汤天曙，汤鑫，苏运东等．用水代法生产花生小磨香油的研究[J]，郑州轻工业学院学报，1997，12(3)：23～26.

[5] 王速敏，张培，张捷等．玉米胚芽油提取方法及特性研究进展[J]，郑州轻工业学院学报，2007，22(2/3)：68～69.

[6] 刘李峰．中国植物油料生产和贸易：现状、变化及前景[J]，粮食与油脂，2005，(12)：31～34.

[7] 李小鹏，董文斌．植物油脂提取工艺研究新进展[J]，现代商贸工业，2007，19(8)：201～202.

[8] 李劲，张国权，欧阳韶辉等．核桃油提取工艺研究进展[J]，油脂工程，2007，(8)：75～77.

第九章　果蔬加工

第一节　果蔬原料的预处理

果蔬原料加工前的预处理，对其成品的生产影响很大，如果处理不当，不但会对以后的加工工艺造成影响，还会直接影响产品质量和产量。尽管果蔬种类和品种各异，组织特性相差很大，加工方法不同，但原料的预处理过程却基本相同。果蔬原料的预处理包括分级、清洗、去皮、切分、修整、烫漂、硬化、抽空等工序。

一、原料的分级

原料进厂后首先要进行粗选，即要剔除霉烂及病虫害果实，对残、次及机械损伤类原料要分别加工利用。然后再按大小、成熟度及色泽度进行分级。原料合理的分级，不仅便于操作，提高生产效率，更重要的是可以保证产品质量，得到均匀一致的产品。

大小分级是分级的主要内容，几乎所有的加工品类型均需大小分级，其方法有手工和机械分级两种。手工分级一般在生产规模较小或机械设备较差时使用，同时也可配以简单的辅助工具，以提高生产效率，如圆孔分级板、分级筛、分级尺等。而机械分级法常用滚筒分级机、振动筛及分离输送机。除了上述各种通用机械外，果蔬加工中还有许多专用分级机，如蘑菇分级机、菠萝分级机等。

成熟度与色泽的分级在大部分果蔬中是一致的，常用目视估测法进行。大部分目视分为高、中、低三级以便能合理地制定后续工艺。豆类中的豌豆等在国内外也常用盐水浮选法进行分级，因为成熟度高的含有较多的淀粉，故相对密度较大，在特定相对密度的盐水中利用其上浮或下沉的原理即可将其分开。色泽常按深浅进行分级，除目测外，也可用灯光法和电子测定仪装置进行色泽分辨选择。

二、原料的清洗

原料清洗的目的在于洗去果蔬表面附着的灰尘、泥沙和大量的微生物及部分残留的化学农药，保证产品质量卫生。

洗涤用水除制果脯和腌渍菜类原料可用硬水外，其他加工原料最好使用软水。水温一般是常温，有时为增加洗涤效果，可使用热水，但不适于柔软多汁、成熟度高的原料。清洗前用水浸泡，污物更易洗去，必要时可用热水浸渍。

为了更好地清除原料上残留的农药，还需要化学药剂洗涤。一般常用化学药剂有0.5%～1.5%盐酸溶液、0.1%高锰酸钾或600mg/kg漂白粉液等。

常用的洗涤设备有洗涤水槽、滚筒式清洗机、喷淋式清洗机、压气式清洗机和桨叶式清洗机等。

三、去皮

果蔬(除大部分叶菜类以外)外皮一般粗糙、坚硬,虽有一定的营养成分,但口感不良,对加工制品均有一定的不良影响,因而一般要求进行去皮处理。只有加工某些果酱、果汁和果酒时因为要打浆、压榨或其他原因才不要去皮,加工腌渍蔬菜也常常无需去皮。

去皮时,只要求去掉不可食用或影响制品品质的部分,不可过度,否则会增加原料的损耗。果蔬去皮的方法有机械、碱液、热力去皮等。

(一)机械去皮

机械去皮采用专门的机械进行。机械去皮机主要有以下三大类:

1. 旋皮机

主要原理是在特定的机械刀架下将果蔬皮旋去,适合于苹果、梨、柿、菠萝等大型水果。

2. 擦皮机

利用内表面有金刚砂,表面粗糙的转筒或滚轴,借摩擦力的作用擦去表皮。此法适用于马铃薯、甘薯、胡萝卜、荸荠、芋等原料,效率较高,但去皮后原料的表皮不光滑。该方法也常与热力方法连用,如甘薯皮去皮先行加热,再喷水擦皮。

3. 专用的去皮机械

青豆、黄豆等采用专用的去皮机来完成,菠萝也有专门的菠萝去皮、切端通用机。

机械去皮比手工去皮的效率高、质量好,但一般要求去皮前对原料有严格的分级。另外用于果蔬去皮的机械,特别是与果蔬接触的部分应用不锈钢制造,否则会使果肉褐变且由于器具被酸腐蚀而增加制品内的重金属含量。

(二)碱液去皮

碱液去皮是果蔬原料去皮中应用最广泛的方法。其原理是利用碱液的腐蚀性来使果蔬表皮内的中胶层溶解,从而使果皮分离。绝大多数果蔬如桃、李、苹果、胡萝卜等,外皮是由角质、半纤维素组成,较坚硬,抗碱能力也较强。有些种类果皮与果肉的薄壁组织之间主要是由果胶等物质组成的中层细胞,在碱的作用下,此层易溶解,从而使果蔬表皮剥落。碱液处理的程度也由此层细胞的性质决定,只要求溶解此层细胞,这样去皮合适且果肉光滑,否则就会腐蚀果肉,使果肉部分溶解,表面毛糙,同时也增加原料的消耗。

碱液去皮常用氢氧化钠,它腐蚀性强且价廉。为了帮助去皮可加入一些表面活性剂和硅酸盐,因为它们可使碱液分布均匀、易于作用,并且可大大降低碱液浓度。

碱液浓度、处理时间和碱液温度是碱液去皮的三个重要参数。应视不同的果蔬原料种类、成熟度和大小而定。碱液浓度高、处理时间长及温度高会增加皮层的松离及腐蚀程度。适当增加任何一项都能加速去皮作用。生产中应视具体情况灵活掌握,只要处理后经轻度摩擦或搅动能脱落果皮,且果肉表面光滑即为适度的标志。几种果蔬的碱液去皮条件见表9-1。

经碱液处理后的果蔬必须立即在冷水中浸泡、清洗、反复换水。同时搓擦、淘洗,除去果皮渣和黏附余碱,漂洗至果块表面无滑腻感,口感无碱味为止。漂洗必须充分,否则

会使罐头制品的pH值偏高，导致杀菌不足，口感不良。为了加速降低pH值，可用0.1%～0.2%的盐酸或0.25%～0.5%的柠檬酸水溶液浸泡，并有防止变色的作用。碱液去皮的处理方法有浸碱法和淋碱法两种。

表9-1　几种果蔬碱液去皮的条件

果蔬种类	NaOH浓度(%)	碱液温度(℃)	处理时间(min)
桃	2.0～6.0	>90	0.5～1.0
杏	2.0～6.0	>90	1～1.5
李	2.0～8.0	>90	1～2
猕猴桃	2.0～3.0	>90	3～4
橘瓣	0.8～1.0	60～75	0.25～0.5
苹果	8～12	>90	1～2
梨	8～12	>90	1～2
胡萝卜	4	>90	1～1.5
马铃薯	10～11	>90	2

(三)热力去皮

果蔬先用短时高温处理使表皮迅速升温而松软，果皮膨胀破裂，与内部果肉组织分离，然后迅速冷却去皮。此法适用于成熟度高的桃、杏、枇杷、番茄、甘薯等。

热力去皮的热源主要有蒸气(常压和加压)与热水。蒸气去皮时一般采用近100℃蒸气，这样可以在短时间内使外皮松软，以便分离。具体的热烫时间可根据原料种类和成熟度而定。

用热水去皮时，少量的可用锅内加热的方法。大量生产时，采用带有传送装置的蒸气加热水槽进行。果蔬经短时间的热水浸泡后，用手工剥皮或高压冲洗。

热力去皮原料损失少、色泽好、风味好。但只适用于皮易剥离的原料，要求充分成熟，成熟度低的原料不适用。

此外，果蔬的去皮方式还有手工去皮、酶法去皮、冷冻去皮和真空去皮等。

四、原料的切分、去心、去核及修整

休积较大的果蔬原料在罐藏、干制、加工果脯、蜜饯及蔬菜腌制时为了保持适当的形状，需要适当地切分。切分的形状则根据产品的标准和性质而定。核果类加工前需去核，仁果类则需去心。枣、金橘、梅等加工蜜饯时需划缝、刺孔。

罐藏加工时，为了保持良好的形状外观，需对果块在装罐前进行修整，如除去果蔬碱液未去净的皮，残留于芽眼或梗洼中的皮，除去部分黑色斑点和其他病变组织。

小规模生产时，一般借助于专用的小型工具来完成上述工序，如枣、山楂、枇杷的通核器；匙形的去核器；金橘、梅的刺孔器等。

大规模生产常用多种专用机械，如劈桃机、多功能切片机和专用切片机(蘑菇定向切片机、菠萝切片机、青豆切端机、甘蓝切条机)。

五、烫漂

果蔬的烫漂也称预煮、热烫、杀青等。就是将已切分的或经其他预处理的新鲜果蔬原料放入沸水或热蒸气中进行短时间的热处理，这是许多加工品制作工艺中的一个重要工序。烫漂在果蔬加工中起到以下作用：①钝化酶活性、减少氧化变色和营养物质的损失;②增加细胞透性;③稳定或改进色泽;④降低果蔬中的污染物和微生物数量;⑤除去部分辛辣味和其他不良风味;⑥软化或改进组织结构。

(一)烫漂处理的方法

1.热水烫漂系统

热水法一般是在不低于90℃的温度下热烫2～5min。烫漂操作可以在夹层锅内进行,也可以在专门的连续化机械如链带式连续预煮机、螺旋式连续预煮机或回转式热水热烫系统内进行。为了保持绿色蔬菜的色泽,常常在烫漂液中加入碱性物质以调整pH值,如碳酸氢钠、氢氧化钙等。但这类物质对维生素C和B族维生素的损失影响较大。豌豆常在0.08%～0.1%的叶绿素铜钠染色液中烫漂兼染色。除此以外,制作罐头的某些果蔬也可以采用2%的食盐水或0.1%～0.2%的柠檬酸液进行烫漂。

热水烫漂的优点是物料受热均匀,升温速度快,方法简单;但缺点是部分维生素及可溶性物质损失较多,一般损失10%～30%。某些原料的烫漂液可收集起来进行综合利用,如蘑菇预煮液可制成蘑菇酱油、健肝片等。

2.蒸气烫漂系统

蒸气法是将原料装入蒸锅、蒸气箱中,用蒸气喷射数分钟后立即关闭蒸气并取出冷却;或者采用蒸气烫漂系统,有带水封入口的蒸气热烫系统、带回转式进料阀的蒸气烫漂系统或流化床烫漂系统。采用蒸气烫漂,可避免营养物质的大量流失。但必须有较好的设备,否则加热不均,烫漂质量就差。

3.组合式烫漂系统

为了获得最好的加热效果和达到最佳的质量控制,生产上采用既用蒸气又用热水的三段式加热烫漂系统。物料在传送带上首先通过蒸气段,以迅速提升温度;第二阶段的热水喷射保证了热水与物料间的稳定接触,使热传递达到最大;在第三阶段,传送带将物料送入热水中,以确保热水和各个物料粒子间的直接热传递。

4.单体快速烫漂系统

单体快速烫漂(IQB)是目前流行的一种烫漂方式,可以增加物料加热的均匀性,更有效利用加热介质,保证了产品的质量。如图9-1所示,这种烫漂系统可以分为三个阶段。第一阶段是加热,用蒸气或热水作为加热介质,物料在传送带上铺散成一薄层以确保能快速加热;但在此阶段结束时,仅物料的表面具有相当高的温度,而物料中心部分的温度尚低。第二阶段为绝热保温,物料在绝热环境中维持恒温;在此阶段,慢速的传送带使得物料堆积起来,强化了物料表面部分与中心部分的热交换,使内外温度均匀化。第三阶段是快速冷却,高速的传送带将物料粒子互相分离开,增加了与冷却介质的接触面积,以达到迅速降温的目的。

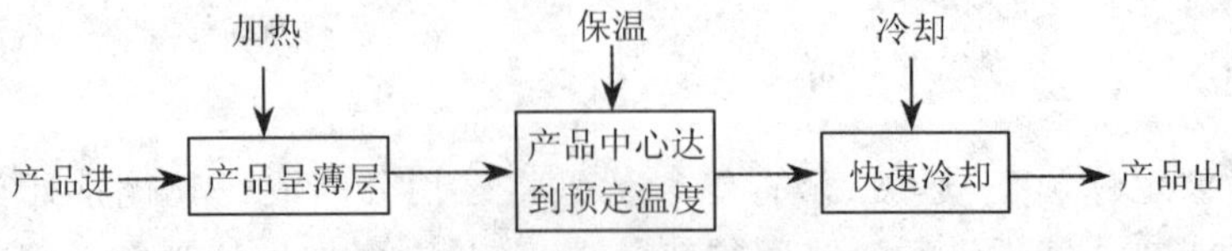

图9-1 单体快速烫漂示意图

(二)烫漂处理过程的确定

果蔬烫漂的程度，应根据其种类、块形、大小及工艺要求等条件而定。一般在不低于90℃的温度下热烫2～5min，烫至果蔬半生不熟，组织较透明，失去新鲜状态时的硬度，但又不像煮熟后的那样柔软即被认为适度。通常以果蔬中过氧化物酶活性全部破坏为度。果蔬中过氧化物酶的活性定性检查，可用0.1%的愈创木酚或联苯胺的酒精溶液与0.3%的过氧化氢等量混合，将原料样品横切，滴上几滴混合药液，几分钟内不变色，则表明过氧化物酶已被钝化；若变成褐色或蓝色，则表明过氧化物酶仍在起作用，将愈创木酚或联苯胺氧化生成褐色或蓝色氧化产物。

果蔬烫漂后，应立即冷却，以停止热处理的余热对产品造成不良影响并保持原料的脆嫩，一般采用流动水漂洗冷却或冷风冷却。热烫、漂洗用水必须符合罐头生产用水要求，尤其是水的硬度更要严格控制，否则会使果蔬组织坚硬、粗糙。漂洗要注意卫生，防止变质。

六、工序间的护色措施

果蔬原料去皮切分后，放置于空气中，很快会变成褐色，从而影响外观，也破坏了产品的风味和营养价值。这种褐色主要是酶褐变，由于果蔬中的多酚氧化酶氧化具有儿茶酚类结构的酚类化合物，最后聚合成黑色素所致。其关键作用因子有酚类底物、酶和氧气。因为底物不能除去，一般护色措施均从排除氧气和抑制酶活性两方面着手。在加工预处理中所用的方法有如下几种：

(一)食盐水护色

食盐溶于水中后能减少水中的溶解氧，从而可抑制氧化酶系统的活性，食盐溶液具有较高的渗透压也可使酶细胞脱水失活。食盐浓度越高，则抑制效果越好。工序间的短期护色，一般采用1%～2%的食盐溶液即可，过高浓度会增加脱盐的困难。为了增进护色效果，还可在其中加入0.1%柠檬酸液。食盐溶液护色常在制作水果罐头和果脯中使用。在制作果脯、蜜饯时，为了提高其耐煮性，也可用氯化钙溶液浸泡，因为氯化钙既有护色作用，又能增进果肉的硬度。

(二)有机酸溶液护色

有机酸溶液既可降低pH值、降低多酚氧化酶活性，又由于氧气的溶解度较小而兼有抗氧化作用。而且大部分有机酸还是果蔬的天然成分，所以优点甚多。常用的酸有柠檬酸、苹果酸或抗坏血酸，但后两者费用较高，故除了一些名贵的果品或速冻时加入果品外，生产上多用柠檬酸，浓度为0.5%～1%。

(三)烫漂处理

烫漂可以钝化酶活性、防止酶褐变、稳定或改进色泽，如前所述。

(四)抽空处理

在果蔬组织内部均含有一定的空气，含量依品种、栽培条件、成熟度等的不同而不同。这些空气的存在不利于罐头和果脯的加工，影响产品的质量，如使产品变色、组织疏松、装罐困难而造成开罐后固形物不足、加速罐内壁的腐蚀速度、降低罐头真空度等等。

采用热烫的方法驱除空气比较困难,因此含空气量高的果蔬,需进行抽空处理,即将原料在一定的介质里置于真空状态下,使内部空气释放出来,代之以抽空液。抽空液主要是糖水、盐水或护色液,根据被抽果实确定抽空液的种类及浓度。抽空设备比较简单,主要由真空泵、气液分离器、抽空锅三部分组成。抽空的方法有干抽和湿抽两种方法。

(五)硫处理

硫处理即用二氧化硫或亚硫酸及其盐类处理果蔬加工原料。亚硫酸在果蔬加工中可以起到以下作用:①具有强烈的护色效果;②亚硫酸具有防腐作用;③亚硫酸具有抗氧化作用;④亚硫酸具有促进水分蒸发的作用;⑤亚硫酸还具有漂白作用等。

硫处理的方法有熏硫法和浸硫法两种。使用时应注意亚硫酸和二氧化硫对人体的危害,经硫处理的原料只适于干制、糖制、制汁、制酒或制片状罐头,而不宜制整形罐头,硫处理应避免接触金属离子,亚硫酸处理在酸性环境条件下作用明显,亚硫酸对果胶酶的活性抑制作用小,亚硫酸溶液易于分解失效,要现配现用。

亚硫酸保藏的原料或半成品在加工或食用前应脱硫,使 SO_2 的残留量达到规定值以下。脱硫的方法有加热、搅动、充气、抽空、漂洗、加入抗氧化剂等方法。

七、半成品的保存

由于果蔬成熟期短,产品集中,采收期多数正值高温季节,一时加工不完,就会马上腐烂变质,因此有必要进行贮备,以延长加工期限。除了有贮藏条件进行原料的鲜贮外,另一种办法就是将原料加工处理成半成品进行保存。半成品的保存一般是利用食盐、二氧化硫及防腐剂等办法来处理新鲜果蔬原料。

(一)盐腌处理

某些加工产品,如广东的凉果、江苏和福建的青梅蜜饯、广西的应子及某些蔬菜腌制品,首先用高浓度的食盐将原料腌渍成盐坯,作半成品保存,然后进行脱盐、配料等后续工艺加工制成成品。

食盐腌制的方法有干腌和湿腌两种。干腌适于成熟度高、含水量高、易于渗透的原料。一般用盐量为原料的14%~15%,腌制时,宜分批拌盐,拌匀,分层入池,铺平压紧,下层用盐较少,由下而上逐层加多,表面用盐覆盖隔绝空气,能保存不坏。亦可在盐腌一段时间后取出晒干或烘干做成干坯保存。另一种腌制方法为水腌,适于成熟度较低水分少不宜渗透的原料,一般配制10%的食盐溶液将原料淹没,便能短期保存。

(二)硫处理

新鲜果蔬用二氧化硫或亚硫酸处理是保存加工原料的另一种有效而简便的方法。经硫处理的果蔬。除不适宜作整形罐头外,其他加工品类都可以用,且脱硫方便。但亚硫酸保藏也有其不良的一面,如它可使含花青素的果蔬褪色,不能抑制果胶水解酶,使果胶的胶凝力受到一定的破坏,果实硬度下降等等。另外,近年来一些发达国家的食品管理条例中限制使用亚硫酸盐,如在蘑菇中限制用亚硫酸盐,值得注意。

(三)防腐剂

在半成品的保存中,应用防腐剂或再配以其他措施来防止原料分解变质,抑制有害微生物的繁殖生长也是一种广泛应用的方法。一般该法适合于制果酱、果汁半成品的保存。防腐剂多用苯甲酸钠或山梨酸钾，其保存效果取决于添加量、果蔬汁的 pH 值、果蔬汁中微生物种类、数量、贮存时间长短、贮存温度等。贮存温度以 0℃～4℃为好，添加量应严格按照国家食品添加剂标准 GB2760 执行。目前，许多发达国家已禁止使用化学防腐剂来保存果蔬半成品。

(四)大罐无菌保存

大罐无菌保存是一种先进的贮存工艺，可以明显减少因热处理造成的产品质量变化。现代化的果蔬汁及番茄酱加工企业大多采用无菌贮存大罐来保存半成品，它是无菌包装的一种特殊形式，是将经过巴氏杀菌并冷却的果蔬汁(果浆)在无菌条件下装入已灭菌的密闭大金属容器中，保持一定的气体内压，以防止产品内的微生物发酵变质，从而达到长期保藏产品。大罐无菌保藏方法始于 20 世纪 50 年代，20 世纪 60 年代即大量应用于果蔬加工中，常用于保藏再加工用的果蔬汁(浆)。半成品可以为天然果蔬汁(浆)，也可以是浓缩产品(如番茄浆)，除了作为工厂贮存半成品外，大罐无菌原理也用在产品的大包装和运输中。

大罐无菌保藏系统主要由巴氏杀菌系统、管路、大罐以及附属设施如空气过滤器、空气压缩机或氮气发生器组成。大罐一般用不锈钢制作，也可用普通的碳钢作材料，内涂抗酸树脂涂料。大罐的容积大的可达 4 000m^3。

第二节　果蔬罐藏

果蔬罐藏是果蔬加工的一种重要方法，是食品罐藏的一部分。罐藏是将食品原料经预处理后密封在容器或包装袋中，通过杀菌工艺杀灭大部分微生物的营养细胞，在维持密闭和真空的条件下，得以在室温下长期保藏的食品保藏方法。

罐藏食品的正式出现，现在公认应归功于阿培尔(Nicholas Appert)，他于 1810 年发明了食品保藏方法——用沸水煮后密封瓶装的各种食品，能长期贮存。曾被称为阿培尔技艺。1864 年法国科学家巴斯德(Louis Pasteur)发现了微生物，确认食品的腐败变质主要原因是微生物生长繁殖的结果，从理论上弄清了罐藏的原理。

罐藏食品具有营养丰富、安全卫生，且运输、携带、食用方便等优点，可不受季节和地区的限制，随时供应消费者，无需冷藏就可长期贮存，这可以调剂食品的供应，同时可以促进农牧渔业生产发展。

一、果蔬罐藏基本原理

罐藏食品能大大延长果品的保存期，因为罐藏食品经过了排气、密封和杀菌的过程，杀灭了罐内引起败坏、产毒、致病的微生物，破坏了原料组织自身的酶活性，并保持密封状态，使罐头不再受外界微生物的污染。

罐头杀菌并非要求绝对无菌，只要求不允许有上述有害微生物存在，但允许罐内残存某些微生物或芽孢。这些微生物或芽孢在罐内特殊的环境(如真空状态、pH 等)中，不会引起食品腐败变质，达到这种标准的杀菌程度称为“商业无菌”。所以，罐头食品杀菌时，在考虑杀菌工艺的同时，必须尽可能保存食品品质和营养价值，最好能做到有利于改善食品品质。

影响杀菌的因素主要有食品在杀菌前的污染程度、食品组成、食盐浓度、热的传递、各种添加物、防腐剂和杀菌剂及海拔高度等。

二、罐藏原料

果蔬原料对果蔬罐藏制品的品质有很大的影响，它影响到制品的色泽、风味、质地、大小及原料的利用率。因此正确地选择罐藏原料是保证制品质量的关键。

(一)罐藏对水果原料的要求

包括品种栽培和加工工艺两个方面。品种栽培上要求树势强健，结果习性良好，丰产稳产，抗逆性强等。早、中、晚熟品种搭配，有较好的耐藏性；在成熟度方面，要求有适当的工艺成熟度，这种成熟度往往稍低于鲜食成熟度。并要求果实形状整齐、大小适中；果肉组织紧密，具有良好的煮制性；果皮、果核、果心等废弃部分少。

用于罐藏的水果原料主要有：柑橘、菠萝、荔枝、龙眼、枇杷、杨梅、苹果、梨、桃、李、杏和中华猕猴桃等。

(二)罐藏对蔬菜原料的要求

用作罐藏的蔬菜原料要求新鲜饱满，成熟适度一致，且具有一定的色香味，肉质丰富、质地柔嫩细致，粗纤维少，无不良气味，没有虫蛀和霉烂以及机械损伤，能耐高温处理。罐藏蔬菜原料的选择通常从品种、成熟度和新鲜度三个方面考虑。

用于罐藏的蔬菜原料主要有：芦笋、番茄、竹笋、蘑菇、四季豆、青豌豆、甜玉米、荸荠、胡萝卜和黄瓜等。

三、罐藏容器

罐藏容器对于罐头食品的长期保存起着重要的作用，而容器材料又是关键。供作罐头食品容器的材料要求无毒、耐腐蚀、密封性好、耐高温高压、与食品不起化学反应、质量轻、价廉易得、不易变形、能耐机械化操作等特性。

目前，生产上常用的罐藏容器大致可分为金属罐和非金属罐两大类。金属罐中现在使用最多的是镀锡铁罐(俗称马口铁罐)、涂料的镀锡铁罐——涂料罐，此外，还有铝罐和镀铬铁罐。非金属罐中使用较多的是玻璃罐，其占很大比重。此外还有塑料复合薄膜袋(亦称蒸煮袋)。

(一)马口铁罐

马口铁罐是由两面镀锡的低碳薄钢板(俗称马口铁)制成。由罐盖、罐身、罐底三部分焊接密封而成，称为三片罐；采用冲压而成的罐身与罐底相连的冲底罐称作二片罐。

马口铁镀锡的均匀与否直接影响铁皮的耐腐蚀性。镀锡可采用热浸法和电镀法，无论是电镀锡板还是热浸镀锡板，其镀锡层都必须完全且均匀地覆盖原板的表面。

有些罐头品种因内容物 pH 值较低，或含有较多的花色素苷，或含有丰富的蛋白质，需在马口铁与食品接触的一面涂上一层符合食品卫生要求的涂料，这种马口铁又称涂料铁。根据使用范围，一般含酸量较多的果品采用抗酸涂料铁，含蛋白质丰富的食品采用抗硫涂料铁。

(二)玻璃罐

装食品用的玻璃罐是用碱石灰玻璃制成的，即将石英砂、纯碱和石灰石等按一定比例配合后，在 1 500℃高温下熔融，再缓慢冷却成型而成。

玻璃罐具有较多的优点，如玻璃的化学稳定性好和一般食品不发生作用，能保存食品原有风味；玻璃透明，便于消费者选择；可重复使用。但也有一些缺点，如其机械性能差，易破碎；抗冷热性能差，一般温差在 40℃～60℃即破裂。因此升温和降温处理时要平缓，又以冷却为甚，它比加热时更易出现破裂问题；玻璃罐比较重，增加了运输费用。

质量良好的玻璃罐应呈透明状，无色或微带青色，罐身应平整光滑，厚薄均匀，罐口圆而平整，底部平坦，罐身不得有严重的气泡、裂纹、石屑及条痕等缺陷。要具有良好的化学稳定性和热稳定性，通常应在加热或加压杀菌条件下不破裂。

(三)蒸煮袋

由一种耐高压杀菌的复合塑料薄膜制成的袋状罐藏包装容器，俗称软罐头。

蒸煮袋的特点是重量轻、体积小、易开启、携带方便、热传导快、可缩短杀菌时间，能较好地保持食品的色香味，可在常温下贮存，质量稳定，取食方便等。

蒸煮袋包装材料一般是采用聚酯、铝箔、尼龙、聚烯烃等薄膜借助胶粘剂复合而成的，一般有 3～5 层，多者可达 9 层。

四、罐藏工艺

(一)一般工艺流程

选料→预处理→装罐→排气→密封→杀菌→冷却→保温检验→包装→成品

(二)操作要点

1. 原料的选择

原料的选择如罐藏原料所述。

2. 原料的预处理

原料的预处理，如分级、洗涤、切分、破碎、去皮去核、预煮等。

3. 装罐

(1)空罐的清洗

空罐在制造、运输等各个环节中都会不可避免会沾染微生物或其他杂质，因此，使用前必须经过清洗和消毒。

(2)罐注液的准备

果蔬罐藏时，除了液态食品(果汁、菜汁)和黏稠态食品(如番茄酱、果酱等)外，一般都要向罐内加注汁液，称为罐注液或汤汁。果品罐头的罐注液一般是糖液，蔬菜罐头多为盐水。加注罐液能增进风味、填充罐内除果品以外所留下的空隙、排除空气。

①糖液的配制。配置糖液的主要原料是蔗糖。配制糖液时要煮沸一定时间(5～15min)，以除去糖中的微生物，减少罐内的原始菌数。糖液煮沸后必须趁热过滤。我国目前生产的各类水果罐头，一般要求开罐时的糖液浓度为 14%～18%(折光计)，每种水果及少数蔬菜罐头装罐的糖液浓度，可根据装罐前水果本身可溶物含量，每罐装入的果肉量及每罐实际加入的糖液量，按下式计算：

$$Y=\frac{W_3Z-W_1X}{W_2}$$

式中 W_1—为每罐装入果肉量(g)；

W_2—为每罐加入罐液量(g)；

W_3—为每罐净重(g)；

X—为装罐前果肉可溶性固形物含量(%)；

Y—需要配制糖液的浓度(%)；

Z—开罐时要求糖液浓度(%)。

罐液配制常有两种方法：

直接法:根据装罐所需的糖液浓度，直接称取白砂糖和水，在溶糖锅内加热搅拌溶解、煮沸、过滤、除去杂质、排除部分 SO_2、校正浓度后备用。

间接法:先配制高浓度的浓糖浆，装罐时根据装罐要求的浓度加水稀释。加水量按下式推算：

$$加水量(kg)=\frac{浓糖浆浓度\%-要求糖液浓度\%}{要求糖液浓度\%}\times 浓糖浆重量(kg)$$

②盐水的配制。所用食盐应选用精盐，要求纯净、不含铁、钙、镁等杂质。配制时，将食盐加水煮沸，除去上层泡沫，经过滤，然后取澄清液按比例配制成所需要的浓度，一般蔬菜罐头所用盐水浓度为1%～4%。

(3)装罐工艺要求

预处理完毕的半制品和辅助料应迅速装罐。装罐时还必须要留有适当的顶隙。顶隙是指罐头内容物表面和罐盖之间所留空隙的距离。一般装罐时食品表面与翻边相距4～8mm，待封罐后顶隙高度为3～5mm。顶隙的大小将直接影响到制品的装罐量、卷边密封性、铁罐变形或假胀罐(非腐败性胀罐)、铁皮腐蚀，甚至引起产品变色、变质等，故保持适度顶隙尤为重要。

(4)装罐方法

各种蔬菜在装罐前须按产品质量标准要求进行分选，将不同大小、形态的蔬菜分开装罐。

装罐的方法有人工装罐和机械装罐两种。需要合理搭配和排列整齐的块片状果实目前仍需人工装罐。此法的优点是简单、有广泛适应性并能选料装罐。缺点是装量偏差较大、劳动生产率低、清洁卫生条件较差，而且生产过程的连续性较差。

颗粒状、半固体、流体食品常采用机械装罐，如青豆、甜玉米、番茄酱、果酱、果汁等。机械装罐的要求是保证装量准确，装罐时落料干净，对不同装量有广泛适应性等。其优点是劳动生产率高并适应连续性生产，且清洁卫生。缺点是不能满足特殊式样装罐的要求，而且其适应性小。

4. 预封和排气

(1)预封

有些罐头在排气前要先进行预封处理。所谓预封就是用封口机将罐盖与罐身初步勾连上，其松紧程度以罐盖沿罐身旋转而又不会脱落为度。经预封的罐头在热排气或在真空封罐过程中，罐内的气体能自由逸出，而罐盖不会脱落。对于采用热力排气的罐头来说预封还可以防止罐内食品因受热膨胀而落到罐外，防止排气箱盖上的冷凝水落入罐内而污染食品；可以避免表面食品直接受高温蒸气的损伤；可以避免外界冷空气的侵入，

保持罐内顶隙温度以保证罐头的真空度。预封还可以防止因罐身和罐盖吻合不良而造成次品，有助于保证卷边的质量，特别是对于方罐和异型罐，这一作用更为明显。

(2)排气

食品装罐后、密封前进行排气。排气是罐头生产中不可少的一道工序，通过排气，不仅能使罐头在密封、杀菌、冷却后获得一定的真空度，而且还有助于保证和提高罐头的质量。

目前，我国罐头食品厂常用的方法有热力排气、真空密封排气、喷蒸气密封排气三种：

①热力排气法。是利用食品和气体受热膨胀的基本原理，通过对装罐后罐头的加热，使罐头内食品和气体膨胀，罐内部分水分汽化、水蒸气分压提高来驱赶罐内的气体。

排气后立即密封，这样罐头经杀菌冷却后，由于食品的收缩和水蒸气的冷凝而获得一定的真空度。

②真空密封排气法。真空密封排气法是借助于真空封罐机，将罐头置于真空封罐机的真空舱内，在抽气的同时进行密封的排气方法。能在短时间内使罐头获得较高的真空度，能较好地保存维生素和其他营养素。但是，只能排除罐头顶隙部分的空气，食品内部的气体则难以抽除。因而对于食品组织内含气量高的食品，最好在装罐前先对食品进行抽空处理。

③喷蒸气封罐排气法。装好内容物的罐头用机械装置将内容物压实到预定的高度，以保证一定的顶隙，然后将罐头送到罐盖下部，保持一定的距离，罐与盖一起送入装有喷射蒸气装置的封罐机中，具有一定温度和压力的蒸气向罐内顶部喷射，由蒸气取代顶隙中的空气，在身、盖合处周围维持有大于大气压的蒸气，并立即密封，这样在罐盖密封前能防止空气流入罐内，待冷却后蒸气冷凝，罐内就产生了部分真空。

除上述三种排气方法外，还可采用气体置换排气法。这种方法与蒸气喷射排气法相类似，是用二氧化碳或氮气喷射罐头顶隙，置换掉顶隙中的空气，以达到排气的目的。

5. 密封

(1)金属罐的密封

金属罐的密封都是通过封罐机来完成。封罐机的类型很多，按使用动力可分为手动式、半自动和全自动封罐机等；按封罐时罐头转动与否可分罐头旋转和封罐机机头旋转封罐机；按封罐机封罐时气压不同可分真空和常压封罐机；按所封产品不同可分金属罐、玻璃罐或饮料罐用封罐机等。金属罐密封时封罐各阶段的状态见图 9-2。

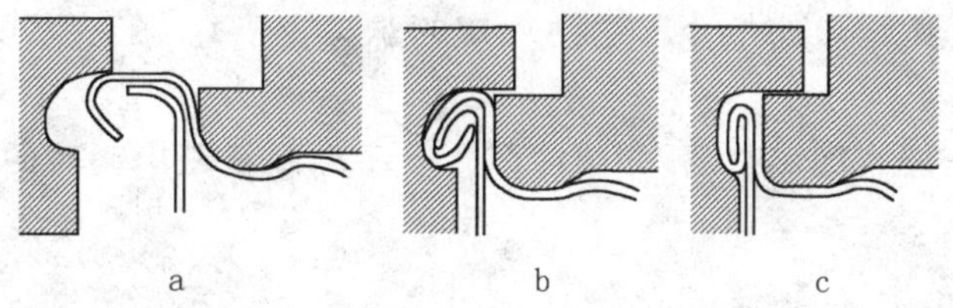

a 卷边开始前状态　b 头道卷边完成时卷边状态　c 二道卷边完成时卷边状态

图 9-2　封罐各阶段的状态

(2)玻璃罐的密封

玻璃罐与金属罐的结构不同，密封方法也不一样，玻璃罐本身因瓶口边缘造型不同，使用的盖子形式不一，因此密封方法也各有区别。

①卷封式玻璃瓶的密封。卷封式玻璃罐密封性能好，能耐高温杀菌，盖子采用镀锡薄板制成，盖的边缘黏附有橡胶垫圈，封口时利用封口机辊轮推压，使盖子与瓶口挤压密合，盖子钩边中垫圈紧压在瓶口凸缘上，从而达到密封。

②旋开式玻璃瓶的密封。旋开式玻璃瓶有单螺纹型和多螺纹型，后者是使用最广泛的一种玻璃瓶，它的瓶口上有三条、四条或六条斜螺纹，每两条斜螺纹首尾交错衔接，瓶盖上有相应数量的“爪”，密封时只需将“爪”与斜螺纹始端对准拧紧即完成封口。瓶盖内注有密封胶垫，以保证玻璃瓶的密封性。

③抓式玻璃瓶的密封。抓式玻璃罐密封时可用蒸气喷射或抽真空的方法，使罐内顶隙形成一定的真空度。当封罐时，抓式封口机外壳随连杆运动向下移动，将抓牙向内挤压，受压处形成有规则的内卷的凹槽，将罐盖与玻璃瓶口紧密嵌合达到密封。

(3)软罐头的密封

软罐头的密封方法与金属、玻璃罐的密封方法完全不同，要求复合塑料薄膜边缘上内层薄膜融合在一起，从而达到密封的目的。常用的封边方法有三种：高频密封法、热压密封法和脉冲密封法。热压密封法应用较普遍，热压强度取决于复合塑料薄膜袋的材料性质及热熔合时的温度、时间和压力。

6. 杀菌

(1)杀菌的工艺条件

杀菌操作过程：罐头食品的杀菌工艺条件主要是由温度、时间和反压力三项因素组合而成。在罐头厂通常用“杀菌公式”的形式来表示，即把杀菌的温度、时间及所用的反压力排列成公式的形式。一般杀菌公式为：

$$\frac{\tau_h-\tau_p-\tau_c}{t_s}P$$

式中 τ_h 为杀菌锅内的介质由初温升高到规定杀菌温度所需的时间(min)，也叫升温时间；τ_p 指在杀菌温度下保持的时间(min)，也称恒温时间；τ_c 为杀菌锅内介质由杀菌温度降低到出罐温度所需的时间(min)，称为冷却时间或降温时间；t_s 为规定的杀菌温度(℃)；P 为加热或冷却时杀菌锅所用反压(kPa)。

杀菌公式表明罐头食品杀菌操作过程中可以划分为升温、恒温和降温三个阶段。

升温阶段：就是杀菌锅内的介质由初温升高到规定的杀菌温度，同时要求将杀菌锅内空气充分排除，保证恒温杀菌时蒸气压和温度充分一致的阶段。

恒温阶段：即杀菌锅内的热介质达到规定的杀菌温度后，在该温度下所持续的杀菌阶段。

降温阶段：就是停止加热杀菌，并用冷却介质冷却到开釜出罐时的温度，同时也是杀菌锅放气降压阶段。

(2)杀菌方法

罐头杀菌的方法很多，有加热杀菌、辐射杀菌、微波杀菌、超高压杀菌等，但目前罐头生产上应用最多的还是加热杀菌。

罐头食品加热杀菌可以在装罐前进行，也可以在装罐密封后进行。即无菌灌装和罐头杀菌两种方法，后者现在较常用。按杀菌温度又可分为常压杀菌和高压杀菌。

①常压杀菌。罐头在常压热水或沸水中杀菌，杀菌温度一般为 100℃(或低于100℃)，适合于 pH<4.6 的酸性食品，如水果罐头和部分酸性蔬菜罐头。一般是用开口

锅或柜子，锅（柜）内盛水，水量要浸过罐头 10cm 以上，用蒸气管从底部加热至杀菌温度，将罐头放入杀菌锅（柜）中（玻璃罐杀菌时，水温控制在略高于罐头初温时放入为宜），继续加热，待达到规定的杀菌温度后开始计算杀菌时间，经过规定的杀菌时间，取出冷却。目前，有些工厂用一种长形连续搅动式杀菌器，使罐头在杀菌器中不断地自转和绕中轴转动，增强了杀菌效果，缩短了杀菌时间。

②高压杀菌在完全密封的加压杀菌器中进行，靠加压升温来进行杀菌，杀菌温度通常超过 100℃，一般为 118℃～121℃，压力高于大气压，适合于 pH＞4.6 的低酸性食品，如大部分蔬菜罐头等。在高温加压杀菌中，依传热介质不同有高压蒸气杀菌和高压水杀菌。目前，大都采用高压蒸气杀菌法，这对马口铁罐来说是较理想的。而对玻璃罐，则采用高压水杀菌较为适宜，可以防止和减少玻璃罐在加压杀菌时脱盖和破裂的问题。

加压杀菌器有立式和卧式两种类型。加压杀菌过程可分三个阶段：排气升温阶段、恒温杀菌阶段、消压降温阶段。

③其他杀菌技术

火焰杀菌法：将罐头由运输带输送，边回转边通过高温火焰，在常压下加热杀菌，杀菌后罐头经过冷水喷淋冷却。国外主要用于粘度小的小型蘑菇等盐水调味的蔬菜罐头。

无菌罐装：将液状食品经过热交换器，超高温瞬时处理后急速冷却，用无菌充填法装入已灭菌的容器密封后制成。一般认为加热温度上升 10℃，食品品质劣化程度增大约 2 倍，而对细菌芽孢杀灭效果则增大 10 倍。高温瞬时处理的无菌罐藏法可以保持食品风味良好。

超高压杀菌：超高压杀菌是将密封在容器中的食品，放置在 200 MPa 以上的压力下进行处理，以达到抑制或杀灭食品中污染的微生物，从而获得长期保藏的目的。高压杀菌机理通常认为是在高压下蛋白质的立体结构崩溃而发生变性使微生物致死。这种新的杀菌技术是在较低的温度下处理食品的，属于冷杀菌法。在灭菌的同时，能较好地保持食品原有的色、香、味及营养成分。

7.冷却

冷却是罐头生产的最后一个环节，杀菌后要迅速冷却。因为热杀菌结束后，罐内的食品仍处于高温状态，这时要迅速进行冷却，否则，罐内食品因长时间的热作用，会造成色泽、风味、质地及形态等的变化，使食品品质下降。

冷却法有常压冷却和加压冷却两种。常压冷却用于常压杀菌的罐头。冷却介质有冷空气和冷水，一般流水浸冷法最为常见。冷却用水必须清洁，符合饮用水标准。

反压冷却用于高压杀菌的罐头。特别是高压蒸气杀菌后容器变形、损坏的罐头。杀菌后，内容物受热膨胀，内压增大，在冷却时要保持一定外压，以平衡其内压，这样就不会因为过高的内压，引起罐头缝线松弛而损坏。杀菌结束后的罐头在杀菌结束关闭蒸气阀后，在通入冷水的同时通入一定的压缩空气，以维持罐内外的压力平衡，直至罐内压力和外界大气压相接近方可撤去反压。反压所用的压力一般稍高于杀菌压力即可。

罐头冷却的最终温度一般控制在 40℃左右，过高会影响罐内食品质量，过低则不能利用罐头余热将罐外水分蒸发，造成罐外生锈。冷却后应放在冷凉通风处，未经冷凉不宜入库装箱。

8.保温及商业无菌检验

为了保证罐头在货架上不发生败坏，传统的罐头工业常在冷却之后采用保温处理。将冷却后的罐头在保温仓库内贮存数天，然后挑选出胀罐，再装箱出厂。但这种方法会使罐头质地和色泽变差，风味不良；同时对耐热菌没有作用。因此许多工厂已不再采用此法。代之以商业无菌检验法。

此法首先基于全面质量管理，其方法要点如下：

(1)审查生产操作记录。如空罐记录、杀菌记录等。

(2)抽样。每杀菌锅抽2罐或0.1%。

(3)称重。

(4)保温。低酸性食品在(36±2)℃下保温10d，酸性食品在(30±1)℃下保温10d。预定销往40℃以上热带地区的低酸性食品在(55±1)℃下保温5～7d。

(5)开罐检查。开罐后留样、感官检查、测pH值、涂片。如发现pH值、感官质量有问题即进行革兰氏染色、镜检，确定是否有明显的微生物增殖现象。

(6)接种培养。

(7)结果判定。①通过保温发现胖听或泄漏的为非商业无菌。②通过保温后的正常罐开罐后的检验结果可参照表9-2进行。

表9-2　正常罐保温后的结果判定

pH值	感官检查	镜检	培养	结果
－	－			商业无菌
＋	＋			非商业无菌
＋	－	＋	＋	非商业无菌
＋	－	＋	－	商业无菌
－	＋	＋	＋	非商业无菌
－	＋	＋	－	商业无菌
－	＋	－		商业无菌
＋	－	－		商业无菌

－代表正常　＋代表不正常

五、罐头败坏检验与贮存

(一)败坏检验

1. 开罐检验

对果蔬罐头质量的检验，通常采用感官检验、理化检验和微生物、重金属检验。

(1)感官检验

罐头的感官检验包括容器检验与罐头内容物质量检验。

罐头容器检验：观察瓶与盖结合是否紧密牢固，胶圈有无起皱；罐盖的凹凸变化情况；罐盖打号是否合乎规定要求；罐体是否清洁及锈蚀等。

罐头内容物检验：主要是对内容物的色泽、风味、组织形态、汁液透明度、杂质等进行检验。

(2)理化检验

包括罐头的总重、净重、固形物的含量、糖水浓度、罐内真空度、食品添加剂和重金属含量(铅、锡、铜、锌、汞等)、农药残留、黄曲霉素等分析项目。

(3)微生物检验

为了获得可靠数据，取样本要有代表性。通常每批产品至少取12罐。抽样的罐头要在适宜温度下培养适当的时间，促使活着的细菌生长繁殖。对五种常见的可使人发生食物中毒的致病菌，必须进行检验。它们是溶血性链球菌、致病性葡萄球菌、肉毒梭状芽孢杆菌、沙门氏菌和志贺氏菌。

2. 打检法

用打检棒敲击罐头判断罐头优劣是多年来检查罐头品质的简易方法，检查时用特制的金属棒敲击罐盖或底，由发出的声音和传给手上的感觉鉴别罐头的好坏，但需由熟练的技术工人操作。一般发出坚实清脆的叮叮声是好的，浑浊的扑扑声是不好的。

近年来由于罐头生产效率的提高，目前已采用在生产线上进行打检的自动打检设备，这种打检设备是一种光电技术检测器，能把低真空度罐头检剔出去。

还有一种常用的是利用声学原理检查罐头真空度高低以识别罐头优劣的自动打捡机。其特点是检查时不直接接触制品，罐盖表面沾染的水滴及油脂等并不影响结果，适用于含膨胀圈纹或镀铬铁罐头。较著名的有美国制造的 Taptone 检测装置。

(二)罐头的贮存

罐头食品的贮存场所要求清洁、通风良好。罐头食品在贮存过程中，影响其质量好坏的因素很多，但主要是温度和湿度。在罐头贮存过程中，避免库温过高或过低以及库温的剧烈变化。果蔬罐头贮存适温一般为 10℃～15℃。库房要求干燥、通风，有较低的湿度环境，以保持相对湿度在 70%～75%为宜，最高不要超过 80%。此外，罐瓶要码成通风垛；库内不要堆放具有酸性、碱性及易腐蚀的其他物品；不要受强日光曝晒等。

六、罐头内容物腐败变质现象及其原因

(一)胀罐

合格罐头其底盖中心部位略平或呈凹陷状态。当罐头内部的压力大于外界空气的压力时，盖底鼓胀，形成胖听，或称胀罐。包括物理性胀罐、微生物胀罐等。

1. 物理胀罐

(1)原因

罐头内容物装的太满，顶隙过小，加热杀菌时内容物膨胀，冷却后即形成胀罐；加压杀菌后，消压过快，冷却过速，排气不足或贮藏温度过高等都能引起罐头的变形，统称为物理性胀罐。此种类型的胀罐，内容物并未坏，可以食用。

(2)防止措施

应严格控制装罐量。装罐时，罐头顶隙大小要适宜，要控制在 3～8mm；提高排气时罐内的中心温度，排气要充分，封罐后能形成较高的真空度；加压杀菌后的罐头消压速度不能太快，使罐内外的压力平衡，切勿悬殊过大。

2. 细菌性胀罐

(1)原因

一般是因为杀菌不彻底或罐盖密封不严细菌重新侵入，产生气体，使罐内压力增大而造成胀罐。

(2)防止措施

对罐藏原料充分清洗或消毒，严格注意加工过程中的卫生管理，防止原料及半成品

的污染;在保证罐头食品质量的前提下,对原料热处理必须充分,以消灭产毒致病的微生物;在预煮水或糖液中加入适当的有机酸(如柠檬酸等),降低罐头内容物的 pH 值,提高杀菌效果;严控封罐质量,防止密封不严而造成泄露;冷却水应符合食品卫生要求。

(二)变色及变味

许多罐头在贮藏运销期间,常发生变色、变味的质量问题。

(1)原因

果品中的某些化学物质,在酶或罐内残留氧的作用下或长期贮温偏高,而产生的酶促褐变或非酶促褐变所致;罐头内平酸菌(如嗜热性芽孢杆菌)的残存,会使食品变质后呈酸味;橘络及种子的存在,使制品带有苦味。

(2)防止措施

装罐前可根据不同品种的装罐要求,采用适宜的温度和时间进行热烫处理,破坏酶的活性,排除原料组织中的空气;配制的糖水要随用随配;加工过程中,防止果实与铁、铜等金属器皿直接接触,用具以不锈钢材料为佳;杀菌要充分,以杀灭有害微生物,防止制品败坏,控制仓库的温度。

(三)罐内汁液混浊和沉淀

此类现象产生的原因有多种:加工用水中钙镁等金属离子含量过高(水的硬度大);原料成熟度过高;热处理过度;罐头内容物软烂;制品在运输中震荡过于剧烈,而使果肉碎屑散落;微生物分解罐内食品等。

(四)罐藏容器的腐蚀

罐藏容器的腐蚀,主要是指马口铁罐,可分为罐头外壁的锈蚀和罐头内壁的腐蚀两种情况。

罐头外壁的锈蚀主要是由于贮藏环境中湿度过高而引起马口铁与空气中水汽、氧气作用,形成黄色锈斑,严重时不但影响商品外观,还会促进罐壁腐蚀穿孔而导致果蔬罐头的变质和腐败。罐头内壁的腐蚀主要是马口铁罐内壁在酸性食品的腐蚀下,常会出现溶锡现象,致使罐壁内锡层晶粒体全面外露。另外,罐内硝酸根离子、亚硝酸根离子或铜离子含量较高时,易促进罐内壁的腐蚀。

第三节 果蔬制汁

用水果和(或)蔬菜(包括可食的根、茎、叶、花、果实)等为原料,经加工或发酵制成的饮料。

一、果蔬汁产品的分类

(一)果汁(浆)和蔬菜汁(浆)

采用物理方法,将水果或蔬菜加工制成可发酵但未发酵的汁(浆)液;或在浓缩果汁(浆)或浓缩蔬菜汁(浆)中加入果汁(浆)或蔬菜汁(浆)浓缩时失去的等量的水,复原而成的制品。可以使用食糖、酸味剂或食盐,调整果汁、蔬菜汁的风味,但不得同时使用食糖和酸味剂,调整果汁的风味。

(二)浓缩果汁浆和浓缩蔬菜汁(浆)

采用物理方法从果汁(浆)或蔬菜汁(浆)中除去一定比例的水分,加水复原后具有果汁(浆)或蔬菜汁(浆)应有特征的制品。其可溶性固形物含量和原汁(浆)的可溶性固形物含量之比≥2。

(三)果汁饮料和蔬菜饮料

1.果汁饮料

在果汁(浆)或浓缩果汁(浆)中加入水、食糖和(或)甜味剂、酸味剂等调制而成的饮料。可加入柑橘类的囊胞(或其他水果经切细的果肉)等果粒。果汁(浆)含量≥10%。

2.蔬菜汁饮料

在蔬菜汁(浆)或浓缩蔬菜汁(浆)中加入水、食糖和(或)甜味剂、酸味剂等调制而成的饮料。蔬菜汁(浆)含量≥5%。

(四)果汁饮料浓浆和蔬菜汁饮料浓浆

在果汁(浆)和蔬菜汁(浆)、或浓缩果汁(浆)和浓缩蔬菜汁(浆)中加入水、食糖和(或)甜味剂、酸味剂等调制而成的,稀释后方可饮用的制品。按标签标志的稀释倍数稀释后,其果汁(浆)和蔬菜汁(浆)含量不低于果汁饮料和蔬菜汁饮料的规定。

(五)复合果蔬汁(浆)及饮料

含有两种或两种以上的果汁(浆)、蔬菜汁(浆)、或果汁(浆)和蔬菜汁(浆)的制品为复合果蔬汁(浆);含有两种在用机械方法或两种以上果汁(浆)、蔬菜汁(浆)或其混合物并加入水、食糖和(或)甜味剂、酸味剂等调制而成的饮料为复合果蔬汁饮料。复合果汁果汁(浆)总含量≥10%;复合蔬菜汁饮料中蔬菜汁(浆)总含量≥5%;复合果蔬汁饮料中果汁(浆)蔬菜汁(浆)总含量≥10%。

(六)果肉饮料

在果浆或浓缩果浆中加入水、食糖和(或)甜味剂、酸味剂等调制而成的饮料。果浆含量≥20%。

(七)发酵型果蔬汁饮料

水果、蔬菜或果汁(浆)、蔬菜汁(浆)经发酵后制成的汁液中加入水、食糖和(或)甜味剂、食盐等调制而成的饮料。

(八)水果饮料

在果汁(浆)或浓缩果汁(浆)中加入水、食糖和(或)甜味剂、酸味剂等调制而成,但果汁含量较低的饮料。果汁含量在5%~10%。

(九)其他果蔬汁饮料

上述8类以外的果汁和蔬菜汁类饮料。

二、果蔬汁加工基本工艺

制作各种不同类型的果蔬汁,主要在后续工艺上有区别。首要的是进行原果蔬汁的生产，一般原料要经过选择、预处理、压榨取汁或浸提取汁、粗滤、过滤、均质、脱气、浓缩、干燥等工序。对于浑浊果汁，则不经过过滤。果蔬汁加工工艺总流程见图9-3。

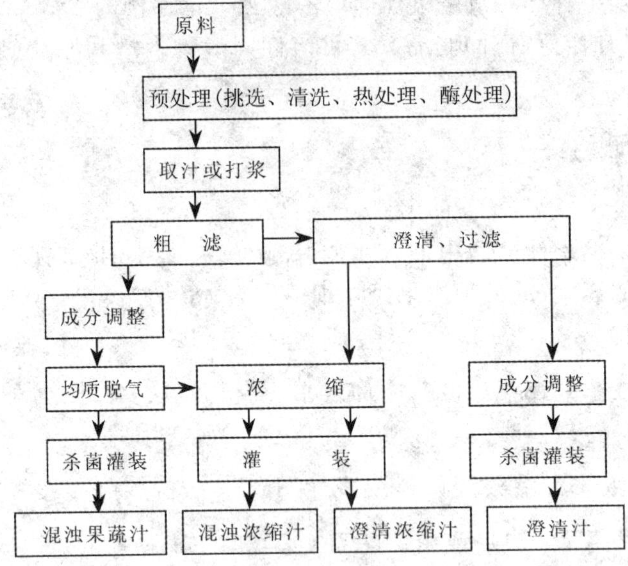

图9-3 果蔬汁加工工艺总流程图

(一)原料选择

合理选择优质果蔬原料是果蔬汁生产的重要环节，果蔬原料的质量与原料品种关系极大，配合合理的制汁工艺，可制得优质高产的果蔬汁产品。加工果蔬汁的原料要求具有良好的风味和香气，无异味，色泽美观而稳定，糖酸比合适，并且在加工贮藏中能保持这些优良的品质。要求选择出汁率高、取汁容易的品种。果蔬汁加工对原料的果形大小和形状无严格要求，但对成熟度要求较严，未成熟或过熟的水果、蔬菜均不适合制作果蔬汁。霉烂果、病虫果和未熟果必须剔除。

(二)清洗

果蔬原料清洗的目的是除去果蔬原料中一切不符合作业要求的物质，尤其是微生物，控制原始菌数对于果蔬汁能否达到完善的杀菌作业，对保证果蔬汁质量有决定性意义。正常的果蔬原料表面的微生物数量在 $10^4 \sim 10^8$ 个/g之间。一些直接与地面接触的叶菜类、根茎类蔬菜附着的微生物数量更多，采用正确的清洗工艺，可使微生物数量减少95%以上。

一般采用的洗涤方法有喷水冲洗或流动水冲洗，对于农药残余量较多的果实，可用稀酸溶液或洗涤剂处理后再用清水冲洗。残留农药的清洗效果取决于农药种类、施用剂量、果蔬原料种类和品种以及清洗工艺等因素。

洗涤前或洗涤后应由专人剔除病害果、未成熟果、枯果和受伤果，以提高果蔬汁的质量。

(三)破碎

采取压榨取汁的生产工艺，为了获得最大出汁量，果实需要适度破碎。果蔬的破碎程度直接影响出汁率。颗粒太大，压榨取汁汁液流速慢，出汁率低。破碎太细在压榨时外层的果汁很快被榨出，形成一层厚皮，使内层果汁流出困难，出汁率也会降低。破碎程度视果蔬种类而定。苹果和梨以破碎到3～5mm为宜、草莓和葡萄3～5mm为宜，番茄可用打浆机破碎取汁。破碎时喷入适量NaClO与维生素C配制的抗氧化剂防止果汁氧化褐变。也可以先经过热烫处理再进行破碎，如番茄、杏、桃等果蔬，加热软化后能提高出汁(浆)率。

(四)取汁或打浆

果蔬取汁有打浆、压榨和浸提三种方式，采用何种方式取决于果蔬原料的质地、组织结构和生产的果汁类型。

打浆主要用于番茄、桃、杏、芒果、香蕉、木瓜等组织柔软、胶体物质含量高的果蔬原料，并主要用于生产带肉果蔬汁或混浊果蔬汁。压榨可用于柑橘、梨、苹果、葡萄等大多数汁液含量高、压榨易出汁的果蔬原料。仅对山楂、李子、乌梅等干果或少数鲜果采用浸提法。果蔬压榨取汁的效果取决于果蔬的质地、品种和成熟度等。

(五)高出汁率和果汁品质

压榨层厚度及毛细管半径、挤压压力、速度和时间、果浆预加工、物料温度、果蔬汁黏度都是影响果蔬压榨出汁率的重要因素。降低压榨层厚度，即减短毛细管长度，加入一些疏松物质，增加毛细管半径，有利于提高出汁率。提高压榨力、延长压榨时间可以提高出汁率。但如果压力增加太快，反而可能降低出汁率。

1. 出汁率计算方法

(1) 重量法

$$出汁率=\frac{果汁重量}{原料果重量}\times 100\%$$

(2) 可溶性固形物重量法

$$出汁率=\frac{果汁中的总可溶性固形物}{果实中的总可溶性固形物}\times 100\%$$

一般果汁工业要求果汁的出汁率：苹果77%～80%，梨78%～82%，葡萄76%～85%，树莓66%～70%，甜橙、葡萄柚40%～45%，宽皮橘50%～55%。

2. 热处理提高出汁率

果蔬破碎后，取汁前适当进行加热处理，可以提高出汁率和汁液品质。加热改变细胞组织结构，使果肉组织软化，便于打浆或榨汁；同时又能抑制各种水解酶和氧化酶类，使产品不致发生分层、变色变味及其他不良变化。但加热不可过度，否则会使果蔬组织糊化，反而降低出汁率，增加过滤难度，并破坏营养成分。一般热处理条件以60℃～70℃，15～30min为宜。采用果胶含量丰富的果蔬原料或制造澄清汁时，一般不宜加热。

3. 酶处理提高出汁率

苹果汁生产都要经过果浆酶解工艺(OME)，即苹果压榨前加入果胶酶、纤维素酶和半纤维素酶的复合酶制剂，以降解苹果浆的细胞壁、分解果胶，使果汁粘度降低，提高出汁率。江南大学研制了一种新型果蔬加工复合酶——粥化酶。粥化酶是由黑曲酶经过固态发酵制得的，以果胶酶、纤维素酶、木聚糖酶为主，并含有蛋白酶、淀粉酶等。粥化酶可以使果蔬组织和细胞崩解，使果蔬原料产生粥样软化，从而提高果蔬组织的出汁率、澄清度并降低粘度。

(六)过滤

对于混浊果蔬汁主要在于去除分散于果蔬汁中的粗大颗粒和悬浮物等,同时又保存色素微粒以获得色泽、风味和香气。浆汁中的粗大颗粒和悬浮物主要来自果肉组织的细胞壁、果皮、种子和其他纤维组织。对于澄清果蔬汁,粗滤后还需精滤,或先行澄清处理后再过滤,务必除去全部悬浮颗粒。生产上,粗滤可与压榨或打浆过程同步完成,也可在压榨或打浆后单独进行,根据设备选型和配置而定。

(七)成分调整

由于不同批次原料可能在成分含量上有差异,为了使产品符合一定规格要求,对果蔬汁进行适当的调配。调配方式可以直接添加糖或酸,也可以与其他批次果蔬汁混合,通过互补而达到一致的规格。调配的基本原则是一方面要实现产品的标准化,使不同批次产品保持一致性,另一方面是为了提高果蔬汁产品的风味、色泽、口感、营养和稳定性等。

(八)均质

生产带肉果蔬汁或者混浊果蔬汁时,由于果汁中含有大量果肉微粒,为了防止果肉微粒与汁液分离影响产品外观,也为了提高果肉微粒的均匀性、细度和口感,需要进行均质处理。常用的均质设备是高压均质机。物料在高压均质机的均质阀中发生细化和均匀混和过程,可以使物料微粒细化到 0.1～0.2μm。胶体磨也是具有均质细化作用的果蔬汁加工机械。胶体磨可使颗粒细化度达到 2～10μm。一般在加工过程,可先将果蔬粗滤液和果蔬浆经过胶体磨处理后,再由高压均质机进一步使果肉微粒细化。

超声波均质机是近年发展的一种新型均质设备,其工作原理基于超声波在液体中的空化作用,换能器将电能量通过变幅杆在工具头顶部液体中产生高强度剪切力,形成高频的交变水压强,使空腔膨胀、爆炸将细胞击碎。另一方面由于超声波在液体中传播时产生剧烈的扰动作用,使颗粒产生很大的加速度,互相碰撞或与器壁互相碰撞而被击碎。该设备目前还处于实验研究应用阶段,未在果汁加工工业中大规模应用。

(九)脱气

脱气是为了脱除果蔬汁中的空气。脱气有几方面的作用:首先,消除氧对果蔬汁营养成分、色素、芳香成分等的氧化作用,保持品质稳定;其次,可以除去附着在微粒上的气体,有利于生产澄清汁时果肉颗粒的沉降,也有利于保持混浊果蔬汁中果肉微粒的悬浮稳定。但脱气过程容易使挥发性芳香成分挥发损失。因此,根据具体的产品需要,在选择脱气方式上应加以考虑。必要时,在脱气过程进行芳香物质回收,然后回加进脱气后的果蔬汁中。

1.真空脱气法

采用真空脱气机进行,脱气时将果汁引入真空锅内,然后被喷成雾状或分散成液膜,使果汁中的气体迅速逸出。真空脱气机的喷头有喷雾式、离心式和薄膜式三种,无论哪种形式,目的在于增加果蔬汁的表面积,提高脱气效果。真空度越高,物料的沸点越低,在能够达到的高真空度条件下,选择温度以低于沸点 3℃～5℃为宜。一般在真空度为 0.08～0.093MPa 和 40℃左右时进行脱气,可脱除果蔬汁中 90%的空气。脱气时易造成挥发性芳香物质的损失,因此必要时可进行芳香物质的回收。

2. 气体置换法

将惰性气体如 N_2、CO_2 等充入果蔬汁中，利用惰性气体把果蔬汁中的氧气置换出来。此法无加热过程，可减少挥发性芳香成分的损失，有利于防止加工过程中的氧化变色。

3. 化学脱气法

利用一些抗氧化剂作为脱氧剂，如在果蔬汁中加入抗坏血酸可起脱气作用，但应注意抗坏血酸不适合在含花色苷丰富的果蔬汁中应用，因为抗坏血酸会促使花色素分解。

4. 酶法脱气法

在果蔬汁中加入需氧酶类如葡萄糖氧化酶可以起良好的脱气作用，吡喃型葡萄糖脱氢酶是一种典型的需氧脱氢酶，可氧化葡萄糖成葡萄糖酸，同时耗氧达到脱气目的。

（十）杀菌和灌装

果蔬汁中存在着各种微生物（细菌、霉菌和酵母菌），杀灭这些微生物的操作称为果蔬汁的杀菌，杀菌也有钝化酶活性的作用，以防止各种不良变化的发生。

1. 高温短时杀菌法

目前饮料杀菌几乎都采用高温短时杀菌法，即所谓瞬时杀菌法，包括高温短时杀菌（HTST）或超高温瞬时杀菌（UHT）。主要是指在未灌装的状态下，直接对果蔬汁进行短时或瞬时加热，由于加热时间短，对产品品质影响较小。$pH<4.5$ 的酸性产品，可采用 85℃～95℃高温短时杀菌 15s 左右。亦可采用 120℃以上超高温瞬时杀菌 3s～10s。$pH>4.5$ 的低酸性产品，则必须采用超高温杀菌。

2. 热灌装

果蔬汁经高温短时或超高温瞬时杀菌，趁热灌入已预先消毒的洁净瓶内或罐内，趁热密封，倒瓶处理，冷却。此法较常用于高酸性果汁及果汁饮料，亦适合于茶饮料。橙汁、苹果汁以及浓缩果汁和果饴等可以在 88℃～93℃下杀菌 40s，再降温至 85℃罐装；亦可在 107℃～116℃，2s～3s 内杀菌后罐装。目前较通用的果汁灌装条件为杀菌 135℃，3s～5s，85℃以上热灌装，倒瓶 10s～20s，冷却到 38℃。

3. 无菌灌装

食品无菌包装是指将经过灭菌的食品（如饮料、奶制品等），在无菌环境中，灌装入经过杀菌的容器中。无菌罐装产品可以在不加防腐剂、非冷藏条件下达到较长的保质期。

4. 果蔬汁饮料新型杀菌技术

（1）超高压杀菌

将物料以某种方式包装完好后，放入液体介质（通常是食用油、甘油、油与水的乳液）中作用一段时间后，使之达到灭菌要求。超高压可以保留食品原有风味和营养。并由于其采用液态介质进行处理，更易实现杀菌的均匀、瞬时、高效。超高压杀菌技术最适合于果汁饮料、浓缩果汁和果酱等液体的杀菌，处理后的果汁的颜色、风味和营养成分与处理前相比基本上无差别。有专家预言它可能成为 21 世纪最有前途的杀菌方法。采用 600MPa、2min 可将油梨汁中的致病菌减少到 5 个对数周期以下，且在无须添加防腐剂和酸化的条件即可使产品的货架期延长 40d。

(2) 辐照杀菌

利用一定剂量的波长极短的电离射线对食品进行杀菌。常用的放射线同位素有^{60}Co和^{137}Cs。γ射线的穿透力很强，适合于完整食品及各种包装食品的内部杀菌处理，电子射线的穿透力较弱，一般用于小包装食品或冷冻食品的杀菌。与加热杀菌相比，辐照杀菌的优点有：辐照杀菌过程中，食品温度几乎维持不变，这样能保证食品原有的色香味和感官特性，且射线处理食品不会留下任何残留物；γ射线的穿透力强，可以在不拆包装和不解冻的情况下，对食品进行杀菌，这样可以避免食品的二次污染。杀菌效率高，应用范围广，能节省时间和能源，降低成本。

(3) 高压脉冲电场杀菌

脉冲电场(PEF)杀菌是利用强电场脉冲的介电阻断原理对食品微生物产生抑制作用。超高压脉冲电场杀菌具有处理时间短、能耗低、传递快速、均匀等优点，杀菌后能保持果汁原有的口味和质地，因而可广泛地用于食品杀菌。脉冲电场能有效地杀灭与食品腐败有关的几十种细菌，特别是果汁饮料中的黑曲霉、酵母菌。

(4) 欧姆杀菌技术

欧姆杀菌是通过电极将电流直接导入含颗粒的流质食品，利用食品本身的介电性质，使电能转变为热能而加热食品。英国 APV 公司从 20 世纪 80 年代开始研究欧姆 UHT 加热杀菌系统，现已开发出 75kw 到 300kw 的商用机型，并在 1993 年获美国食品与药品管理局(FDA)批准和认可。欧姆加热 UHT 杀菌系统在欧洲、美国、日本得到了广泛应用。

三、果蔬汁生产实例

(一)苹果汁

苹果既适合于制取澄清果汁，也适合用于制带肉果汁，极少用于生产普通的混浊果汁。苹果汁是欧洲目前主要的浓缩果汁。大多数中晚熟品种均可制汁，以小国光、红豆、醇露、君袖、元帅、金冠等品种为优。

1. 澄清苹果汁生产工艺流程

原料→分选→清洗→破碎→压榨→粗滤→澄清→精滤→调整混合→杀菌→灌装→冷却→成品

2. 操作要点

经过挑选的苹果在水中浸洗和清水喷淋洗涤，也有用 1%NaOH 和 0.1%～0.2%的洗涤剂中浸泡清洗的方法。用苹果磨碎机或锤击式破碎机破碎至 3～8mm 大小的碎片。然后用压榨机压榨，苹果常用连续的液压传动压榨机，也可用板框式压榨机或连续螺旋压榨机。苹果汁采用明胶单宁法澄清，在果汁中加入单宁 0.1g/L、明胶 0.2g/L，10℃～15℃下静置 6～12h，取上清液和下部沉淀分别过滤。目前苹果汁生产较多采用酶法澄清，再进行硅藻土过滤或超滤。直饮式苹果汁常控制可溶性固形物 12%左右、酸 0.4%左右，在 93.3℃以上温度进行巴氏杀菌。苹果汁应采用特殊的涂料罐。

混浊苹果汁生产时需要进行护色，苹果破碎时需要喷雾添加维生素 C 或异维生素 C 溶液，防止果汁发生褐变，压榨取汁后果汁通过筛滤，不经澄清直接进行巴氏杀菌、灌装，产品的风味浓、质量好，因此逐渐受到消费者的青睐。浓缩汁生产可利用澄清苹果汁浓缩至可溶性固形物为68～70°Brix或利用混浊苹果汁浓缩至可溶性固形物为32°Brix。

(二)复合蔬菜汁

复合蔬菜汁由番茄、胡萝卜、冬瓜、芹菜、莴苣、菠菜等多种蔬菜汁复合而成，具有比较丰富的维生素和矿物质营养素。复合蔬菜汁的配置以番茄汁为主，提供丰富的营养素，良好的风味和色泽，并创造一个不利于有害微生物生长的pH值环境，其含量占70%，其他占30%，由于合理的复合技术，使营养素趋于结合型的平衡。

1. 工艺流程

选料→挑选清洗(整理、切分、去皮)→破碎(破碎机)→热处理(蒸煮罐)→储罐→贮存

各种菜汁复合→胶体磨均质→真空脱气→高压均质→高压瞬时杀菌→灌装密封→成品。

2. 操作要点

(1)选料

选用产量高、营养丰富、生产上可以大量种植的番茄、胡萝卜、冬瓜、莴苣、芹菜、菠菜等蔬菜。原料应新鲜度、成熟度一致，色泽一致，无机械伤、无病、无腐烂。

(2)去皮、切分、预热

根据不同的蔬菜品种确定合理的去皮处理时间，胡萝卜可以采用热处理和化学处理方法去皮，冬瓜、莴苣采用人工去皮方法，番茄、芹菜、菠菜只能用热处理。热处理时间以氧化酶活性破坏所需时间来确定。除番茄去皮后直接榨汁外，其他蔬菜都应进行切分工序。切分过大、过小都不利于出汁率和榨汁质量。切分大小应尽可能均匀一致。

(3)榨汁

各种蔬菜分别榨汁，榨汁后用0.18～0.13mm不锈钢筛进行粗滤后(番茄酱可不进行粗滤)，装入容器，分别保存。

(4)复合配比

番茄汁占70%，其他各种汁占30%，复合后用一定量柠檬酸调整pH值至4.2左右，再加入少量精盐调味。

(5)杀菌

采用巴氏杀菌，杀菌温度70℃～80℃，杀菌时间为7～8min。

(6)灌汁封罐

灌汁前，汁温不低于70℃，趁热灌汁、封盖，再在90℃水槽中倒瓶2～3min，取出冷却，擦去瓶外残汁，贴标保存。

四、果蔬汁生产中常见的质量问题及处理方法

(一)混浊与沉淀

不论混浊果蔬汁还是澄清果蔬汁产品都可能出现混浊与沉淀现象。混浊汁中果肉微粒、果胶、蛋白质、淀粉等大分子物质的絮凝可导致果汁的不均匀性，在重力和密度差的作用下，很容易出现分层和沉淀现象。澄清果蔬汁虽然将果肉微粒过滤除去了，但如果澄清处理不彻底，或污染微生物，仍然有后混浊现象。果胶、淀粉、明胶、酚类物质、蛋

白质、助滤剂、微生物、阿拉伯聚糖、右旋糖酐等都会引起混浊和沉淀。

防止澄清果蔬汁出现混浊和沉淀的产生有以下方法：

(1)采用成熟而新鲜的蔬菜原料。多酚类化合物的含量与原料的成熟度和新鲜度有关。多酚类化合物含量越多，后混浊现象越严重。因此，应选择成熟、新鲜的蔬菜原料。

(2)保证生产的卫生条件，避免由微生物繁殖引起混浊。

(3)适量使用澄清剂，明胶、PVPP、聚酰胺等能使果蔬汁中的多酚类物质和蛋白质的含量降低。

(4)澄清时或澄清前适量加入酶制剂，可使果胶、淀粉等完全分解。但不可过量，否则极少量的酶也会引起后混浊。

(5)制汁工艺要求合理，压榨时采用较为轻柔的方法，这尽管会降低原料的出汁率，但也可降低引起后混浊的成分含量。

(6)采用超滤技术，合理的超滤系统、正确的操作方法可以降低后混浊的可能性。

(7)采用低温贮藏，贮藏温度低，可降低引起后混浊的各类化学反应的速度。

(二)变色

果蔬汁在加工和贮藏过程中，很容易发生变色现象。特别是随着贮藏时间推移，原本鲜艳明亮的色泽可能变得灰暗。果蔬汁变色包括酶褐变和非酶褐变，绿色果蔬汁还有失绿的问题。

1. 果蔬汁的酶褐变

在果蔬组织内含有多种酚类物质和多酚氧化酶，在加工过程中，由于组织破坏并与空气接触，使酚类物质被多酚氧化酶氧化，生成褐色的醌类物质，如苹果汁、食用菌汁和芦笋汁等，色泽会由浅变深，甚至为黑褐色。

防止酶褐变的方法是：①加热处理尽快钝化酶的活性，采用70℃～80℃、3～5min或95℃～98℃、30～60s加热钝化多酚氧化酶活性；②添加有机酸抑制酶活性。各类有机酸均能有效抑制多酚氧化酶的活性，因其酶活性最适宜pH值为6～7，而加入有机酸后，可降低其介质pH值，使酶活性在较低pH值的环境中受到抑制；③破碎时添加抗氧化剂如维生素C或异维生素C，用量0.03%～0.04%；④包装前充分脱气，包装隔绝氧气，生产过程减少与空气的接触。

2. 果蔬汁的非酶褐变

罐贮果汁或其他容器盛装果汁，在室温或高于室温下长期贮存，常有各类果汁产生色泽加深的现象，葡萄柚、菠萝、柠檬等淡色果汁，由乳白色或淡黄色变成深黄甚至褐色类，胡萝卜素含量较多的甜橙或番茄汁变成棕褐色，这是由于果汁中的糖主要是果糖或葡萄糖与氨基酸(赖氨酸)，在较高温度下发生非酶褐变反应，产生黑蛋白类物质。控制方法有：控制pH值在3.3以下；防止过度的热力杀菌；制品贮藏在较低温度下，如10℃或更低温度。

3. 果蔬汁中含有的色素类化合物引起的褐变

果蔬汁中含有许多色素类化合物，主要在加工和产品贮运过程中发生颜色变化的色素有叶绿素、黄酮类色素。叶绿素在酸性条件下被取代，生成脱镁叶绿素，绿色消失，变成褐色，加热可加速反应；黄酮类色素与金属离子生成深色色素，而且不受pH值的影响。这类色素对光、热、pH值也十分敏感。富含黄酮类色素的果汁在光照下很快会变成褐色或褪色。黄酮类色素在空气中易氧化成为褐色沉淀，这也是果蔬汁久置产生沉淀的原因之一。

解决的方法有：加工过程中避免与重金属离子接触，同时除去水中的金属离子；尽量减少饮料的受热时间和光照时间；在饮料中加入抗氧化剂、护色剂、金属离子络合剂等；避免过度的热处理防止羟甲基糠醛；控制 pH 值在 3.2 以下；低温贮藏或冷冻贮藏。

(三)变味

产品生产后，放一段时间可能生成难闻的气味，或变得平淡无味。果蔬汁的变味如酸味、酒精味、臭味、霉味等主要是由微生物生长繁殖引起腐败所造成的，在变味产生的同时经常伴随果蔬汁出现澄清、混浊、粘稠、胀罐、长霉等现象。由于管道及设备清洗不净，容器和果蔬汁杀菌不彻底，残余的微生物在适宜温度下繁殖，使成品生产后产生酸败味。

控制加工原料和生产环境的清洁卫生，采用合理的杀菌条件防止微生物引起的变味；加工过程充分脱气；如果用金属罐包装，选用内涂层良好的金属罐包装。

第四节　果蔬糖制

果蔬糖制是利用高浓度糖液的渗透脱水作用，将果品蔬菜加工成糖制品的加工技术。这是我国古老的加工方法之一。

果蔬糖制品具有高糖、高酸等特点，这不仅改善了原料的食用品质，赋予产品良好的色泽和风味，而且提高了产品在保藏和贮运期间的品质和期限。

一、果蔬糖制品分类

(一)果脯蜜饯类

加工过程未破坏果蔬组织结构，小型果以整形果糖制，大型果切分成块，保持或基本保持了果蔬的组织结构。如京式蜜饯、广式蜜饯、闽式蜜饯、苏式蜜饯等。

(二)果酱类

加工过程将果蔬组织破碎成浆状或榨汁，加糖酸等熬煮、浓缩、成形的产品。果酱制品无须保持原来的形状，但应具有原有的风味，多数为高糖高酸制品。按其制法和成品性质，可分为以下数种：

1. 果酱

分泥状及块状果酱两种。果蔬原料经处理后，打碎或切成块状，加糖(含酸及果胶量低的原料可适量加酸和果胶)煮制浓缩而成的凝胶状制品。如草莓酱、杏酱、苹果酱、番茄酱等。

2. 果泥

一般是将单种或数种水果混合。经软化打浆或筛滤除渣后得到细腻的果肉浆液，加入适量砂糖(或不加糖)和其他配料，经加热浓缩成稠厚泥状，口感细腻。如枣泥、苹果泥、山楂泥、什锦果泥、胡萝卜泥等。

3. 果冻

用含果胶丰富的果品为原料，果实软化、压榨取汁，加糖、酸(含酸量高时可不加)以及适量果胶(富含果胶的原料除外),经加热浓缩后而制得的凝胶制品。该制品应具光滑透明的形状,切割时有弹性,切面柔滑而有光泽。如山楂冻、苹果冻、橘子冻等。

4. 果糕

将果实软化后,取其果肉浆液,加糖、酸、果胶浓缩,倒入盘中摊成薄层,再以50℃～60℃烘干至不粘手,切块,用玻璃纸包装,如山楂糕等。

5. 马茉兰

一般采用柑橘类原料生产,柑橘马茉兰制造方法与果冻相同,但配料中要适量加入用柑橘类外果皮切成的块状或条状薄片,均匀分布于果冻中,有柑橘类特有的风味。

6. 果丹皮

是将制取的果泥经摊平(刮片)、烘干、制成的柔软薄片。如山楂果丹皮、柿子果丹皮、桃果丹皮等。

二、糖制品保藏原理

果蔬糖制是以食糖的防腐保藏作用为基础的。食糖本身对微生物无毒害作用,低浓度糖还能促进微生物的生长发育。糖制品长时间的保藏,必须使其含糖量达到一定的浓度。高浓度糖对制品的保藏原理有如下:

(一)高渗透压

1%的蔗糖溶液具有0.06～0.07MPa的渗透压。糖制品一般含有60%～70%的糖,按蔗糖计,可产生相当于4.265～4.965MPa的渗透压,而大多数微生物细胞的渗透压只有0.355～1.692MPa。糖液的渗透压远远超过微生物的渗透压。当微生物处于高浓度的糖液中,其细胞里的水分就会通过细胞膜向外渗出,形成反渗透现象。微生物会因缺水而出现生理干燥,失水严重时可出现质壁分离现象,从而抑制了微生物的发育。蔗糖浓度超过50%才能抑制微生物活动。对于能耐较高渗透压的霉菌和酵母菌,需要在糖浓度72.5%以上才能被抑制。因此,对于果酱类和湿态蜜饯,需要结合巴氏灭菌、加酸和真空密封等措施才能取得良好的保藏效果。

(二)低水分活度

食品中可溶性固形物增加时,游离含水量则减少,水分活度Aw值变小,微生物就会因游离水的减少而受到抑制。如干态蜜饯的Aw值在0.65以下时,能抑制一切微生物的活动,果酱类和湿态蜜饯的Aw值在0.75～0.80时,霉菌和一般酵母菌的活动被阻止。对耐渗透压的酵母菌,需借助热处理、包装、减少空气或真空包装才能被抑制。

(三)抗氧化作用

糖溶液的抗氧化作用是糖制品得以保存的另一原因。这是因为氧在糖液中溶解度小于在水中的溶解度,糖浓度越高,氧的溶解度越低。如浓度为60%的蔗糖溶液,在20℃时,氧的溶解度仅为纯水含氧量的1/6。由于糖液中氧含量的降低,有利于抑制好氧型微生物的活动,也利于制品色泽、风味和维生素的保存。

三、糖制工艺

(一)蜜饯类加工工艺

蜜饯类糖制品加工工艺流程见图9-4。

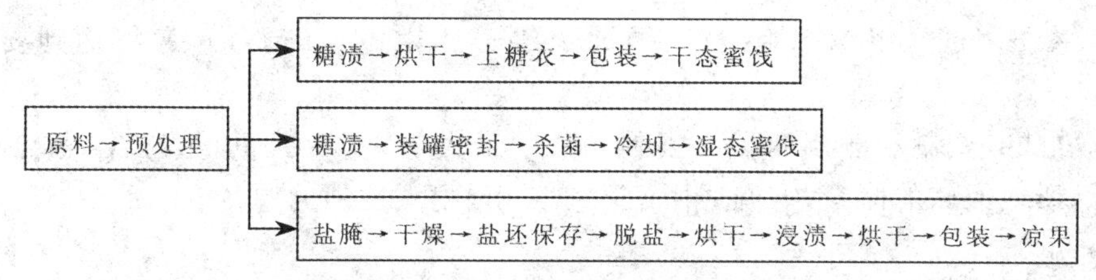

图 9-4　蜜饯类糖制品加工工艺流程图

1.原料选择

原料质量优劣主要在于品种、成熟度和新鲜度等几个方面。蜜饯类因需保持果实或果块形态，则要求原料肉质紧密，耐煮性强的品种。在绿熟－坚熟时采收为宜。另外，还应考虑果蔬的形态、色泽、糖酸含量等因素。用来糖制的果蔬要求具有形态美观、色泽一致、糖酸含量高等特点。

2.原料预处理

原料选择与处理对果蔬糖制品的品质和风味影响极大，而且关系到加工操作、劳动生产率和原辅材料的消耗率。原料的预处理包括原料选择、分级、清洗、去皮、去核、切分、盐腌、烫漂、硬化、护色、染色等工艺。

(1)盐腌

对于凉果制品加工，通常用食盐或石灰腌制的盐坯(果坯)，常作为半成品保存方式来延长加工期限。同时盐腌后可以改变果实原有品质使其组织变得柔软，有利于以后糖制加工并可去除许多不良风味(如苦味、涩味等)。盐坯腌渍包括腌渍、干燥、回软和再干燥 4 个过程。盐腌法有干盐和盐水腌两种。

(2)保脆和硬化

为提高原料耐煮性，在糖制前对某些原料进行硬化处理，即将原料浸泡于石灰、氯化钙、亚硫酸氢钙等稀溶液中，使钙、镁离子与原料中的果胶物质生成不溶性盐类，细胞间相互粘结在一起，提高硬度和耐煮性。用 0.1%的氯化钙与 0.2%～0.3%的亚硫酸氢钠混合液浸泡 30～60min，可以达到护色兼硬化的双重作用。

硬化剂的选用、用量及处理时间必须适当，过量会生成过多钙盐或导致部分纤维素钙化，使产品质地粗糙，品质劣化。

(3)护色或着色

在糖煮之前针对不同的原料，需要进行护色或着色处理。长期以来，常用薰硫或浸硫的方式进行护色处理。新的果蔬糖制工艺研究已开始不使用硫处理，使用无硫的护色剂和综合技术解决变色问题。如使用 EDTA，柠檬酸、抗坏血酸等组合配制的复合护色剂效果较好。

樱桃、草莓等原料，在加工过程中常失去原有的色泽；可以根据需要进行人工染色，以增进制品的感官品质。

(4)漂洗和预煮

凡经亚硫酸盐保藏、盐腌、染色及硬化处理的原料，在糖制前均需漂洗数次，洗掉残留的 SO_2、食盐、染色剂、石灰，避免对制品外观和风味产生不良影响。

(三)糖制

糖制是蜜饯类加工的主要工艺。糖制过程是果蔬原料脱水吸糖的过程，糖液中糖分依赖扩散作用进入组织细胞间隙，再通过渗透作用进入细胞内，最终达到要求的含糖量。

糖制方法有蜜制和煮制两种。蜜制和煮制最大的差异在于加热与否。蜜制适用于皮薄多汁、质地柔软的原料；煮制适用于质地紧密、耐煮性强的原料。

1. 蜜制

蜜制是在常温下进行的糖制，因此又称冷制。此方法适用于含水量高、不耐煮制的原料，如青梅、杨梅、樱桃、无花果等。多数凉果也都是采用蜜制法制成的。此法的基本特点在于分次加糖，不用加热，能很好地保存产品的色泽、风味、营养价值和应有的形态。

在未加热的蜜制过程中，原料组织保持一定的膨压，当与糖液接触时，由于细胞内外渗透压存在差异而发生内外渗透现象，使组织中水分向外扩散排出，糖分向内扩散渗入。其蜜制方法有分次加糖法、一次加糖多次浓缩法和减压蜜制法等。

(1)分次加糖法

在蜜制过程中，首先将原料投入40%的糖液中，剩余的糖分2～3次加入，每次提高糖浓度10%～15%，直到制品糖浓度达60%以上时出锅。

(2)一次加糖多次浓缩法

在蜜制开始以足够高浓度的糖液浸渍果蔬物料，随着水分渗出，糖液浓度下降。浸渍一段时间后，将糖液沥出并加热浓缩提高糖浓度，再将原料加入到热糖液中继续糖渍。冷果蔬组织加入热糖液中形成内外温差，加速糖分的扩散渗透，缩短了糖制时间。

一般开始浸渍使用的糖液浓度30%左右，第一次浸渍后浓缩至45%左右，反复3～4次浸渍浓缩，最终糖制品浓度可达60%以上。

(3)减压蜜制法

果蔬在真空锅内抽空，使果蔬内部蒸气压降低，然后消除锅内的真空度，外压力差可以促进糖分快速渗入果蔬组织。

初次糖液浓度约30%，抽空40～60min后，破除真空，浸渍8h，然后将原料转入45%糖液的真空锅中，再抽空40～60min后，破除真空，浸渍8h，再在60%的糖液中抽空、浸渍至终点。

2. 煮制

煮制方法有多种类型。常压煮制包括一次煮制、多次煮制和快速煮制。减压煮制包括减压煮制和扩散法煮制。

(1) 一次煮成法

一次煮成法是把预处理好的果蔬原料置于糖液中一次性地煮制成功，是糖制加工的最基本方法。与糖液一起加热，可使果蔬组织因加热而疏松软化，原果胶分解成果胶，使纤维素与半纤维素之间松散。同时，糖液因加热而黏度降低，分子因加热而运动加快，易于透入组织。如苹果脯、蜜枣等的加工，先配好40%的糖液，倒入处理好的果实。加热使糖液沸腾，果实内水分外渗，糖进入果肉组织，糖液浓度渐稀，然后分次加糖，使糖浓度缓慢增高至60%～65%。分次加糖的目的是保持果实内外糖液浓度差异不致过大，以使糖逐渐均匀地渗透到果肉中去，这样煮成的果脯才显得透明饱满。

此法操作简单、省工，糖制速度快。但持续加热时间长，原料易煮烂，色、香、味差，维生素破坏严重，糖分难以达到内外平衡，致使组织局部失水过多而出现干缩现象。因此，初次加糖不宜多，以30%～40%为宜。

(2) 多次煮制法

是将处理过的原料经过多次糖煮和浸渍，逐步提高糖浓度的制糖方法。一般煮制的时间短，浸渍时间长。适用于细胞壁较厚难于渗糖或易煮烂或含水量高的原料，如桃、杏、梨和西红柿等。

将处理过的原料投入30%～40%的沸糖液中，热烫2～5min，然后连同糖液倒入缸中浸渍10～20h，使糖液缓慢渗入果肉内。当果肉组织内外糖液浓度接近平衡时，再将糖液浓度提高到40%～60%，煮沸5～10min，再浸渍10～20h，使果实内部的糖液浓度进一步提高。根据含糖量升高的情况，可反复进行多次煮制和浸渍。直至果肉含糖量增至接近成品的标准，完成糖煮。

多次煮制法所需时间长，煮制过程不能连续化、费时、费工。但由于煮制时间减少，原料形态、营养成分和色、香、味都保持较好。

(3) 冷热交替糖渍法

在多次煮制法中，原料是随糖液一起从高温降至室温，原料组织经受的温差较小，不利于渗糖。而变温煮制法则创造温差的特殊环境，使原料组织受到冷热交替的变化，果蔬组织内部的水蒸气分压时大时小，这种压力差的存在和变化，促使糖分更快地渗入组织中，加快内外糖液浓度的平衡速度，缩短糖煮时间，快速完成糖制。

先把果蔬原料置于30%糖液中煮沸约5～8min，然后立即捞出放入40%冷糖液中，果蔬组织中的水蒸气分压因突然受冷而降低，使得组织收缩，糖液也就被迫渗入组织内部，加速了组织内外浓度平衡的进程。待原料温度降低，再将原料移入煮沸的40%糖液中，煮沸5～8min。接着又移入浓度约55%的冷糖液中，冷却后，再移入60%～65%沸糖液中，煮沸20min左右，即可达到糖煮的最后浓度，完成糖煮过程。

(4) 真空糖煮法

真空糖煮法需要在真空设备中进行，常用的设备有真空浓缩锅或真空罐。基本操作程序是:将经过预处理的原料放入糖煮容器中，加入30%～40%浓度的糖液(如果蔬组织较疏松，糖液浓度提高至50%～60%)。然后将容器密封，通入蒸气加热。至60℃后即开始抽真空减压，一般所用的真空度是80～87kPa，使糖液沸腾(若有搅拌器可及时开动)，并加速组织内水分蒸发和外渗。沸腾约5min后，可降低或破除真空度，在外压增大的条件下糖分将加速向果实组织内部扩散和渗透。当糖液浓度达到60%～65%时，即可解除真空，完成糖煮过程或者再在常压下浸渍一定时间直至渗透平衡。

(四)糖煮后的处理

完成糖煮后，不同的果脯、蜜饯有不同的处理方法。

1.糖霜果脯、蜜饯

需要表面成霜的果脯、蜜饯，在煮制到合适浓度时捞出，沥去多余糖液，置于不锈钢操作台上，进行翻动、炒拌，同时开动大电扇，及时散热。在冷却和抄覆过程中，糖霜面逐渐形成。要严防炒拌过甚，形成大晶粒。有时在炒拌时可加一些细糖粉，能促进糖霜面的形成，但一般以自然成霜较好。也可以将沥干的糖制品在65℃烘干，干燥至适合的程度洒上糖粉拌匀即成。

2.透明糖衣果脯、蜜饯

透明糖衣果脯、蜜饯的糖衣液由蔗糖、淀粉糖和水按3∶1∶2的比例构成。将这些

组分置于锅中搅拌加热，煮沸至113℃～115℃，停止加热，冷却至93℃左右。将沥干的果脯、蜜饯浸入此糖液中约1min，再捞出置于筛面上，于50℃晾干，即可形成透明的糖衣层。此法是利用一定量的还原糖来抑制过饱和糖液的结晶。另外，也有将沥干的果脯、蜜饯浸渍于1.5%果胶溶液中，取出后在50℃干燥2h，可形成一层透明的胶质薄膜，但此膜较薄，虽外观相似，但口感不同。

3.湿态果脯、蜜饯

对于湿态蜜饯，煮制完成后，按照罐头生产工艺进行装罐、密封、杀菌、冷却。装罐的糖液浓度和糖液量按产品标准配制和加入。

四、果酱类加工工艺

果酱类制品是以果品为主要原料，经过清洗、去皮、去核、软化、打浆或压榨取汁，加糖及其他配料，经过浓缩、装罐、密封、杀菌、冷却而成的一类半流体或固体食品。

果酱类加工工艺流程见图9-5。

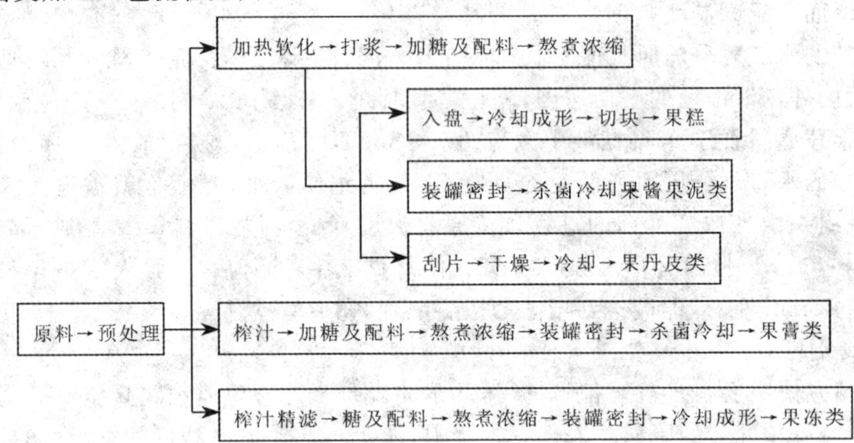

图9-5　果酱类加工工艺流程图

(一)原料选择及预处理

果酱果泥类制品选择柔软多汁、易于破碎的品种。一般在充分成熟时采收，果冻制品原料要求果胶质丰富，并于成熟早期或中期采收。不同产品对原料的要求有所不同。应该根据所生产的产品种类选择适合的原料种类和品种。

原料需要经过清洗、去皮、切分、去核、护色等预处理。

(二)加热软化

果酱类制品加工工艺与果脯蜜饯有一个重要的差异在于，果脯蜜饯加工需要硬化处理，尽量保持形态完好。而果酱加工则需要软化果肉组织，以便于打浆，促使果肉组织中果胶溶出，有利于凝胶的形成。加热也可以破坏氧化酶、果胶酯酶和半乳糖醛酸酶等酶的活性，防止变色和果胶水解。

软化前先将夹层锅洗净，放入清水(或稀糖液)和一定量的果肉。一般软化用水为果肉重的20%～50%。若用糖水软化，糖水浓度为10%～30%。开始软化时，升温要快，蒸气压力为0.2～0.3MPa，沸腾后可降至0.1～0.2MPa，不断搅拌，使上下层果块软化均匀，果胶充分溶出。软化时间依品种不同而异，一般为10～20min。

(三)打浆或榨汁

根据产品需要和原料种类，确定原料加热软化以后是否打浆或榨汁。组织柔软的果实，如草莓酱加工，加热软化与熬煮可以一次完成，勿须再打浆。但组织致密坚硬的果实，如苹果、枣、山楂、胡萝卜等果实，则软化后需要打浆或榨汁。柑橘去皮后还有囊衣、种子等，需要通过榨汁将这些不可食部分去除。

大多数果冻类产品取汁后勿须澄清精滤，如果要求完全透明的果冻产品则需用澄清果汁，澄清方法同澄清果汁生产工艺。

(四)配料

配料依原料种类和产品要求而异。一般要求果肉(果浆)占总配料量的 40%～55%，砂糖占 45%～60%(其中允许使用淀粉糖浆，用量占总糖量的 20%以下)。果肉与加糖量的比例为 1∶1～1.2。为使果胶、糖、酸形成恰当的比例，有利于凝胶的形成，可根据原料所含果胶及酸的多少，必要时添加适量柠檬酸、果胶或琼脂。柠檬酸补加量一般以控制成品含酸量 0.5%～1%为宜。果胶补加量，以控制成品含果胶量为 0.4%～0.9%较好。

一般将砂糖配制成 70%～75%的浓糖液，柠檬酸配成 45%～50%的溶液，并过滤。果胶与适量砂糖充分混匀，加 10～15 倍水，加热溶解。琼脂用 50℃的温水浸泡软化，洗净杂质，加琼脂重量的 19～24 倍水，加热溶解后过滤。

果肉加热软化后，在浓缩时分次加入浓糖液，临近终点时，依次加入果胶液或琼脂液、柠檬酸和香精，充分搅拌均匀。

(五)浓缩

果肉经加热软化或取汁以后，需要加糖熬煮浓缩。其目的在于通过加热，排除果肉中大部分水分，使糖、酸、果胶等配料与果肉充分混合、扩散均匀，提高浓度，改善酱体的组织形态及风味。加热浓缩还能杀灭有害微生物，破坏酶的活性，有利于制品的保藏。

1. 常压浓缩

主要设备是带搅拌器的夹层锅或浓缩锅。物料在锅内，通过夹层内的蒸气加热浓缩。开始时需要较高的蒸气压力 0.3～0.4MPa，以便快速升温。后期因物料可溶性固形物含量提高，极易因高温焦化，蒸气压应降至 0.1～0.2MPa 左右。为缩短浓缩时间，保持制品良好的色、香、味和胶凝力，每锅下料量控制在出成品 50～60kg 为宜，浓缩时间以 30～60min 为好。时间太短浓缩度不够，可溶性固形物含量不足；另外，还会因转化糖不足而在贮藏期发生蔗糖结晶现象。浓缩过程要注意不断搅拌，防止锅底焦化，出现大量气泡时，可洒入少量冷水，防止汁液外溢损失。

常压浓缩的主要缺点是温度高，水分蒸发慢，芳香物质和维生素 C 损失严重，制品色泽差。欲制优质果酱，宜选用减压浓缩法。

2. 减压浓缩

减压浓缩又称为真空浓缩。减压浓缩锅是一个带搅拌器的密闭式双层锅，配有真空装置。操作时，先通入蒸气于锅内赶走空气，再开动离心泵，使锅内产生真空，当真空度达 0.053MPa 以上时，才能开启进料阀，待浓缩的物料靠锅内的真空吸力将物料吸入锅中，达到容量要求后，停止进料。开启蒸气阀门和搅拌器进行浓缩。保持真空度 0.096～

0.098MPa，料温60℃左右。在浓缩过程中，若泡沫上升激烈，可开启锅内的空气阀，使空气进入锅内抑制泡沫上升，待正常后再关闭。浓缩过程应保持物料超过加热面，防止与锅接触的物料焦糊。当浓缩至接近终点时，关闭真空泵开关，破除锅内真空。在搅拌下将果酱加热升温至90℃～95℃，然后迅速关闭进气阀出锅。

(六)装罐密封

果酱类大多用玻璃瓶或防酸涂料铁皮罐为包装容器，果丹皮、果糕等干态制品均用玻璃纸包装。果酱、果膏、果冻出锅后，应及时快速装罐密封，密封时的酱体温度不低于80℃～90℃。封罐后应立即杀菌冷却。

(七)杀菌冷却

采用常压浓缩的果酱，在加热浓缩过程中，微生物绝大多数被杀死，加上果酱高糖高酸对微生物也有很强的抑制作用，一般装罐密封后，残留于果酱中的微生物是难以繁殖的。在工艺卫生条件好的生产厂家，可在封罐后倒置数分钟，利用酱体余热进行罐盖消毒。但减压浓缩果酱，浓缩温度低，在封罐后还需进行杀菌处理，一般杀菌条件为100℃，5～10min。

铁皮罐在杀菌结束后迅速用冷水冷却至38℃左右，然后用干布擦去罐外水分，入库保存。而玻璃罐要分段降温冷却。

第五节　果蔬干制

果蔬干制是一种具有悠久历史的加工方法。果蔬干制后具有以下特点：①食品经脱水加工后，重量减轻、体积缩小，可节省包装、储藏和运输费用，并且还便于携带，供应方便。②干燥食品可延长保藏期。脱水干制技术的不断发展，提高了干制品的品质，还改善了它的耐藏性和复水性。因此，现在脱水干制技术不仅用于食品保藏，而且已发展成为生产方便食品的重要方法。

果蔬干制是一种既经济又大众化的加工方法。既可大规模工业化生产又可进行自然干燥，设备简单、可因陋就简，生产费用低等特点。干制品的营养，随着干制技术的不断提高，更接近新鲜果蔬，因此这一加工方法具有很大的发展潜力。

一、原料处理

果蔬原料在干制前，无论是自然干制或是人工干制，都要进行一些处理以利于物料的干制和产品质量的提高。原料处理包括原料的选择和原料的处理两个方面。

(一)原料的选择

选择适合于干制的原料，能保证干制品质量、提高出品率，降低生产成本。干制时对果品原料的要求是：干物质含量高、风味色泽好、肉质细密、果心小、果皮薄、肉质厚、粗纤维少、成熟度适宜等。对蔬菜原料的要求是：干物质含量高、风味好、菜心及粗叶等废弃部分少、皮薄肉厚、组织致密、粗纤维少等。

(二)原料的处理

1.热烫处理

热烫是果蔬干制时一个重要工序。原料经过热烫后，钝化氧化酶，减少氧化变色和营养物质的损失;其次使细胞透性增强,有利于水分蒸发,缩短干制时间,经过热烫的杏、桃、梨等果品,干制时间可以较原来缩短 1/3;此外热烫排除组织中的空气使干制品呈半透明状,使外观品质提高。

2.硫处理

硫处理有两种方式:一是熏硫处理;二是采用亚硫酸和亚硫酸盐类进行浸硫处理。一般使用亚硫酸盐溶液的量在 0.03%~0.5%之间,浸渍时间 10~15min,应严格按照国家标准 GB2760 规定的使用量和使用范围之内进行,防止二氧化硫残留超标。

3.浸碱脱蜡

有些果实如李、葡萄等,在干制前要进行浸碱处理,其作用在于除去果皮上附着的蜡粉,以利于水分蒸发,促进干燥。

二、干制方法

(一)自然干制

自然干制就是在自然环境条件下干制食品的方法,通常包括晒干、晾干、阴干等方法。这是一种最为简便易行的对流干燥方法。自然干燥与一个地区的温度、湿度和风速等气候条件有关,炎热和通风是最适宜于干制的气候条件,我国北方和西北地区的气候常具备这样的特点。我国许多著名的传统土特产都是这种方法制成的,如红枣、葡萄干、柿饼、金针菜、玉兰片、梅菜、萝卜干等。

自然干制方法简便,设备简单,费用低廉,不受场地局限,干燥过程中管理比较粗放,能在产地和山区就地进行,还能促使尚未完全成熟的原料进一步成熟。因此,自然干制仍然是世界上许多地方常用的干燥方法。我国广大农户多用此法干制果干和菜干,如我国新疆吐鲁番一带在葡萄收获季节,将葡萄整串挂在用土坯筑成的多空干燥室内,借助于这一带特有的炎热干燥且多风的气候,将葡萄晾干。但自然干制干燥过程缓慢,干燥时间长;干燥过程不能人为控制,产品质量变化很大;受气候条件影响大,如在干制季节,阴雨连绵,会延长干制时间,降低制品质量,甚至会霉烂变质,造成环境污染和影响人体。

(二)人工干燥

1.烘房

烘房设备简单,造价不高,可就地取材,干制效果较好,适宜于大量生产。烘房干制的主要缺点是干燥作用不均匀。因下层烘盘受热多和上部热空气积聚多,因而上下层干燥快,中层干燥慢,所以在干燥过程中要经常倒换烘盘,增加了劳动强度。烘房的形式很多,但基本结构大同小异。主要组成部分包括烘房主体建筑、装载设备、加热设备和通风排湿设备。

2.隧道式干燥机

隧道式干燥机是指干燥室为一个狭长隧道形的空气对流式干燥机。地面上铺铁轨,装好原料的载车,沿铁轨经隧道以一定速度向前移动而实现干燥,然后从隧道的另一端推出,下一车原料又沿铁轨再推入。

隧道式干燥机有各种不同的设计,可分为单隧道式,双隧道式及多层隧道式等几种,大小也不相同,干燥室一般长为 12~18m,宽为 1.8m、高为 1.8~2m,在单隧道式干燥室的侧面或双隧道室的中间是加热器，并设有吹风机，以推动热空气进入干燥室，使原料干燥。余热气一部分从排气筒排除，另一部分回流到加热室继续使用。

隧道式干燥机可根据被干燥的产品和干燥介质的运动方向分为逆流式、顺流式和混合式三种形式。

3. 带式干燥机

带式干燥机是使用环带作为输送原料装置的干燥机。原料铺在带上，借机械力向前转动，与干燥室的干燥介质接触，而使原料干燥。

带式干燥机适合于单品种、整季节的大规模生产。如胡萝卜、马铃薯、甘薯、洋葱和苹果都可在带式干燥机上进行干燥。

4. 滚筒干燥机

滚筒干燥机主要由一只或两只中空的金属圆筒组成。圆筒随水平轴转动。圆筒内部由蒸气、热水或其他加热剂加热。这样，圆筒壁就成为干燥产品接触的传热壁。当滚筒的一部分浸没在稠厚的浆料中，或者将稠厚的浆料洒到滚筒表面上时，因滚筒的缓慢旋转使物料呈薄层状附着在滚筒外表面进行干燥。前者称为浸没式加料法；后者称为洒溅式加料法，当滚筒旋转 3/4～7/8 周时，物料已干到预期的程度，用刮刀将其刮下。

5. 膨化干燥

膨化干燥又称为加压、减压膨化干燥或压力膨化干燥，其干燥系统主要由一个体积比压力罐大 5～10 倍的真空罐组成。果蔬原料经预处理干燥后，干燥至水分含量 15%～25%左右，然后将果蔬置于压力罐内，通过加热使果蔬内部水分不断蒸发，罐内压力上升至 40～480kPa，物料温度大于 100℃，因而和大气压下水蒸气温度相比，它处于过热状态，随着迅速打开连接压力罐和真空罐（真空罐已预先抽真空）的减压阀，由于压力罐内瞬间降压，使物料内部水分闪蒸，导致果蔬表面形成均匀的蜂窝状结构。在负压状态下维持加热脱水一段时间，直至达到所需的水分含量（3%～5%），停止加热，使加热罐冷却至外部温度时破除真空，打开盖，取出产品进行包装，即得到膨化果蔬脆片。

6. 真空油炸脱水

真空油炸脱水是利用减压条件下，产品中水分汽化温度降低，能在短时间内迅速脱水，实现在低温条件下，对产品油炸脱水。热油脂作为产品的脱水供热介质，还能起到膨化及改进产品风味的作用。真空油炸的技术关键在于原料的前处理及油炸时真空度和温度的控制，原料前处理除常规的清洗、切分、护色外，对有些产品还需进行渗糖和冷冻处理。渗糖浓度为 30%～40%，冷冻要求在－18℃左右的低温冷冻 16～20h。油炸时真空度一般控制在 92.0～98.7kPa 之间，油温控制在 100℃以下。

7. 渗透脱水

果蔬渗透脱水是指在一定温度下，将果蔬原料浸入高渗透压的溶液，即糖溶液或盐溶液中，利用细胞膜的半渗透性使物料中水分转移到溶液中，达到除去部分水分的一种技术。与传统的热风脱水相比，由于水分的转移而没有发生相对的变化即无需加热，因而渗透脱水具有能耗低、营养成分损失少的特点。由于它可以在较短的时间内除去物料里的水分而不损坏其组织，使它们仍能保持原有风味、质地、色泽、营养和品质，而且感观与新鲜时几乎一样，因此是一种极具发展前景的加工技术。

8.远红外线干燥

远红外线指的是波长为2.5～1 000μm的电磁波。由于多数物质对波长存在3～15μm范围内的远红外线具有很强的吸收能力。当湿物料吸收远红外线之后,由于共振而引起原子、分子的振动和转动,从而产生热量使物料温度升高,达到物料干燥的目的。远红外加热是对物料内部直接加热,大大减小了温度梯度时水分外移的阻碍作用,缩短了干燥时间,节能效果明显,且物料受热分解的可能性很小,从而减少了果蔬中营养物质的损失。

远红外线干燥主要特点:干燥速度快,生产效率高,其干燥时间一般为近红外线干燥的一半,为热风干燥的1/10;耗电少,远红外线干燥的耗电量为近红外线干燥的50%左右,与热风干燥相比,效果更明显;干燥产品质量好,由于产品表层和表层以下同时吸收远红外线,所以干燥均匀、制品的物理性能好;设备尺寸小,成本低,用远红外线干燥所需的烘道长度一般可缩短50%～90%。

9.冷冻干燥

冷冻干燥简称冻干(FD),它是将物料冻结到其晶点温度以下,在真空条件下,通过升华除去物料中水分的一种适合热敏物质的干燥方法。

冷冻干燥能较好地保持产品的色、香、味和营养价值且复水容易,复水后产品接近新鲜时产品。

冷冻干燥的产品,挥发物损失少、蛋白质不易变性、体积不至于过分收缩、制品复水后几乎和新鲜产品一样。但这种干燥方法成本比较高,只适合对产品质量要求特别高的产品干燥。

10.微波干燥

微波是一种波长范围为1mm～1m、频率范围为3.0×10^2～3.0×10^5MHz且具有穿透特性的电磁波。在微波电磁场的作用下,介质中的极性分子从原来的热运动状态转为跟随微波电磁场交变而排列取向。微波透入物料内与物料的极性分子相互作用,物料中的极性(如水分子)吸收了微波能以后,改变其原有的分子结构,并以同样的速度作电场极性运动,致使彼此间频繁碰撞而产生大量的摩擦热,从而使物料内各部分在同一瞬间获得热能而升温,相继发生水分的蒸发,达到干燥的目的。由于微波辐射下介质的热效应是内部整体加热的,即理论上所谓的"无温度梯度加热",基本上介质内部不存在热传导现象。因此,微波可相当均匀地加热介质。微波加热造就物料体热源的存在,改变了常规加热干燥过程中某些迁移势与迁移势梯度方向,形成了微波干燥的独特机理。微波技术是一项新的加工技术,随着技术的成熟,微波技术开始在食品加工中得到越来越多的应用。

三、干制品的包装

干制并不能将微生物全部杀灭,而只能抑制它们的活动。干制品并非无菌,如遇到适宜如温暖潮湿的环境就会生长繁殖、腐败变质。如果干制品污染有病原菌时,它们能忍受不良环境,而存活下来,就会影响人体健康。因此要控制干制品中的一般肠道杆菌和食品中毒菌。干制品还可能存在寄生虫,故干制品在干燥前应进行杀菌、消毒或减菌处理。

虽然微生物能够忍受干制品下的不良环境，但贮藏过程中微生物总数仍然会逐步缓慢下降。只要控制好水分活度在微生物不能生长的界限，干制品就不会因为微生物而发生腐败变质，这就需要在贮藏过程中，通过包装创造一个防止干制品水分活度改变的适宜环境，因此包装就成为一个必须考虑的问题。

(一)包装前的处理

经过干燥之后的干制品，一般需要经过一些处理，如回软和防虫处理后才能包装和贮藏。

1. 回软

回软又称均湿或水分平衡。目的在于干制品内部与外部水分的转移，使各部分水分含量均衡，呈适宜的柔软状态，便于产品处理和包装运输。回软所需的时间，视干制品的种类而定。一般菜干 1～3d，果干 2～5d。

2. 分级

分级的目的在于使成品的质量合乎规格标准。分级工作可在固定的木质分级台上，也可在附有传送带的分级台上。

3. 压块

压块是将干燥后的产品压成砖块状。脱水蔬菜大多要进行压块处理。因为蔬菜干燥后，呈蓬松状、体积大、包装和运输均不方便。进行压块后可使体积大为缩小。一般干制的蔬菜，压块后体积可缩小 3～7 倍。因此所需的包装容器和仓库容积也就大大减少。同时压块后的蔬菜，减少了与空气的接触，降低氧化作用，还能减少虫害。

蔬菜干制品一般可在水压机中用块模压块。压块与温度、湿度和压力有关。在不损坏产品质量的前提下，温度越高、湿度越大，压力越高则菜干压得越紧。因此蔬菜压块工作，应在干燥后趁热进行。如果蔬菜已经冷却，则组织坚脆，极易压碎，须用蒸气加热 20s～30s，促使软化以便于压块并减少破碎率。有些呈热塑性的果干，可用 93℃的干热空气加热处理 10min 左右，再在 7～10Mpa 下加压处理，可压成圆块或棒状形。

4. 灭虫处理

果蔬干制品常有虫卵混杂其间，特别是采用自然干制的产品。一般来说，包装干制品用的容器密封后，处在低水分干制品中的虫卵颇难生长，但是包装破损、泄漏后，它的孔眼若有针眼大小，昆虫就能自由地出入，并在适宜条件下(如干制品回潮和温湿度适宜时)还会成长，侵袭干制品，有时还造成大量损失。因此，防止干制品遭受虫害是不容忽视的重要问题。果蔬干制品和包装材料在包装前都应经过灭虫处理。

(二)干制品的包装

果蔬干制品的耐贮性受包装的影响很大，因此其包装应达到下列要求：①能防止脱水果蔬的吸湿回潮，避免结块和长霉；②对包装材料要求是能使干制品在常温、90%的相对湿度环境中 180d 内水分增加量不超过 1%；③避光和隔氧；④包装形态、大小及外观有利于商品的推销；⑤包装材料应符合食品卫生要求。

1. 包装容器

包装干制品的容器要求能够密封、防虫、防潮。常用的包装容器由木箱、纸箱、铁罐、聚乙烯和聚丙烯薄膜袋等。为了使干制品得到很好的保存，在木箱或纸盒内须铺垫防潮

纸和蜡纸；在内外壁，或只在内壁涂防水材料，如干酪乳剂、石蜡等进行防潮。金属罐是包装干制品较为理想的容器，具有防潮、密封、防虫和牢固耐用等特点，适合果汁粉、蔬菜粉等包装。塑料薄膜袋及复合薄膜袋由于能热合密封，用于抽真空和充气包装，且不透视、不透气，铝箔复合袋还不透光，适合各类干制品的包装，其使用日渐普遍。有时在包装内附装干燥剂、除氧剂、抗结剂（硬脂酸钙）以增加干制品的贮藏稳定性。干燥剂的种类有硅胶和生石灰，可用透湿的纸袋包装后放于干制品包装内，以免污染食品。

2. 包装方法

干制品的包装方法主要有普通包装、充气包装和真空包装。

(1)普通包装法

是指在普通大气压下，将经过处理和分级的干制品按一定量装入容器中。

(2)真空包装和充气包装

真空包装和充气（氮、二氧化碳）包装是将产品先行抽真空或充惰性气体，然后进行包装的方法。这种方法降低了环境的氧气含量（一般降至2%），有利于防止维生素的氧化破坏，减少制品损失，增强制品的保藏性。抽真空包装和充气包装可分别在真空包装机或充气包装机上完成。

四、干制品的保藏

良好的贮藏管理对于获得理想的贮藏效果极为重要。贮藏脱水果蔬的库房要求清洁卫生，通风良好又能密闭。此外仓库应具有防鼠设施，也是保证干制品品质的重要措施。贮藏脱水果蔬切忌同时存放潮湿物品。

在贮藏库内堆放箱装脱水果蔬时，以总高度2.0～2.5m为宜。箱堆要离开墙壁30cm，堆顶离天花板至少80cm，保证充足的自由空间，以便利于空气流动。贮藏室的中央留1.5～1.8m的走道，以利于管理操作。

影响干制品保藏的环境条件主要有温度、湿度、光线和空气。

干制品的贮藏温度以0℃～2℃为最好，为了降低贮藏费用，同时兼顾控制干制品的变质和生虫，贮藏温度控制在10℃～14℃以下为宜。高温会加速干制品的变质，如贮藏温度高会加快脱水蔬菜的褐变，温度每升高10℃，菜干的褐变速度可增加3～7倍。贮藏温度为0℃时，褐变就受到遏制，而且在该温度时所能保持的抗坏血酸、胡萝卜素含量也比4℃～5℃时多。

干制品水分超过10%时就会促使虫卵发育成长，侵害干制品。贮藏温度为12.8℃和相对湿度为80%～85%时，果干极易长霉；相对湿度低于50%～60%时就不易长霉。水分含量增高时，硫处理干制品的SO_2含量就会降低，以致酶会活化。如SO_2的含量降低到400～500mg/kg时，抗坏血酸含量就会迅速下降。

贮藏环境中的相对湿度最好在65%以下，空气越干燥越好。从干制品的平衡水分来看，脱水蔬菜在37℃时，保持5%和10%的平衡水分，其相对湿度分别为20%～30%和40%～50%。由此可见，干制品的含水量越低，环境中空气的相对湿度也必须相应降低。增高相对湿度就必然提高平衡水分，从而提高了制品的含水量。水分的增高降低了二氧化硫的浓度，使酶促反应恢复，因而易引起脱水干制品的氧化变质。一般情况下，贮藏干果的相对湿度不超过70%；马铃薯干为55%～60%；块根、甘蓝、洋葱为60%～63%；绿叶菜73%～75%。

光线会促进干制品变色并失去香味，还会造成抗坏血酸的破坏。因此干制品应避光包装和避光贮藏。空气中的氧气能引起干制品的变色和维生素的破坏，采用包装内附装除氧剂，可以得到较理想的贮藏效果。

五、干制品的复水

复水就是干制品吸收水分恢复原状的一个过程，如干制品重新吸收水分后在重量、大小、形状、质地、颜色、风味、成分、结构等各方面恢复原来新鲜状态的程度越高，说明干制品的质量越好；否则，干制品的质量越差。因此，干制品复水程度的高低以及复水速度的快慢是衡量干制品质量的一个重要指标。由于干燥是典型的非稳定不可逆过程，完全复原几乎是不可能的。

不同的干燥工艺的复水性存在着明显的差异。冷冻干燥的蔬菜较常规干燥的蔬菜，复水时间短，复水率高。

干制品复水时，浸泡水的用量对复水有一定影响。如用水过多，可使水溶性色素（如花青素和花黄素）和水溶性维生素溶解损失，一般用水量为菜重的12～16倍。浸泡水的水质也对脱水蔬菜有影响，如水的pH值对颜色的影响很大，特别是对花青素的影响更大。白色蔬菜中的色素主要是黄酮类色素，在碱性溶液中要变为黄色，所以马铃薯、洋葱、花椰菜等不宜用碱性水处理。用硬水复水，会使豆类质地变硬，影响品质。因此，复水用水一定经过严格处理，才能提高复水干制品的质量。另外，浸泡温度、浸水时间对复水有一定影响。一般来说，浸泡时间越长，复水就越充分；浸温越高，吸水速度越快，复水时间就越短。

第六节　果蔬速冻

果蔬速冻是指运用现代冻结技术，在尽可能短的时间内将果蔬品温降低到其冻结点以下的预期的低温，使其所含的全部或大部分水分随着果蔬内部热量的外散而形成合理的微小冰晶体，最大程度地减少其生命活动和生化变化所必需的液态水分，最大程度地保留果蔬原有的天然品质，为低温冻藏提供一个良好的基础。果蔬速冻的工艺流程如下：

原料→速冻前预处理（挑选、清洗、分级、去皮、切分、漂烫、冷却、沥干等）→速冻→包装→冻藏。

一、速冻果蔬预处理

（一）原料选择

果蔬原料与速冻产品的质量有着非常紧密的关系，原料选择是控制产品质量的第一道关口。原料进厂后，要根据情况进行分选，将不合格的部分先从整批原料中挑出来，合格的进入下道工序。

（二）清洗

采收后的果蔬原料，表面黏附了大量的灰尘、泥沙、污物、农药及杂菌等，是一个的卫生污染源。原料清洗这一环节是保证加工产品符合食品卫生标准的重要工序，一定要彻底清洗，保证原料以洁净状态进入下道工序。

(三)去皮、切分

果品中有一部分小型果要进行整果冷冻，不需经过去皮和切分。大型果或外皮比较坚实粗硬的果蔬原料要经过去皮和切分处理。

(四)烫漂与冷却

将整理好的原料放入沸水或热蒸气中加热处理适当的时间。通过烫漂可以钝化原料中的氧化酶、过氧化物酶及其他酶，并杀死部分微生物，保持蔬菜原有的色泽，同时排除细胞组织中的各种气体，有利于营养物质的保存。烫漂还可软化蔬菜的纤维组织，去除不良的辛辣涩等味，便于后来的烹调加工。烫漂中要掌握的关键是热处理的温度和时间，过高的温度和过长的时间都不利于产品的质量。烫漂的时间是根据原料的性质、酶的耐热性、水或蒸气的温度而定，一般是几秒钟至数分钟。

烫漂后的原料要立即冷却，使其温度降到10℃以下。冷却的目的是为了避免余热对产品造成不良影响并保持原料的脆嫩。冷却的方法有冷水浸泡、冲淋、喷雾冷却、冰水冷却、空气冷却及混合冷却等。

(五)沥干

原料经过一系列处理后表面黏附了一定量的水分，这部分水分如果不去掉，在冻结时容易结成冰块，既不利于快速冻结，也不利于冻后包装。这些多余的水分一定要采取措施将其沥干。可采用离心甩干机或震动筛沥干。

二、速冻

果蔬冻结是果蔬冻藏前的必经阶段，果蔬冻结技术对其冻结质量及耐藏性有相当大的影响。果蔬的冻结是运用制冷技术在尽可能短的时间内将其温度降到它的冻结点(即冰点)以下的预期冻藏温度，使它所含的大部分水随着果蔬内部热量的外散形成冰晶体，以减少生命活动和生化反应所必需的液态水分，并在适应的低温下进行冻藏，抑制微生物的活动和酶活性引起的生化变化，从而保证果蔬质量的稳定性。

要获得优质的速冻果蔬产品，必须进行快速冻结。因为果蔬冻结时，最大伤害是组织的破坏。这主要是由于冰晶体形成后体积膨胀，造成局部压力致使果蔬的细胞壁破裂而破坏其组织结构。其次，细胞脱水使蛋白质和胶体结构发生不可逆变性。解冻时所生成的水分就不能与蛋白质结合恢复原状而只能外流，从而产生汁液流失。这些流失的汁液中不仅有水，还包括溶于水中的蛋白质、维生素、有机酸、色素、糖类、无机盐类等营养物质。为将冰晶体对果蔬品质的影响减少到最小程度，可采用迅速冻结方法，使冰晶体颗粒小而均匀地分布在细胞组织内。这样，就可以减小冰晶的重新组合及冰晶体对细胞产生的局部压力和脱水损害。

常用的果蔬冻结的速冻装置可分为鼓风冷冻法、流化床速冻装置、间接接触冻结法和直接接触冻结法等。

经预处理后的果蔬原料，可预冷至0℃，这样有利于加快冻结。要求果蔬在冻结过程中，要在很短的时间内(不超过20min)迅速通过最大冰晶形成带(－1℃～－5℃)，使冻品中心温度尽快达到－18℃以下，才能保证质量。如采用流化床式冻结器速冻果蔬时，根据果蔬在流化床传送带上悬浮状态的不同分为全流化、半流化和不流化三种形式。对全流化果蔬，如樱桃，装料层高30～40mm，冻结时间3～6min。对半流化果蔬如荔枝，装料层高80～120mm.冻结时间9～20min。对不流化果蔬，如桃，装料层高200mm，冻结时间25～35min。流化床内空气温度－30℃～－35℃，风速4～6m/s。

三、包装

通过对速冻果蔬的包装，可以有效控制速冻果蔬制品内部冰晶的升华；防止产品在长期贮藏中接触氧气而发生氧化，引起变色、变味、变质；阻止外界微生物的污染，保持产品的卫生质量；便于产品的运输、销售和食用；利用自身的包装装潢可吸引消费者，起到宣传广告的作用。用于速冻果蔬的包装材料要具备耐低温、耐高温、耐酸碱、耐油、气密性好和能进行印刷等性能。

速冻果蔬的包装材料从用途上可分为：内包装、中包装和外包装。内包装材料有聚乙烯、聚丙烯、聚乙烯与玻璃纸复合、聚酯复合、聚乙烯与尼龙复合、铝箔等。中包装材料有涂蜡纸盒、塑料托盘等。外包装材料有瓦楞纸箱、耐水瓦楞纸箱等。

速冻果蔬的包装必须保证在－5℃下低温环境中进行，温度在－1℃～－4℃以上时速冻果蔬会发生重结晶现象，将大大地降低速冻果蔬的品质。包装车间在包装前1h必须开紫外线灯灭菌，所有包装用的器具、工作人员的工作服、帽、鞋、手均要定时消毒。工作场地及工作人员必须严格执行食品卫生标准，非操作人员不得随便进入，以防止污染，确保卫生。内包装可使用耐低温、透气性低、不透水、无异味、无毒性、厚度为0.06～0.08mm的聚乙烯薄膜袋。外包装用纸箱，纸箱必须防潮性良好，内衬清洁蜡纸，外用胶带纸封口。所有包装材料在包装前须在－10℃以下低温间预冷。速冻蔬菜包装前应按规格检查，人工封袋时应注意排除空气，排除或不排除空气对蔬菜在冻藏中干燥和氧化的程度将产生差异。

有些包装薄膜的水蒸气和气体透过性虽小，但是若在包装内留有空隙，水蒸气就会从冻结蔬菜中向此空间移动，并在包装材料的内侧面凝缩，由此而结成霜露，这种情况下透明的塑料薄膜内侧就会变得白浊，冻结果蔬的表面也会变得粗糙而完全失去光泽，并因此干燥。包装内部的空隙越大，冻藏果蔬的干燥和氧化的程度也就越厉害。一般用热合式封口机封袋，有条件的可用真空包装机封袋。装箱后整箱应进行复称，合格者在纸箱上打印品名、规格、重量、生产日期、贮存条件、期限、批号和生产厂家。用封口条封箱后，立即送入冷藏库，在－18℃冷冻贮存。

四、冻藏与物流管理

(一)冻藏

速冻完成包装好的冻品，要贮于－18℃以下的低温冷库内，要求温度要稳定，少波动。并且不应与其他有异味的食品混藏。速冻果蔬产品的冻藏期一般可达10～12个月以上，条件好的可达24个月。

(二)运销

在流通上，要应用能制冷及保温的运输设施，以－15℃～－18℃进行运输冻品。在运输销售上，要应用有制冷及保温装置的汽车、火车、船、集装箱专用设施，运输时间长的

要控制在－18℃以下，一般可用－15℃，销售时也应有低温货架与货柜。整个商品供应程序也是采用冷链流通系统。（见图 9-6）。

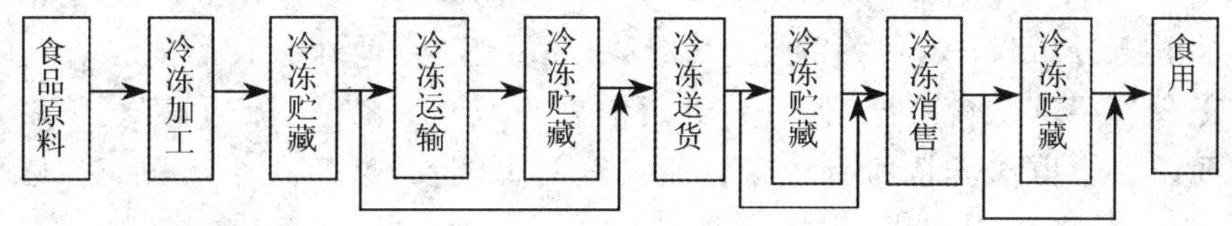

图 9-6　冷链流通系统模式

(三)冻藏食品的物流管理

尽管最初加工制造时期，冻结食品的品质是优良的，但经过各个流通环节，到消费者手中的最终品质必然会发生了一些变化。在流通期间品质会不断地降低，严重者甚至不能食用。所以冻结食品的物流管理对最终商品消费价值的影响极其重要。

1.3C 原则、3P 原则和 3T 原则

冻结食品在流通过程中某一时刻的质量是否良好，与下列因素有关：①原料的品质；②产品冻结前后的处理和包装；③从生产到销售所经历的时间和温度。也就是说，速冻果蔬从生产到整个冷冻流通过程中，其质量的好坏，主要由早期质量和最终质量来决定。

早期质量是指从原料到冻结结束的质量；最终质量是指到达消费者手中的最后质量。早期质量是由“3C 原则”和“3P 原则”决定的。“3C 原则”是指：冷却（Chilling）、清洁（Clean）、精心（Care）。也就是说，要保证产品的清洁，不受污染；要使产品尽快冷却下来或快速冻结，也就是说要使产品尽快地进入所要求的低温状态；在操作的全过程中要小心谨慎，避免产品受任何伤害。

“3P 原则”是指：原料（Products）、加工工艺（Processing）、包装（Package）。要求被加工原料一定要用品质新鲜、不受污染的产品；采用科学合理的加工工艺；成品必须使用既符合健康卫生规范又不污染环境的包装。

最终质量是由“3T 原则”决定的。“3T 原则”是指产品最终质量还取决于在冷藏链中贮藏和流通的时间（Time）、冻藏温度（Temperature）、产品耐藏性（Tolerance）。

在速冻食品冷藏过程中，贮藏温度的升高会引起微生物的增殖。即使是选用最优质的食品原料，并在严格的卫生管理的条件下生产加工的速冻食品，细菌数极少的这些速冻食品在贮藏或流通时，如果温度升高细菌数也会很快超过卫生标准。

“3T 原则”指出了冻结食品的品质保持所容许的时间和品温之间存在的关系。冻结食品的品质变化主要取决于温度。冻结食品的品温越低，优良品质保持的时间就越长。如果把相同的冻结食品分别放在－20℃和－30℃的冷库中，则放在－20℃中的冻结食品其品质下降速度要比－30℃的快得多。

冷藏链中的各环节都起着非常重要的作用，不容忽视。同时要保证冷藏链中食品的质量，也要求食品应保证：(1)食品应该是完好的，最重要的是新鲜度，如果食品已开始变质，低温也不可能使其恢复到初始状态。(2)食品应在生产、收获后不作停留或只作极短时停留后就予以冷冻。

2.质量检查要坚持“终端原则”

不论冷藏链如何运行，最终质量检查应该是在冷藏链的终端，即应当以到达消费者手中的产品质量为评价标准。

3. HACCP原则管理

HACCP(Hazard Analysis and Critical Control Points,危害分析和关键点的控制)系统是由食品危害分析(HA)和关键点(CCP)两部分组成,是确保食品安全、卫生、品质控制的系统工程。要求从食品原料开始,经过前处理、加工、贮藏、流通,直至消费全过程的所有环节要以科学方法分析所有危害食品安全的可能性,然后在生产、加工、贮藏的每一个阶段中,设定处理解决办法,建立确保产品安全和优质的关键控制点,通过日常的对品质管理人员的训练及一系列防范的措施实行,对食品品质和安全性进行有效控制。

在冷冻食品企业中,建立一套有效的食品卫生管理和品质监控体系,以提高冷冻食品的安全性是非常必要的。可以首先制定出GMP和SSOP模式,对厂房环境、厂房设施、加工设备、卫生设施、组织机构等方面进行规范和必要的卫生检验,对加工工艺进行改进;然后制定产品的HACCP系统模式,从原料验收、半成品到成品的微生物、农残、重金属等有害物质入手,确定原料验收、漂烫、金属探测等工序为关键控制点,进行检测分析及纠偏验证。

五、解冻与食用

按照果蔬的解冻程度,同其他解冻食品一样,一般分为半解冻和完全解冻。半解冻是指中心温度处于−1℃～−5℃之间,即处于有效温度解冻带阶段。此时果蔬中的冰晶并未完全融化,但其硬度降低至可以使用菜刀切割的状态。

完全解冻,在这一状态果蔬中的冰晶完全融化成水。如果果蔬各部分都融化成水,食品深层和表面融化所需的时间差,则随食品厚度的增加而增加。当中心处的冰融化成水时,表面部位已经在高温介质中耐受了很长时间,很容易受温度的影响而使食品变质。若解冻介质在30℃左右,在这样高的温度下,水分蒸发、氧化作用、微生物和酶的作用都会加强。果蔬的品质严重恶化。为了防止产生这些变化,解冻方法应根据果蔬的种类、品种、成熟度等条件采取适宜的解冻条件和解冻终温。

对于水果,一般采用半解冻为佳。如果完全解冻,汁液流失,失去水果应有的风味,并且营养价值降低。但是,对于注糖水冻结的水果,也可完全解冻。有些蔬菜品种适宜半解冻,而有的品种则应完全解冻。如含淀粉高的马铃薯、甜玉米、豆角等,需要采用完全解冻。因为淀粉在温度−1℃～−5℃之间,α−淀粉会转化为β−淀粉,即发生淀粉的老化现象,从而影响冻结产品的质量。

解冻方法,可以在冰箱中、室温下以及冷水或温水中进行。也可用微波解冻,但要注意产品的组织成分要均匀一致,否则因产品吸收能量不一致,容易造成产品局部的损伤。

冷冻蔬菜解冻后,可根据品种形状的不同和食用习惯,不必先进行洗和切,而是直接进行炒、熘、炖等烹调加工,烹调的时间以短为好,一般不宜过多的热处理,否则影响质地,口感不佳。

六、果蔬速冻生产实例

(一)速冻菠菜

1. 原料的选择

菠菜主要有圆叶和尖叶两类,圆叶适于速冻,尖叶适于鲜藏。选用鲜嫩、无黄叶、无白斑、无抽苔、无病虫害的圆叶品种进行速冻加工。

菠菜采收后要尽快加工，一般不超过 24h。处理时剔除枯黄叶，剪去 0.5cm 左右的根头，修去根须，拣出抽苔株。

2. 烫漂

用清水逐株将菠菜清洗干净，轻轻地捆成小把，一排排地放入竹筐中。烫漂时先将根部烫 1min，然后叶子再烫 1min。烫漂时防止根部烫漂时间过短，叶片烫漂时间过长。如果根部烫漂不足，贮藏中会变褐色；叶片烫漂过度，则会失去鲜艳的翠绿色。

3. 冷却

烫漂完毕的菠菜立即投入冷水中冷却，至中心温度降为 10℃以下。冷却过度对菠菜的色泽影响很大，冷却慢的菠菜呈翠绿色；冷却快的菠菜则呈黄褐色。将冷却透彻的菠菜沥去水分，置于长 18cm、宽 13cm 的格子内，摊整齐，成长方形的块。

4. 冻结

将长方形的菠菜块置于－35℃左右的速冻机中冻结，至中心温度为－18℃以下。

5. 包冰衣

菠菜在冻藏中水分容易升华，会影响产品的质量。因此，应在冻结后包冰衣。将冻好的菠菜块从盘中取出（把菠菜盘放于温水中，即可取出），然后，置于 3℃～5℃的冷水中浸渍 3s～5s，迅速捞出。这样，不仅可以防止干耗，而且能保持色泽，减少菜叶损坏。

6. 包装

将包好冰衣的菠菜块，装入聚乙烯塑料袋中密封，于－18℃以下的冷藏库中贮藏。

(二)速冻草莓

1. 原料的处理

选择果实形态端正，大小接近，成熟度及色泽较一致，且籽少、无中空的草莓鲜果作加工原料。

2. 清洗消毒

以上原料置于大水池中清洗，以除去泥沙、叶片等碎屑，并换水冲洗。随即将清洗果置于 0.05%～0.1%的高锰酸钾水溶液中浸泡、洗涤 8～10min 后，再次转入清水池中用清水冲洗 2～3 次，直至清洗液不呈现蓝紫色为宜。人工除去鲜果上的果柄、萼片，注意不得弄破果皮，并捡除烂果等不合标准的果实。再用清水漂洗一次。

3. 沥水称重

将经洗涤消毒的果实捞出，盛于专用筐中沥尽水滴后称重。按每 2kg 或 5kg 为一个装量单位，把鲜果装入专用金属盘中。

4. 调糖装盘

如果草莓酸味较重，甜度不足，通常要加入草莓净重 30%～50%浓度的白砂糖浸渍。也可按鲜果比糖为 3∶1 的比例加白砂糖，均匀撒在果面，搅拌均匀后，即可装盘。装盘时摆放要均匀、松散、不得堆积、以免冻结后不易分散。

5. 速冻包装

装好盘后，应立即送入低温冷库速冻。速冻温度为－37℃～－40℃，冻结时间为

30～40min完成，直至果心温度为－16℃～－18℃。如果在40min以内，达不到所需低温，要调整速冻间装盘的层数，或每盘内的装量。

为了保证制品质量，冷冻必须在尽可能短的时间内完成。速冻完成后，将草莓移至0℃～－5℃冷却间，倒于干净的工作台上，使草莓逐个分开。分别装入专用塑料袋中，每袋为500g或1kg，用封口机封实，再装入纸箱中。每箱装10大袋或20小袋，并用胶带密封。

6. 冷藏

包装后的草莓，应立即送人室温－18℃～－20℃、湿度为95％～100％的冷藏室中贮藏。速冻草莓可贮藏18个月。

第七节 蔬菜腌制

蔬菜腌制是人类对蔬菜进行加工保藏的一种古老的方法，历史悠久，不论在国内国外都是一种广为普及的加工方法。蔬菜腌制加工方法简单易行，成本低廉，产品风味多样，易于保存。

一、蔬菜腌制品分类

将新鲜蔬菜经预处理后，再经部分脱水（或不经过脱水），利用食盐渗入蔬菜组织内部，以降低其水分活度，有选择地控制微生物发酵，抑制腐败微生物活动，增强其保藏性能，保持其食用品质的保藏方法，称之为蔬菜腌制。蔬菜经过腌制加工后的产品称为蔬菜腌制品。按照生产工艺，蔬菜腌制品可以分为盐渍菜类、酱渍菜类、糖醋渍菜类、盐水渍菜类、清水渍菜类、菜酱类等六大类。

二、蔬菜腌制基本原理

蔬菜腌制的基本原理主要是利用食盐的防腐作用、有益微生物的发酵作用、蛋白质的分解作用及其他一系列的生物化学作用，抑制有害微生物的活动和增加产品的色香味，从而增强制品的保藏性能。

（一）食盐的防腐作用

食盐是蔬菜腌制中最重要的一种腌制剂。食盐在蔬菜腌制过程中可赋予产品特殊的咸味；食盐的渗透作用使蔬菜组织内汁液外渗，以供给发酵作用所需的原料；由于食盐对微生物生长繁殖具有强烈的抑制作用而具有防腐作用。

1. 脱水作用

1％食盐溶液可以产生618kPa的渗透压，而大多数微生物细胞内的渗透压为304～608kPa。蔬菜腌制时，腌制液中食盐的浓度远远大于1％，因此对微生物细胞发生强烈的脱水作用，导致质壁分离和抑制生理代谢活动，造成微生物停止生长或者死亡，从而达到防腐的目的。

2. 生理毒害作用

食盐溶液中的Na^+、Cl^-等，在高浓度时能对微生物发生生理毒害作用。微生物对Na^+很敏感，少量的Na^+对微生物有刺激生长的作用，但高浓度时就会产生抑制作用，

Na^+能和细胞原生质中的阴离子结合产生毒害作用，且随着溶液pH值的下降而加强，如酵母在中性食盐溶液中，盐液中食盐的质量分数要达到20%才会受到抑制，但在酸性溶液中，食盐的质量分数为14%时就能抑制酵母的活动。有人认为，食盐溶液中的Cl^-能和微生物细胞的原生质结合，从而导致细胞死亡。

3.对酶活性的影响

微生物酶的活性常在低浓度的盐液中就遭到破坏，这可能是由于Na^+和Cl^-可分别与酶蛋白的肽键和—NH_3^+相结合，从而使酶失去其催化活力，如变形菌在食盐的质量分数3%的盐液中就失去了分解血清的能力。

4.降低微生物环境的水分活度

食盐溶于水后，离解的Na^+和Cl^-与极性的水分子由于静电引力的作用，使得每个Na^+和Cl^-周围都聚集一群水分子，形成水化离子。食盐浓度越高，吸引的水分子也就越多，这些水分子就由自由水状态转变为结合水状态，导致水分活度A_w下降(见表9-3)，微生物就会因自由水分的减少而受到抑制。

表9-3　水分活度与食盐含量之关系

食盐(%)	0.87	1.72	3.43	9.38	14.2	19.1	23.1
A_w	0.995	0.990	0.980	0.940	0.900	0.850	0.800

5.氧气的浓度下降

氧气在水中具有一定的溶解度，蔬菜腌制使用的盐水或由食盐渗入蔬菜组织中形成的盐液其浓度较大，使得氧气的溶解度大大下降，从而造成微生物生长的缺氧环境，这样就使一些需要氧气才能生长的微生物受到抑制，降低微生物的破坏作用，同时氧气浓度降低还起到抗氧化作用。

(二)微生物的发酵作用

在蔬菜腌制过程中，由于蔬菜自然带入的微生物可能引起发酵作用，其中能够发挥防腐功效的主要是乳酸发酵以及轻度的酒精发酵和微弱的醋酸发酵。这三种发酵作用还与蔬菜腌制品的质量、风味有密切的关系，因此被称为正常的发酵作用。现代蔬菜腌制发酵可以研究其发酵成熟机理和发酵微生物类群，采取人工接种进行发酵的方式，以达到提高质量和缩短腌制时间等目的。

蔬菜腌制过程中有时由于卫生条件不好或加工控制不良，还会出现一些异常的发酵作用或腐败作用，导致产品变味发臭、长膜、生花、起漩、生霉等变质现象。

(三)蛋白质的分解及其他生化作用

在腌制过程中及后熟期中，蔬菜所含蛋白质因受微生物的作用和蔬菜原料本身蛋白酶的作用逐渐分解为氨基酸。这一变化在蔬菜腌制过程和后熟期中十分重要，也是腌制蔬菜产生特有的色香味的主要来源。

$$\text{蛋白质}\xrightarrow{\text{内切酶(蛋白酶)}}\text{多肽}\xrightarrow{\text{外切酶(肽酶)}}\text{R.CM(NH)}_2\text{COOH(氨基酸)}$$

氨基酸本身就具有一定的鲜味、甜味、苦味和酸味。如果氨基酸进一步与其他化合物作用就可以形成鲜味物质、香味物质等更复杂的产物。蔬菜腌制品色、香、味的形成过程既与氨基酸的变化有关，也与其他一系列生化变化和腌制辅料或腌制剂的扩散、渗透和吸附有关。

三、蔬菜腌制工艺

(一)涪陵榨菜

涪陵榨菜具有鲜香嫩脆、咸辣适当、回味返甜、色泽鲜红、没有异味的特点。传统涪陵榨菜腌制工艺流程如下：

搭架→原料选择及收购→剥皮穿串→晾晒→下架→头道盐腌制→二道盐腌制→修剪看筋→整形分级→淘洗上囤→拌料装坛→后熟及清口→成品成件及运输。

1. 搭架

青菜头收获后必须先置于菜架上晾晒，借风力脱去大部分水分后才可进行腌制。菜架必须全身都能受到风的吹透，以缩短自然脱水的时间。可选择河滩、风大宽敞平坦的坝地为架地，搭成“∧”形。

2. 原料选择及收购

原料宜选择组织细嫩、坚实、皮薄、粗纤维少、突起物圆钝、凹沟浅而小、整体呈圆形或椭圆形、体形不太大的菜头。菜头含水量宜低于94%，可溶性固形物含量应在5%以上。以产量较高、抗病性强、加工性好、可溶性固形物的含量较高的原料为佳。

采收要适时，当地上茎发育膨大，刚开始抽薹时采收，称“冒顶”砍菜，过早采收单产低，过迟菜抽薹，肉质变老，制成产品榨菜品质低劣。以立春前后5d内收获的原料称为头期菜，品质最好，每50kg成品消耗原料约140kg～150kg。雨水节前10d收获的原料品质开始下降，每50kg成品的原料消耗定额为150kg～160kg；雨水节后10d内收获的品质更差，水分含量高，原料消耗定额为165kg～175kg。砍倒的菜要切去须根，剔净菜匙，两头见白。

3. 剥皮穿串

收购入厂菜头须先用剥菜刀把基部的粗皮老筋剥完。先剥去根颈部的老皮、抽去硬筋但不要伤及上部的青皮。然后根据青菜头质量适当切分，250g～300g的可不划开，300g～500g的划成两块，500g以上的划成三块的原则，分别划成150g～250g重的菜块。划块时要求划得大小比较均匀，每一块要老嫩兼备，青白齐全，成圆形或椭圆形。这样晾晒时才能保证干湿均匀，成品比较整齐美观。

剥皮后直接用篾丝或聚丙烯塑料带(打包带)沿切面平行的方向穿过，称排块法穿串，穿满一串两头竹丝回穿于菜块上，每串可穿菜块4kg～5kg，长约2m。

4. 晾晒

将穿好的菜块搭在架上将菜块的切面向外，青面向里使其晾干。务使架身受力均匀，避免倒架。

5. 下架

在晾晒期中如自然风力能保持2～3级，大致经过7～10d时间即可达到脱水程度，菜块即可下架腌制。凡脱水合格的干菜块，手捏觉得菜块周身柔软而无硬心，表面皱缩而不干枯。头期菜的下架率(下架率是每100kg青菜头原料经去皮穿串上架后所收的干菜块重量)为40%～42%，中期菜为36%～38%，尾期菜为34%～36%。下架干菜块须无霉烂斑点、黑黄空花、发梗生芽、棉花包等异变，无泥沙污物，形态最好不要成圆筒形或

长条形。

晾晒中若遇久晴不雨、太阳大，菜块易“发梗”；久雨不晴，菜块易生漩腐烂，发现生漩应及时除去，以免蔓延，严重时应及时下架，按照菜块重加2%食盐腌制1d，取出囤干明水，然后按下面正常腌制法进行。

6. 头道腌制

将干菜块称重后装入腌制池，一层厚30～45cm，重800kg～1 000kg，用盐32kg～40kg(按菜重的4%)，一层菜一层盐，如此装满池为止，每层都必须用人工或踩池机踩紧，以表面盐溶化，出现卤水为宜。顶层撒上由最先4～5层提留10%的盖面盐。腌制3d即可用人工或起池机起池，一边利用菜卤水淘洗，一边起池一边上囤，池内盐水转入专用澄清池澄清，上囤高1m为宜，同时可由人踩压，踩出的菜水也让其流入澄清池。上囤24h后即为半熟菜块。

7. 二道腌制

经过头道盐腌制的半熟菜块再入池进行二道腌制。方法与头道腌制相同，但每层菜量减少为600kg～800kg，用盐量为半熟菜块的6%，即每层36～48kg，每层用力压紧，顶层撒盖面盐，早晚踩池一次，7d后菜上囤，踩压紧实，24h后既为毛熟菜块。

8. 修剪看筋

用剪刀仔细剔净毛熟菜块上的飞皮、叶梗基部虚边，再用小刀削去老皮、黑斑烂点、抽去硬筋、以不损伤青皮、菜心和菜块形态为原则。

9. 整形分级

按菜块标准认真挑选，按大菜块、小菜块、碎菜块分别堆放。

10. 淘洗上囤

将分级的菜块用经过澄清的盐水或新配制的含盐量为8%的盐水人工或机械淘洗，随即上囤踩紧，24h后流尽表面盐水，即成为净熟菜块。

11. 拌料装坛

按净熟菜块质量配好调味料：食盐按大、小、碎菜块分别为6%、5%、4%，红辣椒面1.1%，整形花椒0.03%及混合香料末0.12%。混合香料末的配料比例为八角45%、白芷3%、山柰15%、桂皮8%、干姜15%、甘草5%、砂头4%、白胡椒5%。因装坛又加入了食盐故称为第三道加盐腌制。

装坛前检查榨菜坛应无砂眼、缝隙。如有，可用水泥或碗泥涂补，晾干后使用。榨菜坛要洗净，并用酒精擦抹，晾干待用。装坛前先在地面挖一坛窝，以稳住坛子不动摇，以便于操作。菜要分次装，每坛宜分五次装满，每次装菜要均匀，分层用擂棒、扎扁、鸭脚板及扁杵等木制工具用力压紧，排除坛内空气，切勿留有空隙。装坛时用力要均匀，防止弄碎菜块和坛子。装满后过秤标明净重。在坛口菜面上再洒一层红盐，约60g(红盐比例：食盐1kg加辣椒面25kg，拌匀)。在红盐面上又交错盖上2～3层干净玉米壳，再用干萝卜叶扎紧坛口，最好用干咸菜叶扎口，封严。随后即可入库堆码后熟。

12. 后熟及清口

刚拌料装坛的菜块尚属生榨菜，其色泽鲜味和香气还未完全形成。经存放在阴凉干燥处后熟一段时间，生味逐渐消失，色泽蜡黄，鲜味、香气开始显现。后熟期中食盐和香料继续进行渗透和扩散，各种发酵作用、氨基酸的转化变化，其他成分的氧化及酯化作用都同时进行，其变化是相当复杂的。装坛后一个月即开始出现坛口翻水现象，即坛口菜叶逐渐被上升的盐水浸湿，进而有黄褐色的盐水由坛口溢出坛外，这是正常现象，是因坛内发酵作用产生气体或品温升高菜水体积膨胀所致，翻水现象至少要出现2～3次，即菜水翻上来之后不久又落下去，过一段时间又翻上来，再落下去，如此反复2～3次，每次翻水后取出菜叶并擦尽坛口及周围菜水，换上干菜叶扎紧坛口，这一操作称为“清口”，一般清口2～3次。坛内保留盐水约750克，即可封口。

13.封口装竹篓

封口用水泥沙浆，比例为：水泥∶河沙∶水＝2∶1∶2，沙浆充分拌和后涂敷在坛口上，中心留一小孔，以防爆坛。水泥未凝固前打上厂印。水泥干后套上竹篓即为成品，可装车船外运。

(二)酱菜类加工

一般酱菜都要先经过盐渍，成为半成品，然后用清水漂洗去除一部分盐，再酱制。在酱渍过程中酱料中的可溶性物质，通过蔬菜细胞的渗透而进入蔬菜组织内，由于各种营养成分和色素的渗透和吸附而制成滋味鲜甜、质地脆嫩的酱菜。下面介绍传统酱制工艺。

1.工艺流程

原料选择→处理→盐腌→切制改形→脱盐→酱制→成品

2.操作要点

(1)切制

蔬菜腌制成咸坯后，有些咸坯需要进行切分，制成各种形状，如片、条、丝等。

(2)脱盐

半成品盐分高，不容易吸收酱液，还带有苦味，因此首先要放在清水中浸泡，时间要看盐坯含盐量来决定，一般1～3d。浸泡时要注意每天换水1～3次。

(3)压榨脱水

浸泡脱盐后，捞出沥去水分。为利于酱制和保证酱汁浓度，还必须压榨脱水，除去咸坯中部分水分，使其咸坯的含水量达到50%～60%。压榨脱水方法有两种，一种是把菜坯放在袋或筐内用重石或杠杆进行压榨，另一种是把菜坯放在箱内用压榨机压榨脱水。

(4)酱制

即把脱盐后的菜坯放在酱(或酱油)内进行浸酱。各种蔬菜酱制时间有所不同。但是酱制完成后，要求达到的程度是一致的，即菜的表皮和内部全部变成酱黄色，其中本来颜色较重的菜(如莴苣)酱色较深，本来颜色较浅的或白色的(如萝卜、大头菜等)酱色较浅。菜的表里口味完全像酱一样鲜美。

酱制时，将上述经脱盐和脱水的咸坯装入空缸内酱制。体形较大或韧性较强的可直接放入酱中。有些体形小的，或质地脆的易折断的蔬菜、如姜芽、草石蚕、八宝菜等，若直接装入缸内，则会与酱混合，不易取出。因此把这些蔬菜装入布袋或丝袋内，用细麻线扎住袋口，再放入在酱缸中进行酱制。

在酱制期间，白天每隔2～4h左右须搅拌一次，使缸内的菜，均匀地吸收酱液，提高酱制效率，对酱菜质量具有重要意义。搅拌时用酱耙在酱缸内上下搅动，使缸内的菜（或袋）随着酱耙上下更替旋转，把缸底的翻到上面，把上面的翻到缸底，使缸上的一层酱油由深褐色变成浅褐色，就算搅缸一次，约经 2～4h 左右，缸面上一层又变成深褐色，即可进行第二次搅拌。如此类推，直到酱制完成（有的称双缸酱，酱制时采用倒缸，每天或隔天一次）。一般酱菜酱二次，第一次用使用过的酱，第二次用新酱，第二次用过的酱还可压制次等酱油，剩下的酱渣作饲料用。

（三）四川泡菜

1. 工艺流程

泡菜盐水配制

↓

原料→选择→修整→洗涤→入坛泡制→发酵成熟→成品

2. 操作要点

(1)原料选择

凡是组织致密、质地嫩脆、肉质肥厚而不易软化的新鲜蔬菜均可作泡菜原料，如胡萝卜、红皮萝卜、青菜头、菊芋、子姜、大蒜、藠头、豇豆、辣椒、蒜苔、苦瓜、草石蚕等，要求选剔出有病虫、腐烂蔬菜。可根据不同季节及采取适当保藏手段，周年生产加工。

(2)修整、清洗

去除粗皮、老筋、飞叶、黑斑等不宜食用的部分，用清水淘洗干净，适当切分、整理，晾干明水，稍萎蔫。用 3%～4%食盐腌制蔬菜，达到预腌出坯作用。

(3)泡菜坛选择

泡菜坛既能抗酸、抗碱、抗盐，又能密封且能自动排气，隔离空气，使坛内能造成一种嫌气状态；既有利于乳酸菌的活动，又防止了外界杂菌的侵入。泡菜坛是陶土烧成的，口小肚大，在距离坛口边缘约 6～16cm 处有一圈水槽，称之为坛沿。槽缘稍低于坛口，坛口上放一菜碟作为假盖以防生水进入。把这一圈水槽灌满水，盖与水结合就可以达到密封之目的。泡菜坛以无裂纹、砂眼，不泄漏，火候老，形态美观为佳。

(4)泡菜盐水配制

配制盐水应用硬水，硬度在 16°H 以上，如井水、矿泉水，含矿物质较多，有利于保持菜的硬度和脆度。自来水硬度在 15°H 以上，可以用来配制泡菜水，且不必煮沸，否则会降低硬度。水还应澄清透明，无异味和无臭味。软水、塘水和湖水均不适宜作泡菜水。盐以井盐为好，如四川自贡盐、五通盐。海盐因含镁味苦而需焙炒后，方可使用。

配制比例：以水为准，加入食盐 6%～8%，为了增进色香味，还可加入 2.5%黄酒、0.5%白酒、1%醪糟汁、2.5%的红糖或白糖、3%～5%的红辣椒以及 0.1%香料。香料组成为 25%小茴香、20%花椒、15%八角、5%甘草、5%草果、10%桂皮、5%丁香、5%豆蔻等。香料混合后磨成粉，用白布包好，密封放入泡菜水中。

(5)入坛泡制

新盐水的装坛方法：先把经预处理的原料，有次序地装入洗净的坛内，一半时放入香料包，继续装菜至坛口 15cm 左右，菜要装得紧实，坛口用竹片卡住，加入盐水淹没原料，切不可让原料露出液面，否则原料会因接触空气而氧化变质，盐水也不要装得过满，以距离坛口 10cm 为宜。

若是老盐水，在盐水中补加食盐、调味料或香料后，直接装菜入坛泡制。

(6)泡制过程中的管理

蔬菜原料入坛后，其乳酸发酵过程，也称为酸化过程，根据微生物的活动和乳酸积累的多少，可分为发酵初期、发酵中期和发酵末期三个阶段。

泡制中注意坛沿水的清洁卫生，首先要用清洁的饮用水或10%的食盐水注入坛沿。坛内发酵后常出现一定的真空度，即坛内压力小于坛外压力。坛沿水可能倒灌入坛内，如果坛沿水不清洁就会带进杂菌，使泡菜水受到污染，可能导致整坛泡菜烂掉。即使是清洁的无菌的水吸入后也会降低盐水浓度，所以以加入10%的盐水为好。坛沿水还要注意经常更换，换水时不要揭开坛盖，以小股清水冲洗，直至旧坛沿水完全被冲洗出为止。发酵期中，揭盖1～2次，使坛内外压力保持平衡，避免坛沿水倒灌。

定期取样检查测定乳酸含量和pH值，待原料的乳酸含量达0.4%为初熟，0.6%为成熟，0.8%为完熟，其pH值为3.4～3.9。一般来说，泡菜的乳酸含量为0.4%～0.6%时，品质较好，0.6%以上则过酸。

泡制过程中不可随意揭开坛盖，以免空气中杂菌进入坛内，引起盐水生花、长膜，若遇生花长膜，轻微者可以加入适量白酒消灭之，或者加紫苏、老蒜梗、老苦瓜抑制之；严重者则须将从花打捞，再加酒消灭之；若已生蛆或盐水发臭、变黑，则必须报废倒去，不能再用。

泡菜成熟后，应即时取出包装，品质最好，不宜久贮坛内，否则品质会逐渐变劣。

(四)韩国泡菜

韩国泡菜其加工基本要求如下：

白菜→腌制→水洗→沥干→配料→装缸→成熟→食用

1. 原料整理

腌制朝鲜泡菜要求选择有心的大白菜，剥掉外层老菜帮，砍掉毛根，清水洗净，大的菜棵顺切成四份，小的顺切成二份。

2. 腌制、水洗

将处理好的大白菜放进3%～5%的盐水中浸渍3～4d。待白菜松软时捞出，用清水简单冲洗一遍，沥干水分。

3. 配料

萝卜削皮，洗净后切成细丝。按下列比例：100kg腌制好的大白菜，萝卜50kg，食盐、大蒜各1.5kg，生姜400g，干辣椒250g，苹果、梨各750g，味精少许。

将姜、蒜、辣椒、苹果、梨剁碎与味精、盐一起搅成泥状。

4. 装缸

把沥干的白菜整齐地摆放在小口缸里，放一层盐一层菜，撒一层萝卜丝，浇一层配料，直至离缸口20cm处，上面盖上洗净晾干的白菜叶隔离空气，再压上石块，最后盖上缸盖，两天后检查，如菜汤没浸没白菜，可加水浸没，10d后即可食用。为使泡菜味更鲜美，可在配料中加一些鱼汤、牛肉汤或虾酱。

(五)糖醋藠头

1. 工艺流程

藠头→第一次修剪→洗涤→盐渍→第二次修剪→分粒→脱盐→漂洗→分选、装罐→

排气、密封→杀菌、冷却。

2.操作要点

(1)去梗、修整、脱盐

藠头腌制可参考盐渍藠头。取出的腌制盐坯含盐量较高,用清水漂洗10～12h,漂至含盐量2%～5%左右,注意换水。腌制时若没有去梗,此时用剪刀去梗,留下部分1.5～2cm。逐个修剪根部及梗,剔除软烂、青绿色和发暗的藠头,然后用擦洗机擦洗去除外膜,并用流水漂洗。

(2)分选、装罐

藠头使用755型罐,净重195g,装藠头140g,装罐时选大小、色泽一致的装于同一罐内。藠头常用各种玻璃瓶装盛,固形物重60%以上。若采用复合塑料袋包装也可,固形物90%以上。

汤汁含盐2%、醋酸1.3%、糖40%,汤汁应趁热灌入。若采用复合塑料袋包装,汤汁含盐量2%～3%,醋酸6%～8%、糖70%。装罐或装袋前经过糖和醋液浸渍,则汤汁中的糖醋可适当减少。

(3)排气、密封

采用抽气密封,真空度0.035MPa,755型罐汤汁热时有时不排气,直接密封。若采用复合塑料袋包装真空度应为0.095MPa。

(4)杀菌、冷却

198g装藠头罐头杀菌式3′～12′/100℃,用冷水急速冷却。340ml玻璃瓶罐头杀菌式5′～25′/100℃,分段冷却。

第八节　果酒和果醋的酿造

以新鲜水果或果汁为原料,采用全部或部分发酵酿制而成的,酒精度在7%～18%(V/V)的各种低度饮料酒称为果酒。

果酒具有如下的优点:一是营养丰富,含有多种有机酸、芳香酯、维生素、氨基酸和矿物质等营养成分,经常适量饮用,能增加人体营养,有益身体健康;二是果酒酒精含量低,刺激性小,既能提神、消除疲劳,又不伤身体;三是果酒在色、香、味上别具风韵,不同的果酒,分别体现出色泽鲜艳、果香浓郁、口味清爽、醇厚柔和、回味绵长等不同风格,可满足不同消费者的饮酒享受;四是果酒以各种栽培或山野果实为原料,可节约酿酒用粮。

一、果酒的分类

果酒的种类很多,分类的方法一般有以下几种。第一种分类法是以酒中的含糖量多少来分类。一般将果酒分为干酒(含糖量≤4.0g/L)、半干酒(含糖量为4.1～12.0g/L)、半甜酒(含糖量为12.1g/L～50.0g/L)和甜酒(含糖量≥50.1g/L)等4类。第二种分类法是依制酒的原料种类来分类。例如有葡萄酒、苹果酒、山楂酒、柑橘酒、杨梅酒等。第三种分类法是按果酒的制作方法分为发酵果酒、配制果酒、起泡果酒和蒸馏果酒等类型。

葡萄酒按颜色可分为红葡萄酒,桃红葡萄酒和白葡萄酒;按含糖量可分为干葡萄酒(含糖量≤4.0g/L)、半干葡萄酒(含糖量为4.1g/L～12.0g/L)、半甜葡萄酒(含糖量为12.1g/L～45.0g/L)和甜葡萄酒(含糖量≥45.1g/L)。按二氧化碳的含量可分为静止葡萄酒和起泡葡萄酒(包括低泡葡萄酒和高泡葡萄酒);按特定酿造方法制作的特种葡萄酒可分为利口葡萄酒、葡萄汽酒、冰葡萄酒、贵腐葡萄酒、产膜葡萄酒、加香葡萄酒、低醇葡萄酒、脱醇葡萄酒、山葡萄酒等。

二、红葡萄酒酿造

红葡萄酒是葡萄酒中的一个主要产品。红葡萄酒呈紫红色、深红、宝石红、红微带棕色、棕红色等,酒精度在9%~13%(V/V),它是以有色葡萄为原料、经去梗、破碎、发酵、压榨等工艺生产而成的。

(一)干红葡萄酒生产工艺流程

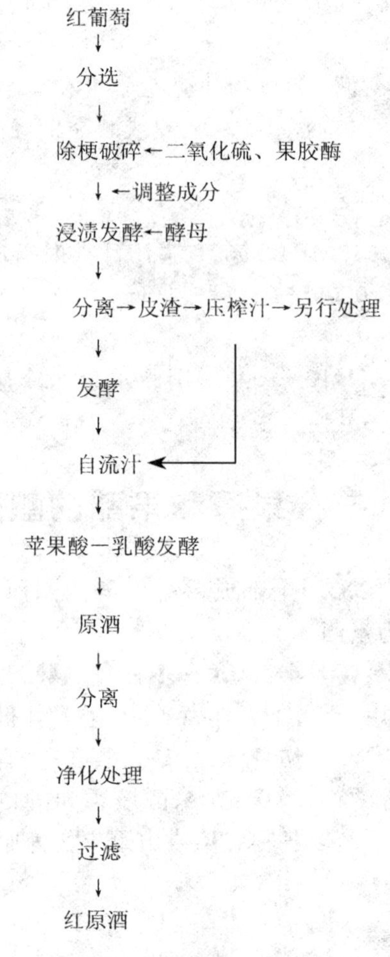

图9-7　干红葡萄酒生产工艺流程

(二)葡萄的采收与处理

1. 分选

酿制干红葡萄酒一般采用皮红肉白或皮、肉皆红的葡萄品种,如赤霞珠、品丽珠、蛇龙珠、黑品乐等。采摘期最好是在葡萄的含糖量达20%~23%时最恰当。霉烂粒必须在采摘时剔除。对青粒葡萄不应采摘。如采摘时带有青粒,也应剔除。采摘下的葡萄应使用清洁而牢固的容器装盛,及时运到工厂进行加工。

2. 除梗破碎

破碎去梗后的葡萄浆，用送浆泵送到用硫磺熏过的发酵容器中，放入量不应超出容器容积的80%，以免发酵时浮在池面的皮渣和发酵醪因发酵产生二氧化碳而溢出。发酵容器有木桶、砖砌水泥池、钢筋水泥池、陶缸及金属罐等五种。

3. 二氧化硫处理

在发酵前，在葡萄醪中加入二氧化硫可以起到杀菌、澄清、抗氧化、增酸、溶解等作用。对无破损、霉变，成熟度中等，含酸量高的葡萄，二氧化硫的用量一般为30mg/L～50mg/L；而对含酸量低的葡萄，二氧化硫的用量为50mg/L～80mg/L。

4. 果胶酶处理

在酒精发酵前或酒精发酵过程中加入果胶酶，能加大色素或芳香物质的浸提。同时由于果胶酶中含有的纤维素酶和半纤维素酶的活性可以增大出汁率。果胶酶可以分解果肉组织的果胶生成果胶酸和半乳糖醛酸，使葡萄浆中的黏度下降，使其中的固形物失去依托而沉淀下来，增强澄清效果，并且能够选择性地释放对葡萄酒质量有益的物质(柔和单宁、花色素苷、前期的香气等)，避免浸提有害物质(劣质单宁等)。在红葡萄酒的酿造过程中，借助果胶酶，可以达到理想的浸渍，更多地聚合多酚物质，从而使色素稳定。

在使用中，需要注意不同的葡萄或葡萄酒的天然条件以及不同的酿造条件，需要采用不同的果胶酶添加方法和添加量，来调整葡萄浆成分(见表9-4，表9-5)。

表9-4　不同葡萄或葡萄酒的天然条件下果胶酶使用量

条件	限制	果胶酶使用量
pH	＞2.8	如果葡萄汁的pH＜3.0，要增加用量
温度(℃)	10～55	如果＜20℃，要增加用量
酒精度(%，v/v)	0～16	
单宁	n.d.(未检出)	对单宁含量特别丰富的葡萄，要增加用量

表9-5　不同的酿造条件下果胶酶使用方法

条件	果胶酶添加方法
单宁	没有特别的影响，但不要将果胶酶与单宁溶入同一种液体中
二氧化硫	不要将果胶酶与二氧化硫溶入同一种液体中，必须分别加入
皂土	根据不同的质量，当皂土含量＞0.2g/L，果胶酶失去活性

(三)浸渍与发酵

红葡萄酒发酵有种种不同操作方法，主要是果汁与皮渣共同发酵，酒精发酵和色素、香味成分的浸提同时在果汁、皮渣中进行。待色素或酒精指标达到工艺要求时进行皮渣分离。

1. 酵母添加

用于葡萄酒生产的良好酵母菌株应该是发酵力强、发酵完全、具有稳定的发酵特性；具有良好的酒精耐受能力；不产生不良气味物质；具有良好的二氧化硫耐受能力；发酵结束时酵母凝聚快，便于分离；适宜所选用的葡萄品种。

酿造葡萄酒可采用自然酵母发酵，菌种扩大培养发酵，活性干酵母发酵。活性干酵母由于使用方便、启动发酵速度快、副产物低、发酵彻底等优点，已逐渐取代前两种。

2. 循环喷淋浸渍

循环喷淋浸渍是将发酵罐底部的葡萄汁泵送至发酵罐上部，分开放式和封闭式。开放式循环是将葡萄汁从罐底的出酒口放入中间容器中，然后再用泵送至罐顶部；封闭式循环是直接将泵的进酒口接到罐底的排酒口，直接泵送入罐顶部淋洗皮渣。

除了一般的浸渍方法外，还有一些特殊的浸渍方法。

(1)热浸渍发酵法

热浸渍发酵法是在酒精发酵前将红葡萄原料加热，一种是低温长时间(40℃～60℃，0.5～24h)，另一种是高温短时间(60℃～80℃，5～30min)。热浸渍发酵法主要适用于卫生状况差的原料。

(2)二氧化碳浸渍法

二氧化碳浸渍法酿制红葡萄酒，就是把整穗葡萄放在充满 CO_2 的密闭容器中发酵的方法。二氧化碳浸渍发酵实质是葡萄浆果及葡萄汁在密闭环境下的一个厌氧代谢过程。它包括完整浆果在 CO_2 中的厌氧代谢、果汁的厌氧发酵、浸于果汁中浆果的浸渍等。在这个过程中，葡萄醪的化学成分发生了很大变化。二氧化碳浸渍法不仅用于红葡萄酒、桃红葡萄酒的酿造，而且用于一些原料酸度较高的白葡萄酒的酿造。

3. 传统发酵技术

传统的红葡萄酒酿造工艺是浸提和发酵同时完成的。将葡萄醪放入发酵罐，接入酵母，控制发酵温度在28℃～30℃，自发酵的第一天，果皮会上升至葡萄汁液面，形成葡萄泡盖，约占发酵体积的1/3。一般采用压帘将葡萄皮渣压入液体内部，防止泡盖形成或将葡萄汁从发酵罐的下部抽出，泵送到发酵罐上层，打散果皮盖。

4. 现代红酒发酵技术

现代红酒发酵技术，可根据葡萄品种、葡萄产区、葡萄质量以及所酿造的酒种不同，选择不同的酵母(如需要，也接入苹果酸－乳酸细菌)，并结合所采用的浸渍发酵设备，决定浸渍强度，包括浸渍时间、酒度和温度，如酿制年轻的、新鲜的佐餐红葡萄酒，一般浸渍时间3～5d、温度25℃～28℃，喷淋循环时间4～6h一次，每次20～30min，浸渍发酵后期，减少至2～3次/d。优质葡萄做陈酿型的红葡萄酒，则需要延长浸渍时间2～3d，提高发酵温度2℃～3℃，或者是在较低温度下(22℃～24℃)浸渍20d左右，得到"明显特点"的红酒，适合久存。

(四)出罐和压榨

经过一定时间的浸渍，将自流酒放出，由于皮渣中还含有一部分葡萄酒，皮渣将运往压榨机进行压榨，以获得压榨酒。

1. 皮渣分离时机的确定

在酒精发酵刚开始时，葡萄皮中的花色苷、单宁及芳香物质不断地被浸提出来，但当葡萄酒的颜色达到一定程度时，酒中的花色素含量不再增加，酒的颜色不再加深，这时如果不分离葡萄皮渣继续浸渍，葡萄皮渣会吸附一部分酒中的色素，使葡萄酒颜色变浅，而酒中单宁的含量随着浸渍时间延长而上升。因此，如果要生产2～3年消费的葡萄酒就应该缩短浸渍时间。相反，为了获得需长期陈酿的葡萄酒就应延长浸渍时间。

2.皮渣分离方法

酒精发酵完成后或根据工艺条件决定需要皮渣分离时，根据发酵罐的不同，采用筛网等方法，控出自流酒，并将自流酒接泵送进干净的贮藏罐中，满罐存贮，温度控制在20℃～24℃，控制总二氧化硫≤60mg/L，以利于下一步的苹果酸－乳酸发酵。

在自流酒分离完毕后，应将发酵容器中的皮渣取出，经压榨机压榨后获得压榨酒应单独存放。与自流酒相比，压榨酒中的干物质、单宁以及挥发酸含量都要高些。

对压榨酒的处理，可以有下列可能性：①直接与自流酒混合，这样有利于苹果酸－乳酸发酵的触发；②通过下胶、过滤等净化处理后与自流酒混合；③单独贮藏并作其他用途，如蒸馏；④如果压榨酒中果胶含量较高，最好在葡萄酒温度较高的时间进行果胶酶处理，以便于净化。

(五)苹果酸－乳酸发酵

苹果酸－乳酸发酵是提高红葡萄酒质量的必需工序。苹果酸－乳酸发酵不但能够降低葡萄酒的酸度，还能增加细菌稳定性，而且会增加葡萄酒口味和香气的复杂性，改善葡萄酒的风味。只有在苹果酸－乳酸发酵结束，并进行恰当的二氧化硫处理后，红葡萄酒才具有生物稳定性。因此应尽量使苹果酸－乳酸发酵在出罐以后立即进行。

(六)原酒陈酿

发酵后的原酒酒精度一般在8%～12%(V/V)，若长期贮藏，原酒的酒精度应调整在11%(V/V)左右，容易贮藏。陈酿容器主要有橡木桶、不锈钢罐和水泥池。不同类型的葡萄酒陈酿时间、采用工艺也不尽相同。单宁含量高的可陈酿5～10年，而国内的大部分葡萄酒属于新鲜型的现饮酒，一般贮藏1～2年，长时间陈酿会影响酒质。陈酿温度一般要求恒定，约在15℃左右。陈酿时的倒酒应根据酒的澄清度等情况，决定是否需要增加一次倒酒操作，一般酒龄为2年的酒需倒酒3～4次。倒酒时注意不能将底部沉淀搅起来，用插管或带弯头的阀门接管倒酒。陈酿期间添酒所用的酒应是同品质、同品种、同年份的原酒或者是同一品种的不同年份酒。

三、白葡萄酒的酿造

(一)干白葡萄酒生产工艺流程

干白葡萄酒近似无色、微黄带绿、浅黄、禾秆黄、金黄色等，酒精含量一般为9%～13%(V/V)。它是选用白葡萄或红皮白肉葡萄为原料，经果汁分离，果汁澄清控温发酵，贮存陈酿及后加工处理而成。白葡萄酒生产工艺流程如图9-7所示。

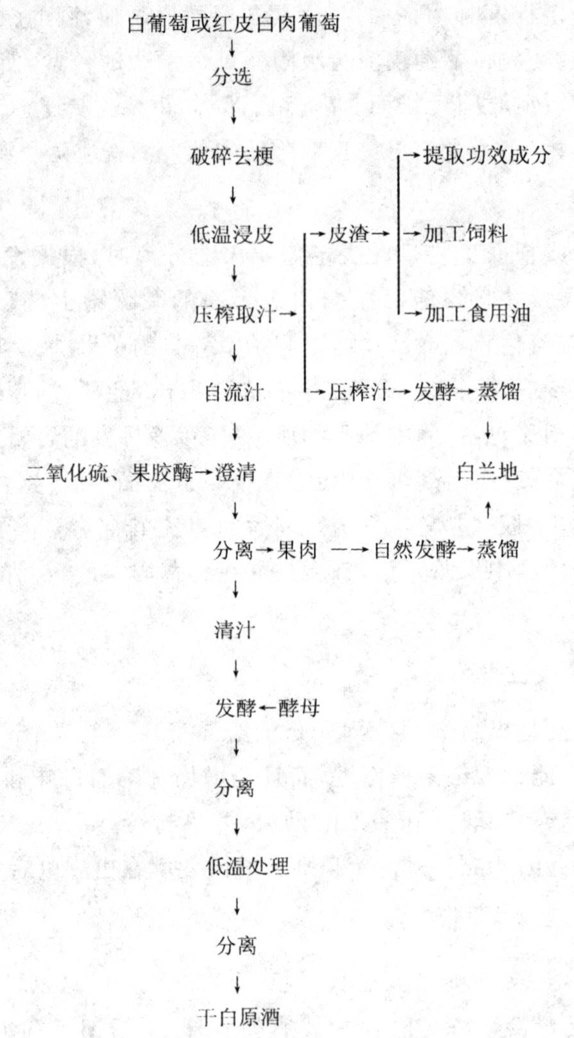

图 9-7 干白葡萄酒生产工艺流程

(二)预处理

白葡萄酒与红葡萄酒前加工工艺不同。白葡萄酒是葡萄经破碎(压榨)或果汁分离，果汁单独进行发酵。

1. 除梗

要求除梗完全、破碎适中，尤其对需要低温浸皮工艺的葡萄，破碎必须适度，不能破碎过度。可通过除梗破碎机的选择或调节来实现所要求的破碎程度。

2. 低温浸皮

要求葡萄成熟度高，无霉烂果粒，果皮中含有香味成分的葡萄品种，如雷司令、赛芙蓉、琼瑶浆、长相思等品种。为了避免在浸提过程中野生酵母的繁殖，需添加二氧化硫至80mg/L 左右，浸提温度控制在 3℃～5℃，时间 24～48h。

3. 和缓压榨

该工序要求出汁率高，果汁香味损失少，能最大限度地防止氧化和产生过多的悬浮物质。常用的压榨机有：卧式气压机、卧式双压板压榨机、连续压榨机和真空气囊压榨机等，其中以真空气囊压榨机能很好地达到酿造高档干葡萄酒对果汁的质量要求。

(三)果汁澄清

果汁澄清的目的是在发酵前将果汁中的杂质尽量减少到最低含量，以避免葡萄汁中的杂质因参与发酵而产生不良的成分，给酒带来异杂味。

1. 自然澄清

防止葡萄汁的氧化，抑制其氧化酶活性，应添加 SO_2，其用量为 60mg/L～80mg/L。为了获得良好的效果，应在取汁过程中立即加入 SO_2，与果汁混合均匀。并迅速降低果汁的温度 6℃～10℃，在此温度下静止 48h 分离。

2. 果胶酶澄清

果胶酶是一种由酯酶、解酯酶、纤维酶和半纤维酶等组成的复合高效酶，通过它们的协调作用，可以有效切裂并降解葡萄果肉和果胶的复杂分子链结构，使果汁中其他胶体失去果胶的保护作用而使带正电的蛋白微粒暴露，并与带负电的胶体微粒相互吸引，迅速絮凝沉淀，葡萄汁在短时间就得以澄清。从而有效降低了葡萄汁的混浊状况，最大限度地提高澄清度，所酿酒质丰富细致。果胶酶的用量根据果胶酶产品的加量说明并通过预试准确确定其最适用量。

(四)发酵

将澄清的葡萄汁泵入发酵罐后，加入 0.2g/L～0.5g/L 的人工酵母，控制发酵温度在 12℃～15℃。当还原糖低于 2g/L 时，主发酵结束，将温度降到 8℃～10℃，使酵母及其悬浮物快速沉淀，静止 5d 后分离除去酒泥送入后发酵。

后发酵的装入量为容器的 95%，温度控制在 18℃～20℃，安装发酵栓密封。当液面平静(20～30d)后发酵结束，经硅藻土过滤，同时调整 SO_2 含量，并用同品种同批次的酒添满酒罐，密封容器口进入陈酿。

(五)原酒陈酿

陈酿时间一般在 1 年左右。陈酿容器主要有不锈钢罐、水泥池和橡木桶。陈酿温度一般要求恒定，在 18℃左右。陈酿期间添酒时应根据同品种、同酒龄、同质量并在感官鉴定后方可添罐。

四、桃红葡萄酒的酿造

桃花葡萄酒为佐餐型葡萄酒，具有良好的新鲜感，颜色呈桃红、淡玫瑰红、浅红色，其色泽与风味介于干红葡萄酒与干白葡萄酒之间。生产桃红葡萄酒的工艺既可用红葡萄按白葡萄酒工艺酿造，也可用特殊技术酿造。

(一)直接压榨工艺

如果原料的色素含量高，则可采用白葡萄酒的酿造方法生产桃红葡萄酒，但用这种方法酿成的桃红葡萄酒，往往颜色过浅。因此，除了要求色素含量高的葡萄品种外，还要求在破碎以后立即进行均匀的二氧化硫处理，以防止氧化。其工艺流程如下：

红葡萄→除梗破碎→SO_2 处理→压榨→澄清→发酵→分离→桃红葡萄酒

（二）短期浸渍分离工艺

短期浸渍分离法酿成的桃红葡萄酒，颜色纯正，香气浓郁。方法是在葡萄原料装罐浸渍数小时后，在酒精发酵开始前，分离出20%～25%的葡萄汁，然后用白葡萄酒的酿造方法生产桃红葡萄酒，剩余部分则用于酿造红葡萄酒。其工艺流程如下：

红葡萄→除梗破碎→SO_2处理→装罐→浸渍（2～24h）→分离（20%～25%葡萄汁）→发酵→分离→桃红葡萄酒

（三）低温短期浸渍工艺

这种方法是将原料装罐浸渍，在酒精发酵开始前分离自流汁；皮渣则经过压榨，取开始的压榨汁加入到自流汁中，而除去后来的压榨汁。其工艺流程如下：

红葡萄→除梗破碎→SO_2处理→装罐→浸渍（2～24h）→发酵开始前分离自流汁→皮渣压榨→发酵→分离→桃红葡萄酒

五、其他发酵果酒酿造

除葡萄酒以外的果实发酵酒主要有苹果酒、猕猴桃酒等种类，但其产量都远不及葡萄酒，其酿造工艺大体上与葡萄酒工艺相同。

（一）苹果酒

干苹果酒的酿制方法大体与白葡萄酒相同。苹果首先按一般方法进行选择和洗涤，而后通过破碎和压榨取得果汁。果汁中的二氧化硫用量约为50～1000mg/L，苹果汁的糖分往往不能达到22～24g/100ml，不足时可加入食糖。单宁含量不足时可加用部分梨汁或少量单宁。对于果胶含量较高的果汁，可加用果胶酶制剂，或在0℃～8℃下放置1d，利用天然果胶酶的作用来促进果汁的澄清。某些品种（例如翠玉）的含氮物质含量较低，可于每升果汁加用1g磷酸铵作为酵母的氮源。苹果的发酵宜用苹果酵母，酵母的用量约为果汁的2%。发酵采取密闭式，一切操作和管理与白葡萄酒相同。某些苹果酒采用低温酵母时，发酵宜在4.5℃～10℃下进行。发酵完毕按常规法除渣和陈酿，约经1年后成熟。

（二）猕猴桃酒

猕猴桃以富含维生素C而著称，除适于罐藏和制汁外，也可用于酿酒。猕猴桃果实有三个特点：营养价值高、果胶含量高、总酸含量高。因而，酿酒时除采用一般果酒的酿制工艺外，还必须采取与上述特点相适应的特殊处理。

(1)猕猴桃果实采收后，须经一段时间人工催熟处理。如将果实在1000mg/L乙烯溶液中浸泡2min，密封贮藏7～10d。待其变得柔软完熟后，再剔除霉烂果实、洗净、沥干备用。

(2)将经催熟、分选的果实送入打浆机打浆，而后在浆液中加入0.5%左右的果胶酶制剂水解果胶物质，同时加入100mg/L～150mg/L的二氧化硫，以降低果浆粘度、浊度和防止维生素C氧化损失。

(3)压榨取汁前添加3%～5%的助滤剂（如硅藻土等），以提高出汁率。所榨出的汁液再次添加0.3%左右的果胶酶制剂，以充分水解果胶，并同时适量补加二氧化硫。

(4)猕猴桃果实一般含糖较低，大多在10%以下，但含酸较高，为0.75%～1.95%，因此

在发酵前必须加糖或同类高糖果汁将含糖量调至18g/100ml～20g/100ml，加中性酒石酸钾或同类低酸果汁将总酸量降至0.6%～0.8%范围。

(5)在发酵前、发酵中、发酵后及过滤和陈酿过程中，凡暴露在空气中的每个场合，均须补加二氧化硫，这对提高猕猴桃酒中维生素C保存率，促进酒质清晰，防止氧化褐变及杂菌污染等均有良好效果。但应注意成品酒中二氧化硫的残留量不得超标。

六、果醋酿造

果醋的营养成分丰富，富含醋酸、琥珀酸、苹果酸、柠檬酸、多种氨基酸、维生素及生物活性物质，且口感醇厚、风味浓郁、新鲜爽口、功效独特，能起到软化血管、降血压、养颜、调节体液酸碱平衡、促进体内糖代谢、分解肌肉中的乳酸和丙酮酸而清除疲劳。

(一)酿醋及其管理

果醋酿制分固体酿制和液体酿制两种。

1.固体酿制法

以果品或残次果品、果皮、果心等为原料固态酿制果醋

(1)酒精发酵

取果品洗净、破碎，加入酵母液3%～5%，进行酒精发酵，在发酵过程中每日搅拌3～4次，约经5～7d发酵完成。

(2)制醋坯

将酒精发酵完成的果品，加入麸皮或谷壳、米糠等为原料量的50%～60%，作为疏松剂，再加培养的醋母液10%～20%，充分搅拌均匀，装入醋化缸中，稍加覆盖，使其进行醋酸发酵，醋化期中，控制品温在30℃～35℃之间。若温度升高达37℃～38℃时，则将缸中醋坯取出翻拌散热；若温度适当，每日定时翻拌1次，充分供给空气，促进醋化。经10～15d，醋化旺盛期将过，随即加入2%～3%的食盐，搅拌均匀，即成醋坯。将此醋坯压紧，加盖封严，待其陈酿后熟，经5～6d后，即可淋醋。

(3)淋醋

将后熟的醋坯放在淋醋器中。淋醋器用一底部凿有小孔的瓦缸或木桶，距缸底6～10cm处放置滤板，铺上滤布。从上面徐徐淋入约与醋坯量相等的冷却沸水，醋液从缸底小孔流出是为生醋。将此生醋在60℃～70℃温度下消毒10～15min，即成熟醋。

2.液体酿制法

以果酒为原料酿制而得，但质量较差或已酸败的果酒亦适宜酿醋。

(1)开式醋化法

将酒精度调整为7%～8%(V/V)的果酒，盛醋化器中，接种醋母液5%左右。醋化器为一浅木盆(搪瓷盆或耐酸水泥池均可)，高约20～30cm，大小不定，盆面用纱窗遮盖，盆周壁近顶端处设有许多小孔以利通气并防醋蝇、醋鳗等侵入。醋液深度约为木桶高度的一半，液面浮以格子板，以防止菌膜下沉。在醋化期中，控制品温在30℃～35℃，每天搅拌1～2次，约经10d左右即可醋化完成。取出大部分果醋，留下菌膜及少量醋液在盆内，再补加果酒，继续醋化。取出的生醋经消毒后即可食用。

(2)气泡醋化法或深层发酵法

这是一种新的醋化法。根据醋化速度与接触的空气量成正比关系，若对发酵液连续

地吹送大量细小的空气泡，使空气、发酵液和醋酶菌充分接触，就能迅速醋化。由于醋酸菌在断绝氧气的状况下，15s 就会死亡，因此在全部醋化时间内必须使它与气泡流相接触。为了满足这一要求，须采用特殊的气泡发生器。为了防止醋化时热量的积累，须附设冷热交换器。

此法具有以下优点：醋化率高，可达理论数的 98%，原因是醋化时气泡中的空气氧能较多地（约 50%）进入或溶入发酵液中；醋酸浓度高，更易酿得醋酸浓度为 6%～8%的果醋，也能酿得浓度为 10%～12%的高浓度果醋；醋化迅速，可连续进料和出料，使操作连续化、自动化；能杜绝醋鳗、醋蝇和粘液菌等发生。

新酿成的果醋，有生味，需装盛于陈酿器内，酌加酒精使其含量达 0.5%及食盐 1%～2%，装满，密封，进行陈酿 1～2 月或者半年，便成熟。经消毒后，即为熟醋。

(二)果醋的陈酿和保藏

1. 陈酿

通过陈酿，果醋变得澄清，风味更加纯正，香气更加浓郁。陈酿时将果醋装入桶或坛中，装满，密封，静置 1～2 个月完成陈酿过程。

2、过滤、灭菌

陈酿后的果醋经澄清处理后，用过滤设备进行精滤。在 60℃～70℃温度下杀菌 10min，即可装瓶保藏。

参考文献

[1] 叶兴乾. 果品蔬菜加工工艺学[M]. 第二版. 北京：中国农业出版社，2002.

[2] 罗云波，蔡同一主编. 园艺产品贮藏加工学（加工篇）[M]. 北京：中国农业大学出版社，2001.

[3] 赵丽芹主编. 果蔬加工工艺学[M]. 北京：中国轻工业出版社，2002.

[4] 夏文水主编. 食品工艺学[M]. 北京：中国轻工业出版社，2007.

[5] 董全主编. 果蔬加工工艺学[M]. 重庆：西南师范大学出版社，2007.

[6] 陈中，芮汉明. 软饮料生产工艺学[M]. 广州：华南理工大学出版社，1998.

[7] 胡小松主编. 现代果蔬汁加工工艺学[M]. 北京：轻工业出版社，1995.

[8] 仇农学. 现代果汁加工技术与设备[M]. 北京：化学工业出版社，2005.

[9] 董全，黄艾祥主编. 食品干燥加工技术[M]. 北京：化学工业出版社，2007.

[10] 朱蓓薇. 实用食品加工技术[M]. 北京：化学工业出版社，2005.

[11] 高年发主编. 葡萄酒生产技术[M]. 北京：化学工业出版社，2005.

第十章　副产品的综合利用

第一节　粮油副产品的种类、特性及综合利用

一、粮油副产品的种类、特性

粮油加工业历来是国民经济的一个重要支柱产业，其生产过程中产生的副产物也是一类很大的资源，包括稻壳、米糠、麸皮、油料皮壳、饼粕、油脚和皂脚及脱臭馏出物等。目前国内粮油企业仅仅表现在对这些副产物的一般性开发利用上，生产技术水平还比较落后，产品质量也有待提高，特别是对一些副产物的成分及其功能特性还未全部了解，需进一步探索和开发。粮油副产物中蕴含着丰富的功能活性物质，将其分离提纯出来，可以进一步开发功能性食品，这对提高粮油资源的综合利用率和产品附加值具有十分重要的意义。

二、粮油副产品综合利用实例

(一)稻谷加工副产品的综合利用途径

稻谷是中国产量最大的一个粮食品种，其常年播种面积占粮食播种面积的 28%，产量占粮食总产量的 40%，约有一半以上的国人以大米为主食。稻谷加工副产物主要包括稻壳、米糠、碎米、米胚等，对我国稻谷加工副产物资源进行深入研究、开发具有极为重要的现实意义。

1. 米糠的开发利用

现代研究表明，米糠虽然只占稻谷总重的 6%～8%，却占有稻谷 64%的重要营养成分，富含蛋白质、脂肪、维生素，是一种具有广泛开发潜力的高附加值资源，利用米糠可以开发米糠油及米糠油衍生物、米糠饲料、米糠食品等。

(1)米糠油

米糠中含油 15%～20%，米糠油中富含维生素 E、谷维素等天然抗氧化物质，米糠油具有的气味芳香，耐高温煎炸，可长久贮存和几乎无有害物质生成等优点，是任何一种植物油所无法比拟的(见表 10-1)。米糠油的膳食脂肪酸比例最为接近人类的膳食推荐标准。正因为米糠油的性能优越，它已成为继葵瓜子油、玉米胚芽油之后的又一新型保健食品用油，被广泛应用于油炸食品，尤其是鱼和快餐食品。

表 10-1　十种常见油脂的脂肪酸组成

油脂名称	三种脂肪酸含量%			
	饱和脂肪酸(S)	单不饱和脂肪酸(M)	多不饱和脂肪酸(P)	S∶M∶P
米糠油	20.20	43.60	36.30	1∶2.16∶1.80
大豆油	15.90	24.00	59.10	1∶1.51∶3.72
菜籽油	13.10	58.80	24.70	1∶4.49∶1.89
棉籽油	24.30	27.00	44.60	1∶1.11∶1.84
花生油	18.50	40.86	38.30	1∶2.21∶2.07
芝麻油	15.30	38.20	46.40	1∶2.50∶3.03
玉米油	14.50	27.70	57.00	1∶1.91∶3.93
茶籽油	10.10	78.80	11.10	1∶7.80∶1.10
棕榈油	43.40	44.10	12.10	1∶1.02∶0.28
猪　油	42.90	47.60	8.90	1∶1.11∶0.21

(2)稳定化米糠的应用

碾米后，米糠中的脂肪酶和油脂一起进入米糠而相互接触，水解反应立刻发生。脂肪分解酶使油脂迅速分解出游离脂肪酸，米糠的酸价以每小时 0.5%～2%的速度递增，数小时后，米糠就呈现出不被人接受的霉味，通常只能用作饲料，大大降低了利用价值。

从米糠的不稳定机理可知，只要能采取有效措施阻止米糠不稳定的途径，便可使米糠品质稳定，延缓劣变，提高米糠的贮藏性。米糠稳定化的目的主要是有效抑制和钝化米糠脂肪分解酶的活性，稳定化的方法包括冷藏法、微波法、辐射法、介电加热法、化学处理法、热处理法和挤压法等，从经济和技术可行性上考虑，热处理法和挤压法被普遍采用，而挤压法是稳定米糠的最有效而经济的方法，不仅可以有效抑制酶的活性，延长米糠的贮存性能，而且用该法处理过的米糠营养素损失少，组织结构疏松，具有微甜的坚果香味，可直接作为食品和食品工业的原料。

稳定化米糠由于纤维(25%～30%)、蛋白质含量高(13%～16%)，并有降低人体胆固醇的功效，还可产生清淡风味，已在食品中广泛应用。目前稳定化米糠已成为含米糠焙烤食品的主要配料，如在面包加工中添加稳定化米糠，对面包心结构、体积、外观和风味都产生重要影响，并能延长面包的保鲜期。稳定化米糠中占优势的不溶性食物纤维，可作为食品中的填充剂，从而缩短食物在肠道的停留时间，起到预防肠道癌的效果。

(3)米糠功能食品的开发

①低脂米糠：稳定化米糠进行脱脂处理，可降脂 60%，增加维生素 B 15%，还可增加纤维和蛋白质含量。低脂米糠已在饼干、油炸土豆片、营养饮料及面条等食品加工中广泛应用，从而使这类产品具有高纤维、低脂肪、低热量、光滑的结构及理想的风味等优点。

②组织状天然米糠：由稳定米糠和专用加工过程挤压得到的纯大米粉末混合组成的一种添加剂，可为食品提供理想的风味、组织结构和外观，特别适合于高米糠含量的食品，能改善面包、松糕、饼干的口感，增加松糕的发酵膨胀。

③米糠半纤维素：米糠半纤维素(RBH)具有抑制血清胆固醇、改善肠道内环境和抑制肠癌三大生理功能。据报道 RBH 还具有吸附人体内有害农药，抑制肝功能紊乱，增加血液淋巴细胞等生理功效，对预防和改善冠状动脉硬化造成的心脏病具有重要作用。

RBH 主要添加到浓缩葡萄汁、咖啡等饮料及冰淇淋和汤类中。目前许多国家，尤其是日本和美国很注重 RBH 的开发，日本已投入工业化生产。美国已研制出 RBH 焙烤食品，在市场上颇受欢迎。

④米糠营养纤维和可溶性营养素：利用稳定化米糠富含脂肪、蛋白质和膳食纤维的特点，研究生产出可溶性米糠营养素（SRBN）和米糠营养纤维（RBNF）。SRBN 营养丰富、速溶性好，可直接食用，也可将 SRBN 配以不同的原料调制出各具风味的营养饮料，还可作为各类保健食品的原料。RBNF 中各种营养物质分配比其他膳食纤维更为合理，一方面能保证机体正常功能的营养需要，另一方面能够有效控制热量的过度摄入，增加饱腹感并能降低代谢速度，可应用于各类主食、休闲食品。

⑤米糠新型饮料：据报道，美国密执里州里巴斯公司研究人员研究开发出一种以天然米糠为原料的新型饮料，这种米糠饮料富含钾、蛋白质、米糠油、维 B、维 E、生育三烯酸等米糠中的营养成分，且该米糠饮料具有低过敏性的特点。

2. 稻壳的开发利用

稻壳占稻谷重量的 20%左右，稻壳体积大、密度小、不易于堆放。因此通常情况下，都是将稻壳焚烧，但这种做法不但污染环境，而且极大浪费了资源，稻壳的用途十分广泛，可以制成碳化稻壳、稻壳制碳棒、稻壳发电、制糠醛、环保制品等。

碳化稻壳是将稻壳经过特殊处理而得到的一种黑色闪光的颗粒状粗粉。碳化稻壳是一种良好的保温剂，可以大量应用在冶金、铸造业上，并在土壤改良、升高地温、疏松土壤、调节土壤酸碱度、补充土壤中的硅酸盐等方面具有良好的效果。

利用稻壳制碳棒，这种碳棒可直接用作生活燃料、低压锅炉、工业发电。它与稻壳相比，体积小，便于贮藏运输。

稻壳煤气是一种廉价的能源，尤其在碾米厂中利用稻壳煤气发电，经济效果更为显著。

利用稻壳制糠醛，糠醛可以大量用于塑料、石油精制，合成纤维的添加剂，也可利用它生产合成橡胶、染料、油漆等产品。

利用稻壳还可以制环保餐具，环保包装箱、育苗钵、花盆等。

3. 米胚的开发利用

(1)提取米胚芽

米胚芽作为食品营养强化剂，可提高食品的营养价值，产生独特的风味，如胚芽面包、胚芽米糕、胚芽糖果、胚芽营养饮料等。

(2)米胚油的开发

研究表明米胚油具有抗衰老、减轻脑血管损伤、防止动脉硬化等功效，为营养学界和医学界所瞩目。目前在日用化工上用于化妆品基剂和乳化剂；在医药上用来改善血脂和消炎等；在食品上可用作添加剂添加到色拉油、高级烹调油和食品及保健油脂中，其在营养食品和健康食品的开发方面前景广阔。

4. 碎米的开发利用

碎米为大米产量的 2%～5%，但其经济价值就有整米的 1/3～1/2，如果将碎米加以利用,则经济效益就可大大提高。目前在碎米应用中,以碎米和高蛋白米粉(HPRF)为原料,通过水解部分蛋白和淀粉液化及糖化作用,可生产营养型保健饮料;还可通过生物技术将碎米转化为植物胶,作为食品中的代脂物等。

(二)麸皮的综合利用途径

小麦麸皮是小麦面粉加工中的主要副产品。一般情况下,面粉厂生产出的麸皮约占小麦籽粒质量的 20%左右。目前,我国小麦加工后的麸皮基本上直接应用于饲料工业,很少用于深加工和再利用,经济价值不高。然而麸皮中富含纤维素和半纤维素,还有较为丰富的蛋白质、脂肪、低聚糖、植酸以及天然抗氧化剂等成分(见表 10-2),同时麸皮来源广泛,价格低廉,因此,对小麦麸皮进行综合开发和利用,可使谷物加工副产品的综合利用得到进一步发展,而且还可增加产品的附加值,从而提高企业的经济效益和社会效益。

表 10-2 小麦麸皮的主要成分及含量

组成	粗蛋白	粗脂肪	粗纤维	淀粉	灰分	膳食纤维
含量(%)	12~18	3~5	5~12	10~15	4~6	35~50

1. 小麦麸皮蛋白质的分离

麸皮中含有较高的蛋白质,其质量分数在 12%~18%左右,是一种资源十分丰富的植物蛋白质资源。麸皮中的蛋白质组成和面粉中的不同(表 10-3)。

从麸皮中分离蛋白质的方法主要有干法和湿法两种,干法的分离要点是对粉碎后的麸皮依据分选原理进行自动分级,从而获得蛋白质部分。湿法分离中比较完善的分离步骤如下:

麸皮→浸泡→均质→恒温水浴→离心→清液调 pH 值至蛋白质等电点→离心→沉淀干燥→麸皮蛋白

分离出的麸皮蛋白可作为高浓缩蛋白,直接作为蛋白质添加剂应用于食品行业,以增加蛋白质含量,提高食品的营养价值和质构特性等,也可以将分离出的麸皮蛋白进行改性处理以生产蛋白质水解液等。

表 10-3 麸皮及面粉中蛋白质组成

种类	清蛋白/%	球蛋白/%	醇溶蛋白/%	谷蛋白/%
麸皮	20.1	14.3	12.4	23.5
面粉	5.0	4.0	63.0	24.0

2. 麦麸多糖提取

小麦麸皮中含有较多的碳水化合物(50%左右),主要为细胞壁多糖(Cell Wall Polysaccharides),有时又称为非淀粉多糖(Non— Starch Polysaccharides),它是小麦细胞壁的主要组成成分。细胞壁多糖有水溶性和非水溶性之分,主要由戊聚糖、(1→3,1→4)—β—D—葡聚糖和纤维素组成。用一般提取溶剂制备的细胞壁多糖主要为戊聚糖和(1→3,1→4)—β—D—葡聚糖,另外还含有少量的己糖聚合物。

麸皮多糖的制备方法常见的有两种:①先分离出细胞壁物质,然后再从中制备麸皮多糖;②从麸皮中制备纤维素,然后再制备麸皮多糖。其第一种的制备工艺如下:麸皮

→SDC(脱氧胆酸钠)均质处理→湿球磨处理→残渣用 PAW(苯酚/乙酸/水)提取→残渣用 DMSO(二甲基亚砜)处理→离心→不溶物→干燥→细胞壁物质(CWM)→碱液提取→清液→中和→有机溶剂沉淀→麸皮多糖。

麸皮多糖粘性较高,并具有较强的吸水、持水性能,可用作食品添加剂,作为保湿剂、增稠剂、乳化稳定剂等,另外,还具有较好的成膜性能,可用来制作可食用膜等。

3. 麸皮膳食纤维

小麦麸皮具有抗衰老、减肥、通便等重要生理特性,并且已被制作成各种流行保健食品。小麦麸皮中起生理作用的主要成分为膳食纤维。麸皮中含有丰富的膳食纤维(40%左右),是一种很有开发前景的保健食品资源。制备膳食纤维的方法有酒精沉淀法、中性洗涤剂法、酶法、酸碱法等,其中酶法制备膳食纤维的制备工艺如下:

小麦麸皮→酶解淀粉→碱水解蛋白质(或酶解)→灭酶→干燥→膳食纤维→漂白处理→粉碎→精制小麦麸皮膳食纤维

由于麸皮膳食纤维具有吸水、吸油、保水及保香性等特点,可用作食品添加剂。另外,由于膳食纤维所具有的重要生理功能性质,可作为功能性食品基料添加到食品中,也可以制成胶囊、口服液的形式直接食用。

4. 小麦麸皮低聚糖的开发

小麦麸皮中富含纤维素和半纤维素,是制备低聚糖的良好资源。研究发现,小麦麸皮中的低聚糖具有一系列生物活性,可促进双歧杆菌增殖且具有低热值性能。小麦麸皮中低聚糖的一般制备工艺如下:

小麦麸皮→淀粉酶降解淀粉→蛋白酶降解蛋白质→加入低聚糖酶→过滤→脱色→离子交换→浓缩→干燥

所制备的低聚糖可用作双歧杆菌增长因子应用于食品,另外,由于其所具有的低热值性能,可作为糖尿病、肥胖病、高血脂等病人的理想糖源。

此外,还可从麸皮中提取 β—淀粉酶、抗氧化物、植酸等产品。

(三)植物油脂加工副产品综合利用途径

植物油脂加工过程中,有许多副产物产生如油脚和皂脚、饼粕以及油料皮壳等。

1. 油脚和皂脚

油脂精炼过程中会产生数量不等和种类各异的油脚和皂脚,随着毛油中非油脂成分理化性质的不同采用的精炼方法也不同。油脚一般指毛油经水化后的沉淀物。皂脚则是指碱炼油脂后的沉淀物。油脚和皂脚一般约占毛油重量的 5%~10%。因原料的不同,油脚和皂脚的组成也有较大的差异。一般油脚的主要成分是油脂和磷脂,还有少量蛋白质、糖类、蜡、甾醇、色素及有机和无机杂质等。皂脚的主要成分是油脂和肥皂,亦含有少量蛋白质、皂素和不皂化物等。从组成来看,油脚和皂脚的利用范围是很广泛的,例如可用于生产脂肪酸和谷维素、提取磷脂等。

2. 饼粕的利用

油饼和油粕是油脂副产品中数量最多的一类,约占剥壳后籽仁重量的 50%~85%。

油饼是压榨法制取油脂后的物料，油粕则是浸出法制取油脂后的物料。饼粕的成分除少量特殊物质随油料种类有所不同外，主要成分大致相同(表 10-4)。

表 10-4　饼粕中的主要成分

品种	粗蛋白	粗脂肪	纤维素	无氮提取物	水分	灰分
大豆	41.0～50.0	0.5～3.5	3.0～7.0	27.0	12.0	5.20～5.37
花生	30.0～51.0	5.0～10.0	4.6～7.0	18.0～27.0	6.0～12.0	6.0～7.0
棉籽	39.2～49.6	3.5～9.9	7.3～15.0	23.4～35.5	4.8～9.9	5.0～7.0
芝麻	43.8～47.1	6.1～8.9	5.1～5.6	21.9～24.7	4.6～6.3	11.0
葵花籽	29.0～43.0	4.0～15.0	7.0～23.0	—	3.0～10.0	7.0～10.0
油菜籽	35.5	9.6	8.3	25.0	8.6	15.3
米糠	15.0～17.1	5.0～8.0	6.8～11.0	40.0～52.1	7.7～11.0	8.0～10.0
油茶籽	24.7	4.5	12.9	41.2	14.3	6.29
蓖麻子	32.0	9.0	27.0	4.0	20.0	7.0
椰子肉	24.7	4.5	12.9	41.2	8.8	5.2
亚麻籽	32.5～34.0	5.5～8.5	9.5	30.5	8.0～10.0	6.0～7.1

油料饼粕不仅可以作饲料和肥料，而且是食品、化工、医药等工业的重要原料。如大豆和花生饼粕可用于生产相应的组织蛋白、分离蛋白、浓缩蛋白及功能性短肽产品。此外，油料饼粕还可用于生产干酪素、核黄素、肌醇、食用粉、食品添加剂、味精、酱油、醋和酒等。

第二节　果蔬副产品的种类、特性及综合利用

一、果蔬副产品的种类、特性

在果蔬加工中往往有大量废弃物产生，如风落果、不合格果，以及大量的下脚料、包括果皮、果心、果核、种子、叶、茎、花、根等。如果得不到及时有效的利用，不仅造成对资源的浪费，而且会严重污染环境。因此，如何充分利用果蔬原料成为果蔬加工企业面临的重要问题。

果蔬综合利用(Comprehensive Utilization)是根据各种果蔬不同部位所含成分及特点，对其进行全植株的高效利用。使原料各部分所含有的有用成分都能被充分合理地利用。通过综合利用技术，可以变无用为有用，变小用为大用，变一用为多用。不但可以减轻其对环境的污染，更重要的可以从这些被废弃的生物资源中得到大量的高质量生理活性物质，实现农产品原料的梯度加工增值和可持续发展，提高经济效益和生态效益。

二、果蔬副产品综合利用实例

(一)果皮、果心的利用

1. 葡萄皮提取色素

葡萄皮所含色素，易溶于热水及酒精中。因此可采用将葡萄皮溶于热水及酒精两种办法来提取。

(1)热水提取法

将葡萄皮放入耐酸容器中,加水5倍,加热到70℃～75℃,维持这个温度,不断搅拌,使皮上色素充分溶于水中,随即将皮捞出,保持原温度继续浓缩,至水剩一半时为止。然后冷却至室温,加入浓度50%的酒精,即为色素液。

(2)酒精提取法

将葡萄皮浸入浓度50%酒精中,盖好浸提24h,然后将皮捞出沥干,并将酒全部压出,即得色素液,这种方法色素提出率高,还带葡萄香味。

2.葡萄果皮果渣制白兰地

将葡萄皮、渣装于桶或池中,将容器密闭、发酵。发酵时间一般是10～15d,发酵完毕后,即可将其放入蒸馏器内蒸馏。最初蒸出的为"头酒",单独盛放。大火蒸馏,等酒精度降至4度以下时,截去"尾酒"。这种酒为粗馏酒,含酒精度是25°～30°。再进行二次蒸馏(即精馏),火力宜小,缓缓蒸馏,最初"头酒"截去约0.4%～2%,继续蒸馏直至蒸出酒精度降为50°～58°时,即分开"心酒",含酒精度为60°～70°,即为需要的白兰地。

3.苹果、梨、柿子的皮和果心的利用

(1)制酒精

方法同葡萄皮渣制白兰地。只是提取酒精时按所需度数划塔分馏即可。

(2)制果醋

①酒精发酵 将这些果品的皮、心,用粉碎机粉碎,加入酵母液进行酒精发酵,约一周完成。

②制果醋 将发酵后的原料,加入谷壳(约为原料量的3%～5%,为疏松剂),接种发酵,温度控制在30℃～35℃,每天定时翻拌一次促其醋化。半月后加2%～3%的食盐,拌匀,即成醋胚。再压紧、盖严,经过一周的陈酿可淋醋。

③淋醋 将陈酿的粗胚放在淋醋器中 该容器底部有小孔,距底10cm处放滤板,铺上滤布,上装醋胚。从上面慢慢淋入与胚等量的冷开水,醋液从小孔流出来,即为生醋。

(3)制果胶

①新鲜原料制果胶 先切碎或磨碎原料,每100kg加水15L,加热,缓缓煮沸,经2h,装入布袋中过滤,等液体不再滴下,将粗肉返回容器内,再加水为第一次水量的8%,煮沸、过滤,以这样方法重复四次,最后集合四次所得汁液,以备浓缩。

②干燥原料制法 将原料放在底面有孔的容器中,淋以冷水,除去大部分糖和其他可溶性成分,不影响果胶。然后按干燥时的重量,加水3～10倍煮沸0.5h,水中加柠檬酸或酒石酸,帮果胶水解,煮后压取汁液。残渣加水加酸煮一次,压取汁液。将两次汁液集合一处。

上述两种方法制得的汁液,浓度较低,须加以浓缩,以浓缩至含3%～4%的果胶为准。然后装瓶、杀菌即为果胶成品。

(二)果核、种子的利用

1.果核油提取

从核仁中提制的挥发油或精油,即苦杏仁油,是一种重要的化工原料,用于制月桂醛、月桂酸、苯乙醛和苯甲酸苄酯等。

核果类的核仁即为提取苦杏仁油的原料，出油率依原料有所不同，以新鲜桃、杏的核仁为原料，桃仁约为0.7%，杏仁约为0.8%～1.6%。

2. 活性炭的制备

桃核、杏核、山楂核都可以制活性炭。活性炭用于化工业。

水果核制活性炭的方法是：在破壳去仁后，将核壳用水洗净，然后用3%的氯化氨水溶液浸泡24h，用蒸气处理7～8h，或用1%的盐酸浸泡24h后将酸洗净取出、晒干，装在活性炭炭化炉内封闭后，在800℃以上温度，烧4～5h可烧好。

将烧好的核壳，磨碎过筛，即成活性炭。

3. 葡萄籽榨油

葡萄籽可在发酵前或发酵后提取，也可在蒸馏后提取。然后把种籽晒干过筛，除去泥土、渣子等，在双辊压碎机中，将籽完全碾碎，约蒸6～8min，即可蒸熟。取出放在榨油机中榨油，将榨出的油过滤一道，即可使用。可作工业上的高级润滑油。

参考文献

[1] 曾宪科. 农副产品综合利用与开发[M]. 广州：广东科技出版社，2002.

[2] 刘玉兰等. 植物油脂生产与综合利用[M]. 北京：中国轻工出版社，1999.

[3] 张根旺，刘景顺. 油脂工业副产品综合利用[M]. 北京：中国财政经济出版社，1988.

[4] 陈栓虎，高胜利. 农副产品综合利用和深加工技术(蔬菜类)[M]. 西安：陕西科学技术出版社，2007.

[5] 徐志祥，高绘菊. 稻谷加工副产物在食品工业中的综合开发研究进展[J]. 泰山学院学报，2004，26(3)：56～60.

[6] 张彦妮，王海滨. 麦麸的综合利用与研究进展[J]. 粮食加工，2008，33(1)：24～26.

[7] 李昌文等. 小麦麸皮的综合利用[J]. 粮食加工与食品机械，2003，(7)：55～56.

[8] 段玉梅. 食用油脂的综合利用[J]. 中国油脂，2000，25(6)：143～144.

[9] 赵建军，邴建国. 稻谷精深加工及综合利用现状与前景的探讨[J]. 现代化农业，2004，11(304)：42～44.

[10] 罗仓学，雷学锋，王振磊. 果蔬籽资源的开发及综合利用[J]. 食品科技，2006，(5)：126～129.

[11] 蔡同一，陈芳. 果蔬原料的综合利用现状及展望[J]. 饮料工业，2002，(5)：11～13.

[12] 李巨秀，李志西，杨明泉. 果渣资源的综合利用[J]. 西北农林科技大学学报(自然科学版)，2002，30(增刊)：400～403.

内容提要

本书主要介绍了农产品贮藏加工基础知识、农产品贮藏保鲜方法、粮油贮藏、果蔬贮藏、稻谷和小麦的加工、焙烤食品加工、淀粉的制取与加工、植物油脂的提取与精炼、果蔬加工(包括罐头、果蔬汁、糖制、腌制、速冻、干制、果酒)等以及粮油及果蔬加工副产品的综合利用。在内容深度上,侧重于基本原理及工艺,重点介绍通用、具有代表性的加工工艺,实用性和可操作性均较强。本书内容丰富、新颖,理论性和实用性兼顾,反映了农产品贮藏与加工的现状与发展动态,本书可作为高等院校种植类专业及相关专业的教材,也可作为有关技术人员的培训教材和农村青年的自学用书。

图书在版编目(CIP)数据

农产品贮藏与加工/董全主编.—重庆:西南师范大学出版社,2010.1(2019年1月重印)
ISBN 978-7-5621-4821-0

Ⅰ.农… Ⅱ.董… Ⅲ.①农产品—贮藏②农产品—加工
Ⅳ.S37

中国版本图书馆CIP数据核字(2010)第003356号

农产品贮藏与加工

董　全　闵燕萍　曾凯芳　主　编

责任编辑:张浩宇
封面设计:CASTALY 尚品视觉 周娟　钟琛
出版、发行:西南师范大学出版社
(重庆·北碚　邮编:400715
网址:www.xscbs.com)
印　　刷:重庆紫石东南印务有限公司
幅面尺寸:185mm×260mm
印　　张:15.5
字　　数:400千字
版　　次:2010年6月第1版
印　　次:2019年1月第5次印刷
书　　号:ISBN 978-7-5621-4821-0

定　　价:45.00元